中国农业标准经典收藏系列

中国农业行业标准汇编

（2020）

水产分册

农业标准出版分社　编

中国农业出版社

北　京

主　　编：刘　伟

副 主 编：杨晓改

编写人员（按姓氏笔画排序）：

刘　伟　杨桂华　杨晓改

胡烨芳　廖　宁　冀　刚

出 版 说 明

近年来，我们陆续出版了多版《中国农业标准经典收藏系列》标准汇编，已将 2004—2017 年由我社出版的 4 100 多项标准单行本汇编成册，得到了广大读者的一致好评。无论从阅读方式还是从参考使用上，都给读者带来了很大方便。

为了加大农业标准的宣贯力度，扩大标准汇编本的影响，满足和方便读者的需要，我们在总结以往出版经验的基础上策划了《中国农业行业标准汇编（2020）》。本次汇编对 2018 年出版的 319 项农业标准进行了专业细分与组合，根据专业不同分为种植业、畜牧兽医、植保、农机、综合和水产 6 个分册。

本书收录了绿色食品、繁育养殖技术规范、渔具技术要求、鱼病诊断技术、水产品加工技术规范等方面的农业行业标准和水产行业标准 53 项，并在书后附有 2018 年发布的 6 个标准公告供参考。

特别声明：

1. 汇编本着尊重原著的原则，除明显差错外，对标准中所涉及的有关量、符号、单位和编写体例均未做统一改动。

2. 从印制工艺的角度考虑，原标准中的彩色部分在此只给出黑白图片。

3. 本辑所收录的个别标准，由于专业交叉特性，故同时归于不同分册当中。

本书可供农业生产人员、标准管理干部和科研人员使用，也可供有关农业院校师生参考。

农业标准出版分社

2019 年 10 月

目　　录

出版说明

NY/T 1050—2018　绿色食品　龟鳖类 ……………………………………………………………… 1

NY/T 1327—2018　绿色食品　鱼糜制品 ………………………………………………………… 7

NY/T 1328—2018　绿色食品　鱼罐头 …………………………………………………………… 13

NY/T 1712—2018　绿色食品　干制水产品 ……………………………………………………… 19

NY/T 3204—2018　农产品质量安全追溯操作规程　水产品 …………………………………… 25

SC/T 1136—2018　蒙古鲌 ………………………………………………………………………… 31

SC/T 2078—2018　褐菖鲉 ………………………………………………………………………… 37

SC/T 2082—2018　坛紫菜 ………………………………………………………………………… 45

SC/T 2083—2018　鼠尾藻 ………………………………………………………………………… 55

SC/T 2084—2018　金乌贼 ………………………………………………………………………… 61

SC/T 2086—2018　圆斑星鲽　亲鱼和苗种 ……………………………………………………… 69

SC/T 2087—2018　泥蚶　亲贝和苗种 …………………………………………………………… 75

SC/T 2088—2018　扇贝工厂化繁育技术规范 …………………………………………………… 81

SC/T 2089—2018　大黄鱼繁育技术规范 ………………………………………………………… 87

SC/T 3035—2018　水产品包装、标识通则 ……………………………………………………… 99

SC/T 3051—2018　盐渍海蜇加工技术规程 ……………………………………………………… 105

SC/T 3052—2018　干制坛紫菜加工技术规程 …………………………………………………… 111

SC/T 3207—2018　干贝 …………………………………………………………………………… 117

SC/T 3221—2018　蛤蜊干 ………………………………………………………………………… 125

SC/T 3310—2018　海参粉 ………………………………………………………………………… 131

SC/T 3311—2018　即食海蜇 ……………………………………………………………………… 137

SC/T 3403—2018　甲壳素、壳聚糖 ……………………………………………………………… 143

SC/T 3405—2018　海藻中褐藻酸盐、甘露醇含量的测定 ……………………………………… 149

SC/T 3406—2018　褐藻渣粉 ……………………………………………………………………… 155

SC/T 4039—2018　合成纤维渔网线试验方法 …………………………………………………… 161

SC/T 4041—2018　高密度聚乙烯框架深水网箱通用技术要求 ………………………………… 175

SC/T 4042—2018　渔用聚丙烯纤维通用技术要求 ……………………………………………… 185

SC/T 4043—2018　渔用聚酯经编网通用技术要求 ……………………………………………… 193

SC/T 4044—2018　海水普通网箱通用技术要求 ………………………………………………… 201

SC/T 4045—2018　水产养殖网箱浮筒通用技术要求 …………………………………………… 211

SC/T 5706—2018　金鱼分级　草金鱼 …………………………………………………………… 219

SC/T 5707—2018　金鱼分级　和金 ……………………………………………………………… 225

SC/T 6010—2018　叶轮式增氧机通用技术条件 ………………………………………………… 231

SC/T 6076—2018　渔船应急无线电示位标技术要求 …………………………………………… 239

SC/T 7002. 8—2018 渔船用电子设备环境试验条件和方法 正弦振动 ·············· 253

SC/T 7002. 10—2018 渔船用电子设备环境试验条件和方法 外壳防护 ·············· 259

SC/T 8030—2018 渔船气胀救生筏筏架 ·············· 271

SC/T 8144—2018 渔船鱼舱玻璃纤维增强塑料内胆制作技术要求 ·············· 281

SC/T 8154—2018 玻璃纤维增强塑料渔船真空导入成型工艺技术要求 ·············· 285

SC/T 8155—2018 玻璃纤维增强塑料渔船船体脱模操作要求 ·············· 289

SC/T 8156—2018 玻璃钢渔船水密舱壁制作技术要求 ·············· 295

SC/T 8161—2018 渔业船舶铝合金上层建筑施工技术要求 ·············· 301

SC/T 8165—2018 渔船 LED 水上集鱼灯装置技术要求 ·············· 315

SC/T 8166—2018 大型渔船冷盐水冻结舱钢质内胆制作技术要求 ·············· 325

SC/T 8169—2018 渔船救生筏安装技术要求 ·············· 331

SC/T 9601—2018 水生生物湿地类型划分 ·············· 337

SC/T 9602—2018 灌江纳苗技术规程 ·············· 341

SC/T 9603—2018 白鲸饲养规范 ·············· 347

SC/T 9604—2018 海龟饲养规范 ·············· 357

SC/T 9605—2018 海狮饲养规范 ·············· 367

SC/T 9606—2018 斑海豹饲养规范 ·············· 377

SC/T 9607—2018 水生哺乳动物医疗记录规范 ·············· 387

SC/T 9608—2018 鲸类运输操作规程 ·············· 395

附录

中华人民共和国农业部公告 第 2656 号 ·············· 402

中华人民共和国农业农村部公告 第 23 号 ·············· 405

国家卫生健康委员会 农业农村部 国家市场监督管理总局公告 2018 年第 6 号 ·············· 408

中华人民共和国农业农村部公告 第 50 号 ·············· 409

中华人民共和国农业农村部公告 第 111 号 ·············· 413

中华人民共和国农业农村部公告 第 112 号 ·············· 415

ICS 67.120.30
B 50

中华人民共和国农业行业标准

NY/T 1050—2018
代替 NY/T 1050—2006

绿色食品　龟鳖类

Green food—Tortoise turtle

2018-05-07 发布

2018-09-01 实施

中华人民共和国农业农村部 发布

前　言

本标准按照 GB/T 1.1—2009 给出的规则起草。

本标准代替 NY/T 1050—2006《绿色食品　龟鳖类》。与 NY/T 1050—2006 相比,除编辑性修改外主要技术变化如下:

——删除了六六六、滴滴涕、总汞和呋喃唑酮项目;

——增加了多氯联苯和硝基呋喃类代谢物的限量值及检验方法;

——修改了土霉素、金霉素、四环素和敌百虫的限量规定;

——修改了磺胺类药物、噁喹酸、孔雀石绿、己烯雌酚和氯霉素的检验方法。

本标准由农业农村部农产品质量安全监管局提出。

本标准由中国绿色食品发展中心归口。

本标准起草单位:唐山市畜牧水产品质量监测中心、湖南开天新农业科技有限公司。

本标准主要起草人:张建民、刘洋、蒙君丽、肖珏、张秀平、齐彪、张立田、周鑫、张鑫、杜瑞焕。

本标准所代替标准的历次版本发布情况为:

——NY/T 1050—2006。

绿色食品 龟鳖类

1 范围

本标准规定了绿色食品龟鳖类的要求、检验规则、标签、包装、运输和储存。

本标准适用于绿色食品龟鳖类，包括中华鳖（甲鱼、团鱼、王八、元鱼）、黄喉拟水龟、三线闭壳龟（金钱龟、金头龟、红肚龟）、红耳龟（巴西龟、巴西彩龟、秀丽锦龟、彩龟）、鳄龟（肉龟、小鳄龟、小鳄鱼龟）以及其他淡水养殖的食用龟鳖。不适用非人工养殖的野生龟鳖。

2 规范性引用文件

下列文件对于本文件的应用是必不可少的。凡是注日期的引用文件，仅注日期的版本适用于本文件。凡是不注日期的引用文件，其最新版本（包括所有的修改单）适用于本文件。

GB 5009.11 食品安全国家标准 食品中总砷及无机砷的测定

GB 5009.12 食品安全国家标准 食品中铅的测定

GB 5009.15 食品安全国家标准 食品中镉的测定

GB 5009.17 食品安全国家标准 食品中总汞及有机汞的测定

GB 5009.123 食品安全国家标准 食品中铬的测定

GB 5009.190 食品安全国家标准 食品中指示性多氯联苯含量的测定

GB 7718 食品安全国家标准 预包装食品标签通则

GB/T 20361 水产品中孔雀石绿和结晶紫残留量的测定

GB/T 20756 可食动物肌肉、肝脏和水产品中氯霉素、甲砜霉素和氟苯尼考残留量的测定

GB/T 23198 动物源性食品中噁喹酸残留量的测定

GB/T 26876 中华鳖池塘养殖技术规范

农业部 783 号公告—1—2006 水产品中硝基呋喃类代谢物残留量的测定

农业部 1025 号公告—23—2008 动物源食品中磺胺类药物残留检测

农业部 1163 号公告—9—2009 水产品中己烯雌酚残留检测

NY/T 391 绿色食品 产地环境质量

NY/T 471 绿色食品 饲料及饲料添加剂使用准则

NY/T 658 绿色食品 包装通用准则

NY/T 755 绿色食品 渔药使用准则

NY/T 1055 绿色食品 产品检验准则

NY/T 1056 绿色食品 贮藏运输准则

SC/T 3015 水产品中四环素、土霉素、金霉素残留量的测定

SN/T 0125 进出口食品中敌百虫残留量检测方法

3 要求

3.1 产地环境

产地环境应符合 NY/T 391 的要求，捕捞工具应无毒、无污染。

3.2 养殖

3.2.1 种质与培育条件

亲本的质量应符合 GB/T 26876 的要求，不得使用转基因龟鳖亲本。苗种繁育过程呈封闭式，繁育

3

地应水源充足、无污染,进、排水方便。养殖用水应符合 NY/T 391 的要求,并经沉淀和消毒。苗种培育过程不得使用禁用药物,投喂质量安全饵料。苗种出场前需经检疫和消毒。

3.2.2 养殖管理

养殖模式应采用健康养殖、生态养殖方式,饲料及饲料添加剂的使用应符合 NY/T 471 的要求,渔药使用应符合 NY/T 755 的要求。

3.3 感官

应符合表1的要求。

表 1 感官指标

项目	指 标		检验方法
	鳖	龟	
外观	体表完整无损,裙边宽而厚,体质健壮,爬行、游泳动作自如、敏捷,同品种、同规格的鳖,个体均匀、体表清洁	体表完整无损,体质健壮,爬行、游泳动作自如、敏捷,同品种、同规格的龟,个体均匀、体表清洁	在光线充足、无异味环境、能保证龟鳖正常活动的温度条件下进行。将鳖腹部朝上,背部朝下放置于白瓷盘中,数秒钟内立即翻正,视为体质健壮,否则为体质弱;用手拉龟鳖的后腿,有力回缩的视为体质健壮,否则为体质弱;用手将龟鳖头和颈部拉出背甲外,能迅速缩回甲内的视为体质健壮;若颈部粗大,不易缩回甲内的为病龟鳖;用手轻压腹甲,腹部皮肤向外膨胀的为浮肿龟鳖或脂肪肝病龟鳖
色泽	保持活体状态固有体色		
气味	本品应有的气味,无异味		
组织	肌肉紧密、有弹性		

3.4 污染物、农药残留和渔药残留限量

污染物、农药残留和渔药残留限量应符合相关食品安全国家标准及相关规定,同时符合表2的要求。

表 2 农药残留和渔药残留限量

项 目	指 标	检验方法
敌百虫,mg/kg	不得检出(<0.002)	SN/T 0125
土霉素、金霉素、四环素(以总量计),mg/kg	不得检出(<0.1)	SC/T 3015
磺胺类药物(以总量计),μg/kg	不得检出(<0.5)	农业部 1025 号公告—23—2008
噁喹酸,μg/kg	不得检出(<1)	GB/T 23198

4 检验规则

申报绿色食品应按照 3.3～3.4 以及附录 A 所确定的项目进行检验。其他要求应符合 NY/T 1055 的要求。

5 标签

标签应符合 GB 7718 的规定。

6 包装、运输和储存

6.1 包装

包装应符合 NY/T 658 的要求。包装容器应具有良好的排水、透气条件,箱内垫充物应清洗、消毒、无污染。

6.2 运输

运输应符合 NY/T 1056 的要求。活的龟鳖运输应用冷藏车或其他有降温装置的运输设备。运输途中,应有专人管理,随时检查运输包装情况,观察温度和水草(垫充物)的湿润程度,以保持龟鳖皮肤湿

润。淋水的水质应符合 NY/T 391 的要求。

6.3 储存

储存应符合 NY/T 1056 的要求。活的龟鳖可在洁净、无毒、无异味的水泥池、水族箱等水体中暂养,暂养用水应符合 NY/T 391 的要求。储运过程中应严防蚊子叮咬、暴晒。

附　录　A

（规范性附录）

绿色食品龟鳖类产品申报检验项目

　　表 A.1 规定了除 3.3～3.4 所列项目外,按食品安全国家标准和绿色食品生产实际情况,绿色食品龟鳖类产品申报检验还应检验的项目。

表 A.1　污染物、鱼药残留项目

序号	项　　目	指　　标	检验方法
1	甲基汞,mg/kg	≤0.5	GB 5009.17
2	无机砷(以 As 计),mg/kg	≤0.5	GB 5009.11
3	铅(以 Pb 计),mg/kg	≤0.5	GB 5009.12
4	镉(以 Cd 计),mg/kg	≤0.1	GB 5009.15
5	铬(以 Cr 计),mg/kg	≤2.0	GB 5009.123
6	多氯联苯[a],mg/kg	≤0.5	GB 5009.190
7	硝基呋喃类代谢物[b],μg/kg	不得检出(<0.25)	农业部 783 号公告—1—2006
8	氯霉素,μg/kg	不得检出(<0.1)	GB/T 20756
9	己烯雌酚,μg/kg	不得检出(<0.6)	农业部 1163 号公告—9—2009
10	孔雀石绿,μg/kg	不得检出(<0.5)	GB/T 20361
[a]　以 PCB28、PCB52、PCB101、PCB118、PCB138、PCB153 和 PCB180 总和计。			
[b]　以 AOZ、AMOZ、SEM 和 AHD 计。			

ICS 67.120.30
X 20

中华人民共和国农业行业标准

NY/T 1327—2018
代替 NY/T 1327—2007

绿色食品　鱼糜制品

Green food—Surimi product

2018-05-07 发布

2018-09-01 实施

中华人民共和国农业农村部 发布

NY/T 1327—2018

前　言

本标准按照 GB/T 1.1—2009 给出的规则起草。

本标准代替 NY/T 1327—2007《绿色食品　鱼糜制品》。与 NY/T 1327—2007 相比，除编辑性修改外主要技术变化如下：

——删除了氟、志贺氏菌项目；

——增加了挥发性盐基氮、组胺、N-二甲基亚硝铵、二氧化钛的限量值及检验方法。

——修改了甲基汞、铅、镉、土霉素、磺胺类、多氯联苯、硝基呋喃类代谢物、菌落总数、大肠菌群、沙门氏菌、副溶血性弧菌、金黄色葡萄球菌的限量值及检验方法。

本标准由农业农村部农产品质量安全监管局提出。

本标准由中国绿色食品发展中心归口。

本标准起草单位：唐山市畜牧水产品质量监测中心、浙江省温州永高食品有限公司。

本标准主要起草人：郑百芹、杜瑞焕、张建民、栗强、李爱军、董李学、张鑫、周鑫、段晓然、张立田、肖珊、刘洋。

本标准所代替标准的历次版本发布情况为：

——NY/T 1327—2007。

绿色食品　鱼糜制品

1　范围

本标准规定了绿色食品鱼糜制品的要求、检验规则、标签、包装、运输和储存。

本标准适用于绿色食品鱼糜制品,包括冻鱼丸、鱼糕、烤鱼卷、虾丸、虾饼、墨鱼丸、贝肉丸、模拟扇贝柱、模拟蟹肉和鱼肉香肠等。

2　规范性引用文件

下列文件对于本文件的应用是必不可少的。凡是注日期的引用文件,仅注日期的版本适用于本文件。凡是不注日期的引用文件,其最新版本(包括所有的修改单)适用于本文件。

GB 4789.2　食品安全国家标准　食品微生物学检验　菌落总数测定

GB 4789.3　食品安全国家标准　食品微生物学检验　大肠菌群计数

GB 4789.4　食品安全国家标准　食品微生物学检验　沙门氏菌检验

GB 4789.7　食品安全国家标准　食品微生物学检验　副溶血性弧菌检验

GB 4789.10　食品安全国家标准　食品微生物学检验　金黄色葡萄球菌检验

GB 5009.3　食品安全国家标准　食品中水分的测定

GB 5009.9　食品安全国家标准　食品中淀粉的测定

GB 5009.11　食品安全国家标准　食品中总砷及无机砷的测定

GB 5009.12　食品安全国家标准　食品中铅的测定

GB 5009.15　食品安全国家标准　食品中镉的测定

GB 5009.17　食品安全国家标准　食品中总汞及有机汞的测定

GB 5009.26　食品安全国家标准　食品中 N-亚硝胺类化合物的测定

GB 5009.28　食品安全国家标准　食品中苯甲酸、山梨酸和糖精钠的测定

GB 5009.190　食品安全国家标准　食品中指示性多氯联苯含量的测定

GB 5009.208 食品安全国家标准　食品中生物胺的测定

GB 5009.228　食品安全国家标准　食品中挥发性盐基氮的测定

GB 5009.246　食品安全国家标准　食品中二氧化钛的测定

GB 5749　生活饮用水卫生标准

GB 7718　食品安全国家标准　预包装食品标签通则

GB/T 20756　可食动物肌肉、肝脏和水产品中氯霉素、甲砜霉素和氟苯尼考残留量的测定

GB 20941 食品安全国家标准　水产制品生产卫生规范

GB/T 27304　食品安全管理体系　水产品加工企业要求

农业部 783 号公告—1—2006　水产品中硝基呋喃类代谢物残留量的测定

农业部 1025 号公告—23—2008　动物源食品中磺胺类药物残留检测

NY/T 392　绿色食品　食品添加剂使用准则

NY/T 422　绿色食品　食用糖

NY/T 658　绿色食品　包装通用准则

NY/T 840　绿色食品　虾

NY/T 842　绿色食品　鱼

NY/T 1040　绿色食品　食用盐

NY/T 1053　绿色食品　味精

NY/T 1055　绿色食品　产品检验规则

NY/T 1329　绿色食品　海水贝

NY/T 2975　绿色食品　头足类水产品

NY/T 2984　绿色食品　淀粉类蔬菜粉

SC/T 3015　水产品中四环素、土霉素、金霉素残留量的测定

国家质量监督检验检疫总局令 2005 年第 75 号　定量包装商品计量监督管理方法

3　要求

3.1　主要原辅材料

3.1.1　原料

用于生产鱼(虾、贝)肉糜的原料,鱼类应符合 NY/T 842 的要求,虾类应符合 NY/T 840 的要求,贝类应符合 NY/T 1329 的要求,头足类应符合 NY/T 2975 的要求,所用鱼(虾、贝)肉糜应鲜度和弹性良好。

3.1.2　辅料

食品添加剂应符合 NY/T 392 的要求,食用糖应符合 NY/T 422 的要求,食用盐应符合 NY/T 1040 的要求,味精应符合 NY/T 1053 的要求,淀粉类蔬菜粉应符合 NY/T 2984 的要求。

3.1.3　加工用水

应符合 GB 5749 的要求。

3.2　生产过程

应符合 GB 20941 和 GB/T 27304 的要求。

3.3　感官

应符合表 1 的要求。

表 1　感官要求

项目	要　　求	检验方法
外观	包装袋完整无破损,袋内产品形状良好,个体大小基本均匀、完整,较饱满,丸类有丸子的形状,模拟制品应具有特定的形状	在光线充足、无异味的环境中,将样品置于白色搪瓷盘或不锈钢工作台上,目测外观、色泽和杂质,鼻闻气味,品尝滋味
色泽	鱼丸、鱼糕、墨鱼丸、贝肉丸、模拟扇贝柱白度较好,虾丸、虾饼要有虾红色,模拟蟹肉正面和侧面要有蟹红色,肉体和背面白度较好,烤鱼卷、鱼肉香肠要有鱼肉加工后的色泽	
肉质	口感好,有一定弹性	
气味与滋味	鱼丸、鱼糕、烤鱼卷、鱼肉香肠要有鱼鲜味,虾丸、虾饼要有虾鲜味,贝肉丸、模拟扇贝柱要有扇贝柱鲜味,模拟蟹肉要有蟹肉鲜味	
杂质	无正常视力可见的外来杂质	

3.4　理化指标

应符合表 2 的要求。

表 2　理化指标

项　　目	指　　标	检验方法
水分,%	≤80	GB 5009.3
淀粉,%	≤10(模拟蟹肉) ≤15(其他产品)	GB 5009.9

表 2（续）

项　　目	指　　标	检验方法
挥发性盐基氮，mg/100 g	以板鳃鱼类为主的鱼糜制品≤30 其他鱼类为主的鱼糜制品≤15 以牡蛎为主的鱼糜制品≤10 其他贝类为主的鱼糜制品≤15 以淡水虾为主的鱼糜制品≤10 以海水虾为主的鱼糜制品≤20	GB 5009.228
组胺[a]，mg/100g	≤20	GB 5009.208
[a]　仅适用于以海水鱼为主要原料制成的鱼糜制品。		

3.5　污染物、渔药残留、食品添加剂限量

污染物、渔药残留、食品添加剂限量应符合食品安全国家标准及相关规定，同时符合表 3 的要求。

表 3　污染物、渔药残留、食品添加剂限量

项　　目	指　　标	检验方法
土霉素[a]，mg/kg	不得检出（<0.05）	SC/T 3015
磺胺类（以总量计）[a]，μg/kg	不得检出（<0.5）	农业部 1025 号公告—23—2008
苯甲酸及其钠盐，g/kg	不得检出（<0.005）	GB 5009.28
二氧化钛，mg/kg	不得检出（<1.5）	GB 5009.246
[a]　仅适用于以养殖海水、淡水产品为主要原料制成的鱼糜制品。		

3.6　净含量

应符合国家质量监督检验检疫总局令 2005 年第 75 号的规定。

4　检验规则

申报绿色食品应按照 3.3～3.6 以及附录 A 所确定的项目进行检验。其他要求应符合 NY/T 1055 的规定。出厂检验项目还应包括水分、微生物。

5　标签

标签按照 GB 7718 的规定执行。

6　包装、运输和储存

6.1　包装

按照 NY/T 658 的规定执行。

6.2　运输和储存

按照 NY/T 1056 的规定执行。

NY/T 1327—2018

附　录　A

（规范性附录）

绿色食品鱼糜制品申报检验项目

表 A.1 和表 A.2 规定了除 3.2～3.6 所列项目外,按食品安全国家标准和绿色食品生产实际情况,绿色食品鱼糜制品申报检验还应检验的项目。

表 A.1　污染物、渔药残留、农药残留及食品添加剂项目

项　目	指　标	检验方法
甲基汞,mg/kg	其他鱼糜制品(以肉食性鱼类为主要原料的鱼糜制品除外)≤0.5 以肉食性鱼类为主要原料的鱼糜制品≤1.0	GB 5009.17
无机砷(以 As 计),mg/kg	≤0.1(以鱼类为主要原料的鱼糜制品) ≤0.5(其他水产品为主要原料的鱼糜制品)	GB 5009.11
铅(以 Pb 计),mg/kg	鱼糜制品≤1.0	GB 5009.12
镉(以 Cd 计),mg/kg	其他鱼糜制品(以凤尾鱼、旗鱼为主要原料的鱼糜制品除外)≤0.1 以凤尾鱼、旗鱼为主要原料的鱼糜制品≤0.3	GB 5009.15
多氯联苯[a],mg/kg	≤0.5	GB 5009.190
N-二甲基亚硝铵,μg/kg	≤4.0	GB 5009.26
硝基呋喃类代谢物,μg/kg	不得检出(<0.25)	农业部 783 号公告—1—2006
氯霉素,μg/kg	不得检出(<0.1)	GB/T 20756
山梨酸及其钾盐,g/kg	≤0.075	GB 5009.28

[a] 以 PCB28、PCB52、PCB101、PCB118、PCB138、PCB153、PCB180 总和计。

表 A.2　微生物项目

项　目	采样方案及限量				检验方法
	n	c	m	M	
菌落总数	5	2	5×10^4 CFU/g	10^5 CFU/g	GB 4789.2
大肠菌群	5	2	10 CFU/g	10^2 CFU/g	GB 4789.3
沙门氏菌	5	0	0	—	GB 4789.4
副溶血性弧菌	5	1	100 MPN/g	1 000 MPN/g	GB 4789.7
金黄色葡萄球菌	5	1	100 CFU/g	1 000 CFU/g	GB 4789.10

注:n 为同一批次产品应采集的样品件数;c 为最大可允许超出 m 值的样品数;m 为致病菌指标可接受水平的限量值;M 为致病菌指标的最高安全限量值。

ICS 67.120.30
X 20

中华人民共和国农业行业标准

NY/T 1328—2018
代替 NY/T 1328—2007

绿色食品 鱼罐头

Green food—Canned fish

2018-05-07 发布

2018-09-01 实施

中华人民共和国农业农村部 发布

前　言

本标准按照GB/T 1.1—2009给出的规则起草。

本标准代替NY/T 1328—2007《绿色食品　鱼罐头》。与NY/T 1328—2007相比，除编辑性修改外主要技术变化如下：

——修改了标准的适用范围；

——增加了鱼罐头的分类；

——增加了原料产地环境要求和生产过程要求；

——修改了罐头的分类和感官要求；

——删除了卫生指标，增加了理化指标和污染物限量，修改了组胺限量值；

——修改了多氯联苯限量值，增加了铬的限量，删除了苯并芘、铜的限量值。

本标准由农业农村部农产品质量安全监管局提出。

本标准由中国绿色食品发展中心归口。

本标准起草单位：中国水产科学研究院黄海水产研究所、蓬莱汇洋食品有限公司、青岛益和兴食品有限公司、荣成泰祥食品股份有限公司、中国绿色食品发展中心。

本标准主要起草人：周德庆、赵峰、牟伟丽、苏志卫、朱兰兰、张宪、李钰金、刘光明、孙永、刘楠、李娜。

本标准所代替标准的历次版本发布情况为：

——NY/T 1328—2007。

绿色食品 鱼罐头

1 范围

本标准规定了绿色食品鱼罐头的分类、要求、检验规则、标志、标签、包装、运输和储存。

本标准适用于绿色食品鱼罐头,包括海水鱼罐头和淡水鱼罐头;不适用于烟熏类的鱼罐头。

2 规范性引用文件

下列文件对于本文件的应用是必不可少的。凡是注日期的引用文件,仅注日期的版本适用于本文件。凡是不注日期的引用文件,其最新版本(包括所有的修改单)适用于本文件。

GB/T 191 包装储运图示标志

GB 4789.26 食品安全国家标准 食品微生物学检验 商业无菌检验

GB 5009.11 食品安全国家标准 食品中总砷及无机砷的测定

GB 5009.12 食品安全国家标准 食品中铅的测定

GB/T 5009.14 食品中锌的测定

GB 5009.15 食品安全国家标准 食品中镉的测定

GB/T 5009.16 食品中锡的测定

GB 5009.17 食品安全国家标准 食品中总汞及有机汞的测定

GB 5009.33 食品安全国家标准 食品中亚硝酸盐与硝酸盐的测定

GB 5009.123 食品安全国家标准 食品中铬的测定

GB 5009.190 食品安全国家标准 食品中指示性多氯联苯含量的测定

GB 5009.208 食品安全国家标准 食品中生物胺的测定

GB 7718 食品安全国家标准 预包装食品标签通则

GB 8950 食品安全国家标准 罐头食品生产卫生规范

GB/T 10786 罐头食品的检验方法

GB/T 19857 水产品中孔雀石绿和结晶紫残留量的测定

GB/T 20756 可食动物肌肉、肝脏和水产品中氯霉素、甲砜霉素和氟苯尼考残留量的测定

GB/T 27303 食品安全管理体系 罐头食品生产企业要求

农业部 783 号公告—1—2006 水产品中硝基呋喃类代谢物残留量的测定液相色谱-串联质谱法

JJF 1070 定量包装商品净含量计量检验规则

NY/T 391 绿色食品 产地环境质量

NY/T 392 绿色食品 食品添加剂使用准则

NY/T 658 绿色食品 包装通用准则

NY/T 751 绿色食品 食用植物油

NY/T 842 绿色食品 鱼

NY/T 1040 绿色食品 食用盐

NY/T 1055 绿色食品 产品检验规则

NY/T 1056 绿色食品 贮藏运输准则

SC/T 3015 水产品中四环素、土霉素、金霉素残留量的测定

国家质量监督检验检疫总局令 2005 年第 75 号 定量包装商品计量监督管理办法

3 分类

3.1

油浸鱼罐头 canned fish with oil

鱼经预煮后装罐,再加入精炼植物油等工序制成的罐头产品。如油浸鲭鱼等罐头。

3.2

调味鱼罐头 canned flavored fish

将处理好的鱼经腌渍脱水(或油炸)后装罐,加入调味料等工序制成的罐头产品。这类罐头产品又可分为红烧、茄汁、葱烧、鲜炸、五香、豆豉、酱油等。如茄汁鲭鱼、葱烧鲫鱼、豆豉鲮鱼等罐头。

3.3

清蒸鱼罐头 canned steamed fish

将处理好的鱼经预煮脱水(或在柠檬酸水中浸渍)后装罐,再加入精盐、味精而成的罐头产品。如水浸金枪鱼等罐头。

4 要求

4.1 原料产地环境

应符合 NY/T 391 的规定。

4.2 加工原料

用于加工的海水鱼、淡水鱼原料质量应符合 NY/T 842 的规定。其他原料应符合相应的规定。

4.3 加工辅料

4.3.1 食用油应符合 NY/T 751 的规定。

4.3.2 食用盐应符合 NY/T 1040 的规定。

4.3.3 加工用水应符合 NY/T 391 的规定。

4.4 食品添加剂

应符合 NY/T 392 的规定。

4.5 生产过程

应符合 GB/T 27303 和 GB 8950 的规定。

4.6 感官

应符合表1的规定。

表 1 感官要求

项 目	要 求			检验方法
容器	密封完好,无泄漏、胖听现象;容器外表无锈蚀,内壁涂料无脱落			GB/T 10786
内容物	色泽	滋味及气体	组织状态	
油浸鱼罐头	具有新鲜鱼的光泽,油应清晰,汤汁允许有轻微混浊及沉淀	具有油浸鱼罐头应有的滋味及气味,无异味	组织紧密适度,鱼块小心从罐内倒出时,不碎散,无粘罐现象;马口铁罐罐头无硫化铁污染内容物;鱼块应竖装(按鱼段)排列整齐,块形大小均匀,无杂质存在,不应有弯曲或变形。肚肠、鱼鳞不得检出,鱼皮无损伤,杀菌后鱼骨在拇指按压下柔软	
调味鱼罐头	肉色正常,具有特定调味鱼罐头色泽,或呈该品种鱼的自然色泽	具有各种鲜鱼经处理、烹调装罐加调味液制成的调味鱼罐头应有的滋味及气味,无异味		
清蒸鱼罐头	具有鲜鱼的光泽,略显带淡黄色,汁液澄清	具有新鲜鱼经处理、装罐、加盐及糖制成的清蒸鱼罐头应有的滋味及气味,无异味		

4.7 理化指标

应符合表 2 的规定。

表 2 理化指标要求

单位为毫克每百克

项　目	指　标	检验方法
组胺(海水鱼)	≤20	GB 5009.208

4.8 污染物限量、渔药残留限量

污染物限量、渔药残留限量应符合食品安全国家标准及相关规定,同时应符合表 3 的规定。

表 3 污染物和限量

单位为毫克每千克

项　目	指　标	检验方法
铅	≤0.2	GB 5009.12
锌	≤30	GB/T 5009.14
锡[a](镀锡罐头)	≤50	GB/T 5009.16
亚硝酸盐	≤3.0	GB 5009.33
土霉素、金霉素、四环素(以总量计)[b]	≤0.10	SC/T 3015

> [a]　仅适用于镀锡罐头产品。
> [b]　适用于以养殖的海水、淡水鱼为原料制成的罐头。

4.9 微生物要求

微生物要求应符合商业无菌,检测方法按照 GB 4789.26 的规定执行。

4.10 净含量和固形物

应符合国家质量监督检验检疫总局令 2005 年第 75 号的规定。净含量检验方法按 JJF 1070 的规定执行,固形物检验按 GB/T 10786 的规定执行。净含量和固形物含量应与标签标注一致。

5 检验规则

申报绿色食品应按照 4.6～4.10 及附录 A 所确定的项目进行检验。其他要求应符合 NY/T 1055 的规定。

6 标签

应符合 GB 7718 的规定。

7 包装、运输和储存

7.1 包装

应符合 GB/T 191 和 NY/T 658 的规定。

7.2 运输和储藏

运输和储藏应符合 NY/T 1056 的规定。

附　录　A

（规范性附录）

绿色食品鱼罐头申报检验项目

表 A.1 规定了除 4.3～4.10 所列项目外，依据食品安全国家标准和绿色食品生产实际情况，绿色食品申报还应检验的项目。

表 A.1　污染物和渔药残留项目

序号	项目		指标	检验方法
1	铬,mg/kg		≤2.0	GB 5009.123
2	镉,mg/kg		≤0.1	GB 5009.15
3	甲基汞,mg/kg	食肉鱼类(旗鱼、金枪鱼、梭子鱼等)	≤1.0	GB 5009.17
		非食肉鱼类	≤0.5	
4	无机砷,mg/kg		≤0.1	GB 5009.11
5	多氯联苯总量ª,mg/kg		≤0.5	GB 5009.190
6	孔雀石绿ᵇ,μg/kg		不得检出(<2.0)	GB/T 19857
7	硝基呋喃类代谢物ᵇ,μg/kg		不得检出(<0.5)	农业部 783 号公告—1—2006
8	氯霉素ᵇ,μg/kg		不得检出(<0.1)	GB/T 20756
ª 以 PCB28、PCB52、PCB101、PCB118、PCB138、PCB153 和 PCB180 总和计。				
ᵇ 适用于以养殖的海水、淡水鱼为原料制成的罐头。				

ICS 67.120.30
X 20

中华人民共和国农业行业标准

NY/T 1712—2018
代替 NY/T 1712—2009

绿色食品　干制水产品

Green food—Dried aquatic product

2018-05-07 发布

2018-09-01 实施

中华人民共和国农业农村部 发布

前　言

本标准按照 GB/T 1.1—2009 给出的规则起草。

本标准代替 NY/T 1712—2009《绿色食品　干制水产品》。与 NY/T 1712—2009 相比,除编辑性修改外主要技术变化如下:

——增加了原料产地环境要求;

——删除了外观项目,增加了组织状态项目;修改了感官要求指标,增加了检验方法;

——修改了"盐分"指标为"氯化物",并修改了指标要求;

——删除了敌百虫项目;

——修改了镉、无机砷、多氯联苯限量;增加了 N-亚硝胺类化合物项目;

——修改了微生物指标要求。

本标准由农业农村部农产品质量安全监管局提出。

本标准由中国绿色食品发展中心归口。

本标准起草单位:中国水产科学研究院黄海水产研究所、青岛耀栋食品有限公司、中国绿色食品发展中心、荣成泰祥食品股份有限公司。

本标准主要起草人:周德庆、朱兰兰、李国栋、赵峰、张宪、李钰金、王珊珊、马玉洁、刘楠、孙永、李娜。

本标准所代替标准的历次版本发布情况为:

——NY/T 1712—2009。

绿色食品　干制水产品

1　范围

本标准规定了绿色食品干制水产品的术语和定义、要求、检验规则、标志、标签、包装、运输与储存。

本标准适用于绿色食品干制水产品,包括鱼类干制品、虾类干制品、贝类干制品和其他类干制品;本标准不适用于海参和藻类干制产品、即食干制水产品。

2　规范性引用文件

下列文件对于本文件的应用是必不可少的。凡是注日期的引用文件,仅注日期的版本适用于本文件。凡是不注日期的引用文件,其最新版本(包括所有的修改单)适用于本文件。

GB 5009.3　食品安全国家标准　食品中水分的测定

GB 5009.11　食品安全国家标准　食品中总砷及无机砷的测定

GB 5009.12　食品安全国家标准　食品中铅的测定

GB 5009.15　食品安全国家标准　食品中镉的测定

GB 5009.17　食品安全国家标准　食品中总汞及有机汞的测定

GB 5009.26　食品安全国家标准　食品中N-亚硝胺类化合物的测定

GB 5009.29　食品安全国家标准　食品中山梨酸、苯甲酸的测定

GB 5009.34　食品安全国家标准　食品中亚硫酸盐的测定

GB 5009.35　食品安全国家标准　食品中合成着色剂的测定

GB 5009.44　食品安全国家标准　食品中氯化物的测定

GB 5009.190　食品安全国家标准　食品中指示性多氯联苯含量的测定

GB 7718　食品安全国家标准　预包装食品标签通则

GB 14881　食品安全国家标准　食品生产通用卫生规范

GB/T 20361　水产品中孔雀石绿和结晶紫残留量的测定

GB/T 20756　可食动物肌肉、肝脏和水产品中氯霉素、甲砜霉素和氟苯尼考残留量的测定

GB 20941　食品安全国家标准　水产制品生产卫生规范

GB/T 30891　水产品抽样规范

农业部783号公告—1—2006　水产品中硝基呋喃类代谢物残留量的测定　液相色谱-串联质谱法

JJF 1070　定量包装商品净含量计量检验规则

NY/T 391　绿色食品　产地环境技术条件

NY/T 392　绿色食品　食品添加剂使用准则

NY/T 658　绿色食品　包装通用准则

NY/T 840　绿色食品　虾

NY/T 842　绿色食品　鱼

NY/T 896　绿色食品　产品抽样准则

NY/T 1040　绿色食品　食用盐

NY/T 1055　绿色食品　产品检验规则

NY/T 1056　绿色食品　贮藏运输准则

NY/T 1329　绿色食品　海水贝

SC/T 3025　水产品中甲醛的测定

国家质量监督检验检疫总局令 2005 年第 75 号　定量包装商品计量监督管理办法

3　术语和定义

下列术语和定义适用于本文件。

3.1

干制水产品　dried aquatic product

水产品原料直接或经过盐渍、预煮、调味后在自然或人工条件下干燥脱水制成的产品。

4　要求

4.1　原料产地环境

应符合 NY/T 391 的要求。

4.2　加工原料

干制水产品所选用的原料,鱼类应符合 NY/T 842 的规定;虾类应符合 NY/T 840 的规定;海水贝类应符合 NY/T 1329 的规定;其他原料应符合相应的标准规定。

4.3　加工辅料

食用盐应符合 NY/T 1040 的规定,其他辅料应符合相应标准的规定。

4.4　食品添加剂

应符合 NY/T 392 的规定。

4.5　加工过程

应符合 GB 20941 和 GB 14881 的规定。

4.6　感官

应符合表 1 的规定。

表 1　感官要求

项　目	指　标	检验方法
色泽	体表洁净而干燥,具有各种干制水产品应有的色泽	在光线充足、无异味的环境中,按 GB/T 30891 和 NY/T 896 规定抽样,将样品置于白色陶瓷盘或不锈钢工作台上,目测色泽和杂质,鼻闻气味,手测组织。若依此不能判定气味和组织时,可做蒸煮试验,即在容器中加入 500 mL 饮用水,煮沸,将用清水洗净切成 3 cm×3 cm 大小的样品放入容器中,盖上盖,煮 5 min 后,打开盖,嗅蒸汽气味,再品尝肉质
组织状态	各种形态应基本完整,同一形状的产品应厚薄、大小基本一致,无碎屑,无杂质,无虫害,无霉变	
气味及滋味	具有干制水产品固有的气味,无油脂酸败等腐败气味,无异味	
杂质	无肉眼可见外来杂质	

4.7　理化指标

应符合表 2 的规定。

表 2　理化指标

单位为克每百克

项　目	指　标	检验方法
水分 　干制品 　(不包含冷冻条件下储存的干制品)	≤22	GB 5009.3
氯化物 　鱼类 　虾类 　贝类 　头足类	≤3.6 ≤3.6 ≤3.6 ≤1.2	GB 5009.44

4.8 污染物限量、食品添加剂限量

应符合食品安全国家标准及相关规定,同时符合表3的规定。

表3 污染物限量、食品添加剂限量

项 目	指 标	检验方法
亚硫酸盐(以二氧化硫计),mg/kg	≤30	GB 5009.34
N-二甲基亚硝胺,μg/kg	≤4.0	GB 5009.26
山梨酸及其钾盐(以山梨酸计),g/kg	≤1.0	GB 5009.29
胭脂红及其铝色淀(虾类),mg/kg	不得检出(<0.5)	GB 5009.35

4.9 净含量

应符合国家质量监督检验检疫总局令2005年第75号的规定,检验方法按JJF 1070的规定执行。

5 检验规则

申报绿色食品应按照4.6~4.9及附录A所确定的项目进行检验。其他要求应符合NY/T 1055的规定。

6 标签

应符合GB 7718的规定。

7 包装、运输和储存

7.1 包装

应符合NY/T 658的规定。

7.2 运输、储存

应符合NY/T 1056的规定。

附　录　A

（规范性附录）

绿色食品干制水产品申报检验项目

表 A.1 规定了除 4.6～4.9 所列项目外，依据食品安全国家标准和绿色食品生产实际情况，绿色食品申报还应检验的项目。

表 A.1　污染物限量、食品添加剂限量和渔药残留限量

项　目	指　标	检验方法
铅（Pb），mg/kg 　鱼类 　虾类 　贝类和其他类	≤0.5 ≤0.5 ≤1.0	GB 5009.12
镉（Cd），mg/kg 　鱼类 　虾类 　贝类和其他类	≤0.1 ≤0.5 ≤2.0	GB 5009.15
无机砷（以 As 计），mg/kg 　鱼类 　虾类（以干重计） 　贝类和其他类（以干重计）	≤0.1 ≤0.5 ≤0.5	GB 5009.11
甲基汞，mg/kg 　鱼（不包括食肉鱼类）及其他水产品 　食肉鱼类（旗鱼、金枪鱼、梭子鱼等）	≤0.5 ≤1.0	GB 5009.17
甲醛，mg/kg	＜10.0	SC/T 3025
孔雀石绿[a]，μg/kg	不得检出（＜0.5）	GB 20361
硝基呋喃类代谢物，μg/kg（虾制品不检测 SEM）	不得检出（＜0.25）	农业部 783 号公告—1—2006
氯霉素[a]，μg/kg	不得检出（＜0.3）	GB/T 20756
多氯联苯[b]，mg/kg	≤0.5	GB 5009.190
[a]　适用于养殖的海水、淡水产品。 [b]　以 PCB28、PCB52、PCB101、PCB118、PCB138、PCB153 和 PCB180 总和计。		

ICS 67.120.30

B 50

中华人民共和国农业行业标准

NY/T 3204—2018

农产品质量安全追溯操作规程　水产品

Code of practice for quality and safety traceability of agricultural products—
Aquatic product

2018-03-15 发布

2018-06-01 实施

中华人民共和国农业部 发布

NY/T 3204—2018

前　言

本标准按照 GB/T 1.1—2009 给出的规则起草。

本标准由农业部农垦局提出并归口。

本标准起草单位：中国农垦经济发展中心、农业部乳品质量监督检验测试中心、中国热带农业科学院农产品加工研究所。

本标准主要起草人：韩学军、苏子鹏、张宗城、王洪亮、王春天、刘亚兵、郑维君、刘证。

农产品质量安全追溯操作规程 水产品

1 范围

本标准规定了水产品质量安全追溯术语和定义、要求、追溯码编码、追溯精度、信息采集、信息管理、追溯标识、体系运行自查和质量安全问题处置。

本标准适用于水产品质量安全追溯操作和管理。

2 规范性引用文件

下列文件对于本文件的应用是必不可少的。凡是注日期的引用文件，仅注日期的版本适用于本文件。凡是不注日期的引用文件，其最新版本（包括所有的修改单）适用于本文件。

GB/T 22213 水产养殖术语

GB/T 29568 农产品追溯要求 水产品

NY/T 755 绿色食品 渔药使用准则

NY/T 1761 农产品质量安全追溯操作规程 通则

3 术语和定义

GB/T 22213、NY/T 755 和 NY/T 1761 界定的术语和定义适用于本文件。

4 要求

4.1 追溯目标

建立追溯体系的水产品应通过追溯码查询各养殖（或捕捞）、加工、流通环节的追溯信息，实现产品可追溯。

4.2 机构和人员

建立追溯体系的水产品生产企业（组织或机构）应指定机构或人员负责追溯的组织、实施、管理，人员应经培训合格，且相对稳定。

4.3 设备和软件

建立追溯体系的水产品生产企业（组织或机构）应配备必要的计算机、网络设备、标签打印机、条码读写设备等，相关软件应满足追溯要求。

4.4 管理制度

建立追溯体系的水产品生产企业（组织或机构）应制定产品质量追溯工作规范、质量追溯信息系统运行及设备使用维护制度、追溯信息管理制度、产品质量控制方案等相关制度，并组织实施。

5 追溯码编码

按 NY/T 1761 的规定执行。二维码内容可由水产品生产企业（组织或机构）自定义。

6 追溯精度

6.1 总则

追溯精度宜确定为生产单元或批次。当追溯精度不能确定为生产单元或批次时，可根据具体实践确定为生产者（或生产者组）。

6.2 捕捞

以捕捞批次作为追溯精度。

6.3 养殖

6.3.1 海水养殖

6.3.1.1 港(塭)养(殖)

以捕捞批次作为追溯精度。

6.3.1.2 网围养殖、筏式养殖

以一次捕捞的网箱、浮动筏架或网箱组、浮动筏架组作为追溯精度。

6.3.1.3 近海池塘、工厂化养殖

依生产方式分为：

a) 全进全出养殖方式的追溯精度宜为池塘或池塘组；

b) 倒池养殖方式的追溯精度宜为池塘组,如贝类；

c) 多品种混养生产的追溯精度宜为轮捕批次,如对虾、海蜇和贝类混养。

6.3.1.4 滩涂养殖

以养殖批次作为追溯精度,如文蛤等贝类。

6.3.2 半咸水养殖

以池塘或池塘组作为追溯精度,如螺旋藻。

6.3.3 淡水养殖

6.3.3.1 网围养殖

以捕捞批次或围网作为追溯精度。

6.3.3.2 池塘养殖或工厂化养殖

池塘养殖包括流动水、半流动水和静水池塘养殖。依生产方式分为：

a) 全进全出养殖方式的追溯精度宜为池塘或池塘组；

b) 倒池养殖方式的追溯精度宜为池塘组,如甲鱼；

c) 多品种混养生产的追溯精度宜为轮捕批次,如鱼、虾、蟹混养。

6.3.3.3 湖泊或水库养殖

单品种养殖或多品种混养宜以捕捞批次或养殖户作为追溯精度。

6.3.3.4 稻田养殖

以稻田地块或地块组作为追溯精度。

6.4 加工

以加工批次为追溯精度,应尽可能保留捕捞或养殖追溯精度。

7 信息采集

7.1 信息采集点设置

宜在捕捞、养殖、加工、投入品购入、投入品使用、检验(自行检验或委托检验)、包装、销售、储运等环节设立信息采集点。

7.2 信息采集要求

7.2.1 真实、及时、规范

信息应按实际操作同时或过后即刻记录。信息应以表格形式记录,表格中不留空项,空项应填"—";上下栏信息内容相同时不应用"··",改填"同上"或具体内容;更改方法不用涂改,应用杠改。

7.2.2 可追溯

下一环节的信息中具有与上一环节信息的唯一性对接的信息。

示例:

渔药使用表中的通用名、生产企业、产品批次号/生产日期,能与渔药购入表唯一性对接。

7.3 信息采集内容

7.3.1 基本信息

基本信息应包括生产、加工、检验、投入品购入、投入品使用、储存运输、包装销售等环节信息和记录的时间、地点、责任人等责任信息,如果涉及相关环节,可按照 GB/T 29568 的要求执行。至少应包括如下信息内容:

    a) 储存运输:起止日期、温度、储运场地或车船编号等;

    b) 产品检验:追溯码、产品标准、检验结果等;

    c) 产品销售:追溯码、售货日期、售货量、运货方式、车牌号、收货人名称/代码等;

    d) 标签打印使用:追溯码、打印日期、打印量、使用量、销毁量、销毁方式等。

7.3.2 扩展信息

7.3.2.1 饲料购入

饲料原料来源、饲料添加剂来源、通用名、生产企业、生产许可证号、批准文号、产品批次号/生产日期、购入日期、领用人等。

7.3.2.2 饲料使用

投饲(饵)量、施用方法、使用日期/使用起止日期等。

7.3.2.3 渔药购入

通用名、生产企业、生产许可证号、批准文号/进口兽药为注册证号、产品批次号/生产日期、剂型、有效成分及含量、购入日期、领用人等。

7.3.2.4 渔药使用

通用名、生产企业、产品批次号/生产日期、稀释倍数、施用量、施用方式、使用频率和日期、休药期、不良反应等。若渔药的购入和渔药使用为同一部门或同一个人操作,则该两记录表格宜合并。

注:疫苗、消毒剂、催产剂、渔用诊断制品属于渔药,但不记录休药期。

7.3.2.5 农药购入

通用名、生产企业、生产许可证号、登记证号、产品批次号/生产日期、剂型、有效成分及含量、购入日期、领用人等。如用于水体的杀虫剂、杀菌剂或除草剂。

7.3.2.6 农药使用

通用名、生产企业、产品批次号/生产日期、稀释倍数、施用量、施用方式、使用频率和日期、安全间隔期等。若农药的购入和农药使用为同一部门或同一个人操作,则该两记录表格宜合并。

7.3.2.7 饵料、渔用环境改良及人工海水用试剂

成分及其含量、投放后浓度、配制日期、投放日期等。

7.3.2.8 养殖池及净化池水质

成分及其含量等。

7.3.2.9 食品添加剂

通用名、生产企业、生产许可证号、批准文号、产品批次号/生产日期、投放量等。

8 信息管理

8.1 信息存储

纸制记录及其他形式的记录应及时归档,并采取相应的安全措施保存。所有信息档案在生产周期结束后应至少保存 2 年。

8.2 信息审核和录入

信息审核无误后方可录入。信息录入应专机专用、专人专用,并遵守信息安全规定。

8.3 信息传输

上一环节操作结束时应及时将信息传输给下一环节。

8.4 信息查询

建立追溯体系的水产品生产企业(组织或机构)应建立或纳入相应的追溯信息公共查询技术平台,应至少包括生产者、产品、产地、批次、产品标准等内容。

9 追溯标识

按 NY/T 1761 的规定执行。

10 体系运行自查

按 NY/T 1761 的规定执行。

11 质量安全问题处置

按 NY/T 1761 的规定执行。召回产品应按相关规定处理,召回及处置应有记录。

————————————

ICS 65.150
B 52

中华人民共和国水产行业标准

SC/T 1136—2018

蒙 古 鲌

Mongolian redfin

2018-05-07 发布 2018-09-01 实施

中华人民共和国农业农村部 发布

SC/T 1136—2018

前　言

本标准按照 GB/T 1.1—2009 给出的规则起草。

请注意本文件的某些内容可能涉及专利。本文件的发布机构不承担识别这些专利的责任。

本标准由农业农村部渔业渔政管理局提出。

本标准由全国水产标准化技术委员会淡水养殖分技术委员会(SAC/TC 156/SC 1)归口。

本标准起草单位:中国水产科学研究院黑龙江水产研究所、东北农业大学。

本标准主要起草人:耿龙武、姜海峰、薛淑群、徐伟、佟广香。

蒙 古 鲌

1 范围

本标准给出了蒙古鲌[*Chanodichthys mongolicus*(Basilewsky,1855)]的学名和分类、主要形态构造特征、生长与繁殖、细胞遗传学特性、生化遗传学特性、检验方法和检验结果判定。

本标准适用于蒙古鲌的种质检测与鉴定。

2 规范性引用文件

下列文件对于本文件的应用是必不可少的。凡是注日期的引用文件,仅注日期的版本适用于本文件。凡是不注日期的引用文件,其最新版本(包括所有的修改单)适用于本文件。

GB/T 18654.1 养殖鱼类种质检验 第1部分:检验规则

GB/T 18654.2 养殖鱼类种质检验 第2部分:抽样方法

GB/T 18654.3 养殖鱼类种质检验 第3部分:性状测定

GB/T 18654.4 养殖鱼类种质检验 第4部分:年龄与生长的测定

GB/T 18654.6 养殖鱼类种质检验 第6部分:繁殖性能的测定

GB/T 18654.12 养殖鱼类种质检验 第12部分:染色体组型分析

GB/T 18654.13 养殖鱼类种质检验 第13部分:同工酶电泳分析

3 学名和分类

3.1 学名

蒙古鲌[*Chanodichthys mongolicus*(Basilewsky,1855)]。

3.2 别名

蒙古红鲌(*Erythroculter mongolicus*)。

3.3 分类地位

硬骨鱼纲(Osteichthyes)、鲤形目(Cypriniformes)、鲤科(Cyprinidae)、鲌亚科(Culterinae)、鲌属(*Chanodichthys*)。

4 主要形态构造特征

4.1 外部形态

4.1.1 外形

体形侧扁,头部背面平坦,头后背部微隆起。口亚上位,下颌略长于上颌,口裂稍斜,后端伸至鼻孔后缘正下方。眼中等,位于头的前半部。鼻孔在眼前缘上方,与眼上缘平行。背鳍起点在吻端至尾鳍基之间的中点,背鳍第三根鳍条为光滑的硬刺。胸鳍较小,末端后伸达胸鳍基部到腹鳍起点的1/2～2/3处。腹鳍短,后伸不达臀鳍起点。背鳍灰褐色。尾鳍上叶淡黄色略带红色,下叶橘红色,边缘微黑。其他各鳍黄色带微红。尾鳍分叉深,上下叶末端尖。腹鳍基部至肛门之间有腹棱。肛门靠近臀鳍起点。侧线平直。从鳃孔上角伸达尾柄中央。体背侧部浅棕色,腹部银白色。

蒙古鲌的外部形态见图1。

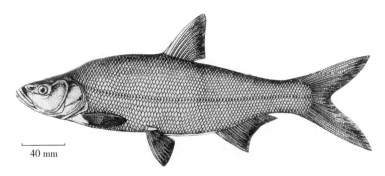

图 1　蒙古鲌的外部形态

4.1.2　可数性状

4.1.2.1　鳍式

背鳍式 D. ⅲ—7。

胸鳍式 P. ⅰ—15～16。

腹鳍式 V. ⅰ—2～8。

臀鳍式 A. ⅲ—20～24。

4.1.2.2　鳞式

$73\dfrac{14\sim16}{6\sim8-V}78$。

4.1.2.3　左侧第一鳃弓外侧鳃耙数

17 枚～20 枚。

4.1.2.4　下咽齿

齿顶端略弯曲,齿式 2·4·5/4·4·2 或 2·4·4/5·4·2。

4.1.3　可量性状

体长 24.37 cm～27.08 cm、体重 207.2 g～264.5 g 的个体,实测可量性状比值见表 1。

表 1　蒙古鲌的可量性状比值

全长/体长	体长/体高	体长/头长	头长/吻长	头长/眼径	头长/眼间距	体长/尾柄长	尾柄长/尾柄高
1.21±0.009	4.420±0.19	4.21±0.22	3.62±0.12	5.16±0.31	3.47±0.19	6.70±0.45	1.60±0.22

4.2　内部构造

4.2.1　鳔

鳔 3 室,前室较短;中室最长,前端粗,后端小;后室细长,末端尖,伸达体腔后部。中室为前室长的 1.64 倍～1.76 倍,为后室长的 1.16 倍～1.44 倍。

4.2.2　腹膜

银白色。

4.2.3　脊椎骨

46 枚～47 枚。

5　生长与繁殖

5.1　生长

不同年龄组鱼的体长和体重见表 2。

表 2　各年龄组鱼的体长和体重实测值

年龄，龄	1	2	3	4	5
体长，cm	15.23±1.69	18.00±2.63	21.14±4.48	28.52±4.45	31.12±5.18
体重，g	8.46±1.66	91.90±57.91	166.40±54.73	344.47±167.19	496.76±216.83
注：样品为雌雄混合样本，体长、体重为平均值±标准差。					

5.2　繁殖

5.2.1　性成熟年龄

雌雄性成熟年龄，南方 2 龄～3 龄，北方 3 龄～4 龄。

5.2.2　繁殖期

繁殖期为每年的 4 月～7 月。繁殖适宜水温 20℃～27℃。

5.2.3　产卵类型

性腺一年成熟一次，一次产出，卵黏性，受精后卵径 1.5 mm～1.7 mm。

5.2.4　怀卵量

不同年龄个体怀卵量见表 3。

表 3　不同年龄个体的怀卵量

年龄 龄	3	4	5
体重 g	211.81±50.85	390.41±209.00	676.66±216.32
绝对怀卵量 粒/尾	43 280±13 772	107 784±63 041	220 972±74 258
相对怀卵量 粒/g 体重	200.73±16.29	271.31±30.24	321.32±16.51

6　细胞遗传学特性

体细胞染色体数：$2n=48$；核型公式：26m+22sm；染色体臂数（NF）：96。

蒙古鲌染色体组型见图 2。

图 2　蒙古鲌染色体组型

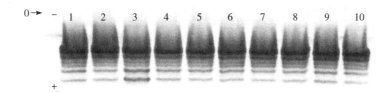

图 3　蒙古鲌肌肉乳酸脱氢酶(LDH)同工酶电泳酶谱

7 生化遗传学特性

蒙古鲌肌肉乳酸脱氢酶(LDH)同工酶酶谱见图 3,酶带扫描图见图 4,其相对迁移率见表 4。

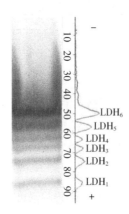

图 4 蒙古鲌肌肉乳酸脱氢酶(LDH)酶带扫描图

表 4 蒙古鲌肌肉乳酸脱氢酶(LDH)相对迁移率

酶带	LDH_1	LDH_2	LDH_3	LDH_4	LDH_5	LDH_6
相对迁移率(Rf)	0.384	0.329	0.299	0.277	0.243	0.211

8 检测方法

8.1 抽样

按 GB/T 18654.2 的规定执行。

8.2 性状测定

按 GB/T 18654.3 的规定执行。

8.3 年龄鉴定

采用鳞片鉴定年龄,方法按 GB/T 18654.4 的规定执行。

8.4 繁殖力的测定

按 GB/T 18654.6 的规定执行。

8.5 染色体检测

按 GB/T 18654.12 的规定执行。

8.6 同工酶检测

按 GB/T 18654.13 的规定执行。

9 检验结果判定

按 GB/T 18654.1 的规定执行。

ICS 65.150
B 51

中华人民共和国水产行业标准

SC/T 2078—2018

褐　菖　鲉

Marbled rockfish

2018-12-19 发布

2019-06-01 实施

中华人民共和国农业农村部 发布

前　言

本标准按照 GB/T 1.1—2009 给出的规则起草。

请注意本文件的某些内容可能涉及专利。本文件的发布机构不承担识别这些专利的责任。

本标准由农业农村部渔业渔政管理局提出。

本标准由全国水产标准化技术委员会海水养殖分技术委员会(SAC/TC 156/SC 2)归口。

本标准起草单位：浙江海洋大学、中国海洋大学。

本标准主要起草人：高天翔、刘璐、蔡珊珊、徐胜勇、张辉。

褐 菖 鲉

1 范围

本标准给出了褐菖鲉[*Sebastiscus marmoratus*(Cuvier et Valencinnes)1829]的学名与分类地位、主要形态特征、生长与繁殖特性、细胞遗传学特性、分子遗传学特性、检测方法和判定规则。

本标准适用于褐菖鲉的种质检测与鉴定。

2 规范性引用文件

下列文件对于本文件的应用是必不可少的。凡是注日期的引用文件,仅注日期的版本适用于本文件。凡是不注日期的引用文件,其最新版本(包括所有的修改单)适用于本文件。

GB/T 18654.2　养殖鱼类种质检验　第2部分:抽样方法

GB/T 18654.3　养殖鱼类种质检验　第3部分:性状测定

GB/T 18654.4　养殖鱼类种质检验　第4部分:年龄与生长的测定

GB/T 18654.6　养殖鱼类种质检验　第6部分:繁殖性能的测定

GB/T 18654.12　养殖鱼类种质检验　第12部分:染色体组型分析

3 学名与分类地位

3.1 学名

褐菖鲉[*Sebastiscus marmoratus*(Cuvier et Valencinnes)1829]。

3.2 分类地位

辐鳍鱼纲(Actinopterygii)、鲉形目(Scorpaeniformes)、鲉科(Scorpaenidae)、菖鲉属(*Sebastiscus*)。

4 主要形态特征

4.1 外形

体中长,侧扁,长椭圆形,背缘弧形,腹缘浅弧形。躯干前半部稍高,腹鳍基部处体最高;尾柄侧扁。头中大,侧扁,吻背缘稍陡斜,眼后背缘稍低斜,腹缘浅弧形。吻稍长,圆钝。鼻孔2个,靠近,约等大,前鼻孔距眼近于距吻端,后鼻孔位于眼稍前方。眼中大,圆形,上侧位,眼球高达头背缘,距吻端约为眼后头长3/5。口中大,端位,头长约为口裂长3倍,呈30°斜裂。

体被栉鳞,胸部和腹部具小圆鳞。头部具小栉鳞;吻部、上下颌、前鳃盖骨后缘、头部腹侧和鳃盖条部无鳞;颊部、眼间隔、眼后、鳃盖大部、头背后部具细鳞;背鳍和尾鳍具圆鳞和栉鳞;臀鳍和腹鳍具圆鳞;胸鳍具栉鳞。侧线上侧位,斜直,后部平直,行于尾柄中央。侧线鳞黏液管位于鳞片中部,管长为管宽2倍余。背鳍起点位于鳃盖骨上棘前上方,基部具毒腺;腹鳍中大,胸位,后缘与胸鳍后缘齐平,鳍棘细长,为第一鳍条长4/5,第二鳍条最长,约为头长1/2,第五鳍条鳍膜连于体壁。尾鳍后缘截形或微圆凸,约为头长3/5。成熟的雄鱼有交接器。体茶褐色或暗红色,体侧有5条～6条较明显褐色横纹,胸鳍基底中央附近有淡色小斑点集成的大暗斑,尾鳍具斑块和斑点。

外部形态见图1。

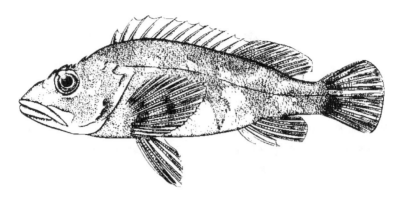

图 1　褐菖鲉外形

4.2　可数性状

4.2.1　背鳍:D. XIII—11~13;臀鳍:A. III—5;胸鳍:P. 17~19;腹鳍 V. 17~23。

4.2.2　幽门盲囊:9~10。

4.2.3　侧线鳞式:$49\frac{11-D}{23\sim25-A}54$。

4.2.4　鳃耙数:4~6+8~13。

4.2.5　椎骨:24~25。

4.3　可量性状

褐菖鲉可量性状比值见表1。

表 1　褐菖鲉可量性状比值

特征	比值	特征	比值	特征	比值
体高/体长	0.35±0.03	尾柄长/尾柄高	1.88±0.24	头长/体长	0.41±0.03
眼径/头长	0.25±0.04	眼间距/头长	0.15±0.03	眼后头长/头长	0.51±0.03
吻长/头长	0.28±0.03	上颌长/头长	0.46±0.04	腹鳍长/体长	0.25±0.02
背鳍基长/体长	0.62±0.06	胸鳍长/体长	0.30±0.03	臀鳍基长/体长	0.14±0.02

5　生长与繁殖特性

5.1　生长

$$W=1.983\times10^{-5}L^{3.077}(R^2=0.961)$$

式中:

W ——体重,单位为克(g);

L ——体长,单位为毫米(mm)。

5.2　繁殖

5.2.1　性成熟年龄

一般为1龄。

5.2.2　生物学最小型

体长为90 mm。

5.2.3　繁殖期

10月至翌年6月,10月至翌年1月交配,2月至6月产卵。

5.2.4　怀卵量

绝对怀卵量 1.2×10^4 粒～7.6×10^4 粒,平均约为 4×10^4 粒。

5.2.5 繁殖方式

卵胎生。秋冬季受精,受精卵在雌鱼体内发育,冬至到翌年春季产仔。

6 细胞遗传学特性

6.1 染色体

体细胞染色体数: $2n = 48$。

6.2 核型

核型公式为 $2n = 2m + 46t$。染色体核型见图2。

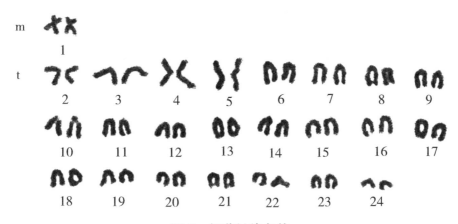

图2 褐菖鲉染色体

7 分子遗传学特性

褐菖鲉的线粒体 DNA COI 片段的碱基序列:

50	ATTCGAGCAG	AATTAAGCCA	ACCGGGCGCT	CTCCTTGGAG	ACGACCAAAT
100	TTACAATGTA	ATCGTTACAG	CACATGCTTT	CGTAATGATT	TTCTTTATAG
150	TAATGCCAAT	TATGATTGGA	GGTTTTGGAA	ACTGATTAAT	TCCCCTAATG
200	ATCGGAGCCC	CAGATATAGC	ATTTCCTCGT	ATAAATAATA	TAAGTTTTTG
250	ACTTCTTCCC	CCTTCTTTCC	TTCTTCTGCT	TGCCTCTTCC	GGTGTAGAAG
300	CGGGGGCCGG	AACCGGATGA	ACAGTATATC	CGCCCCTGGC	TGGTAACTTA
350	GCCCACGCAG	GAGCCTCCGT	AGACCTGACA	TTCACCTGGC	AGGTATTTCC
400	TCAATCCTCG	GGGCTATTAA	TTTTATTACC	ACAATTATTA	ACATAAAACC
450	CCCAGCCATC	TCTCAATACC	AGACTCCCTT	GTTTGTGTGA	GCTGTTCTAA
500	TTACCGCTGT	CCTTCTCCTT	CTCTCCCTAC	CAGTTCTTGC	TGCTGGCATC
550	ACAATGCTTC	TAACAGACCG	AAATCTGAAT	ACTACATTCT	TTGACCCAGC
600	CGGAGGAGGA	GACCCAATTC	TTTATCAACA	TCTATTCTGG	TTCTTTGGAC

种内个体间遗传距离小于 2%。

8 检测方法

8.1 抽样方法

按 GB/T 18654.2 的规定执行。

8.2 性状测定

按 GB/T 18654.3 的规定执行。

8.3 年龄鉴定

按 GB/T 18654.4 的规定执行。年龄鉴定材料为耳石。

8.4 怀卵量的测定

按 GB/T 18654.6 的规定执行。

8.5 细胞遗传学检测

按 GB/T 18654.12 的规定执行。

8.6 分子遗传学检测

按附录 A 的实验方法检测。

9 判定规则

检测结果不符合第 4 章、第 6 章、第 7 章任何一章要求的,则判定为不合格项,有不合格项的样品为不合格样品。

附 录 A
（规范性附录）
线粒体 COI 序列片段分析方法

取肌肉组织剪碎并用 10％蛋白酶 K 消化后，按照标准的酚-氯仿抽提法或者使用试剂盒进行总 DNA 的提取。

扩增引物序列为 COI-F(5′-GGTCAACAAATCATAAAGATATTGG-3′)和 COI-R(5′-TA-AACTTCAGGGTGACCAAAAAATCA-3′)。

反应体系为 50 μL，每反应体系包括 1.25 U 的 Taq DNA 聚合酶；各种反应组分的终浓度为 200 nmol/L 的正反向引物；200 μmol/L 的每种 dNTP，10×PCR 缓冲液[200 mmol/L Tris-HCl，pH 8.4；200 mmol/L KCl；100 mmol/L(NH_4)$_2$SO$_4$；15 mmol/L MgCl$_2$]5 μL，加 Milli-Q H$_2$O 至 50 μL。基因组 DNA 约为 20 ng。

每组 PCR 均设阴性对照用来检测是否存在污染。PCR 参数包括 94℃预变性 4 min，94℃变性40 s，52℃退火 30 s，72℃延伸 1 min，循环 35 次，然后 72℃后延伸 7 min。

所有 PCR 均在 PCR 仪上完成。扩增产物经纯化后经测序仪直接测序，为了保证序列的准确性，对所有样品均进行双向测序。

ICS 65.150
B 51

中华人民共和国水产行业标准

SC/T 2082—2018

坛 紫 菜

Pyropia haitanensis

2018-12-19 发布

2019-06-01 实施

中华人民共和国农业农村部 发布

前　言

本标准按照GB/T 1.1—2009给出的规则起草。

请注意本文件的某些内容可能涉及专利。本文件的发布机构不承担识别这些专利的责任。

本标准由农业农村部渔业渔政管理局提出。

本标准由全国水产标准化技术委员会海水养殖分技术委员会(SAC/TC 156/SC 2)归口。

本标准起草单位：福建省水产技术推广总站、集美大学。

本标准主要起草人：黄健、刘燕飞、谢潮添、陈燕婷、宋武林、纪德华、徐燕、翁祖桐、陈曦飞、陈昌生。

坛 紫 菜

1 范围

本标准给出了坛紫菜［*Pyropia haitanensis*（Chang et Zhang）1960］的学名与分类、主要形态特征、繁殖特性、细胞遗传学特性、分子遗传学特性、检测方法及判定规则。

本标准适用于坛紫菜的种质检测与鉴定。

2 规范性引用文件

下列文件对于本文件的应用是必不可少的。凡是注日期的引用文件,仅注日期的版本适用于本文件。凡是不注日期的引用文件,其最新版本(包括所有的修改单)适用于本文件。

SC/T 2064 坛紫菜种藻和苗种

3 学名与分类

3.1 学名

坛紫菜［*Pyropia haitanensis*（Chang et Zhang）1960］。

3.2 分类

红藻门（Rhodophyta）、红藻纲（Rhodophyceae）、红毛菜目（Bangiales）、红毛菜科（Bangiaceae）、紫菜属（*Pyropia*）。

4 主要形态特征

4.1 叶状体

叶状体呈薄膜状,其形态为披针形、亚披针形或针形、亚卵型或长亚卵形,边缘无皱褶或稍有皱褶,边缘细胞具有锯齿,基部圆形、楔形、脐形或心脏形(见图1)。自基部细胞向下延伸的假根丝固着在生长基质上。暗绿色带褐色或红褐色。自然生长的一般体高为 12 cm～18 cm,室内培养和人工栽培的可达 2 m 以上。叶状体多为单层细胞结构,仅局部为两层细胞,细胞内含一个星状色素体,位居中。叶状体厚度一般为 18 μm～70 μm,人工栽培的经多次剪收可达 100 μm 以上。

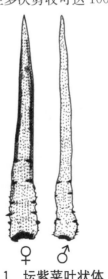

♀   ♂

图 1 坛紫菜叶状体

4.2 丝状体

从叶片上放散出来的果孢子遇到含碳酸钙的基质如贝壳等就钻入萌发,形成藻落。丝状体在无附着基质的人工培养条件下,可悬浮生长于海水中,形成藻落或藻球,成为游离丝状体(自由丝状体)。丝状体的生长从果孢子萌发开始,经历营养藻丝生长、孢子囊枝生长、壳孢子形成和放散 3 个时期(见图 2),每一个时期随着生长发育形态也有相应的变化。

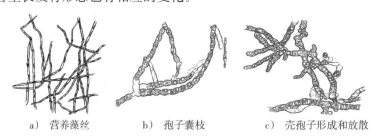

a) 营养藻丝   b) 孢子囊枝   c) 壳孢子形成和放散

图 2 坛紫菜丝状体

5 繁殖特性

坛紫菜为异型世代交替生活史(见图 3),叶状体大型为单倍体,丝状体微型为二倍体。叶状体多数为雌雄异株,少数雌雄同株。雌雄同株时果孢子囊群和精子囊器常以直线或曲线分别集中区分于叶状体的一定区域上,有的精子囊器和果孢子囊分布在叶状体的上下对半等分。精子囊母细胞为雄性生殖细胞,经多次分裂形成精子囊器。每个精子囊器具有 128 个或 256 个精子囊,分裂式为 $\male A_4B_4C_8$ 或 $\male A_4B_4C_{16}$;果胞为雌性生殖细胞,果胞受精后分裂形成果孢子囊,成熟的果孢子囊内含 16 个或 32 个果孢子,分裂式为 $\female A_2B_2C_4$ 或 $\female A_2B_4C_4$。果孢子逸出萌发形成丝状体。丝状体经营养藻丝生长,发育成孢子囊枝,成熟分裂形成壳孢子囊,放散出壳孢子,壳孢子萌发时进行的第 1 次和第 2 次细胞分裂为减数分裂,进一步萌发成叶状体。

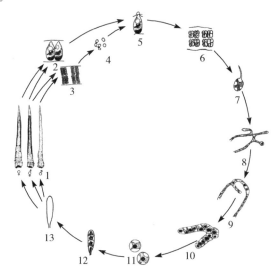

说明:

1——叶状体;
2——果孢(横切面);
3——精子囊器(横切面);
4——精子;
5——受精卵;
6——果孢子囊;
7——果孢子;

8——丝状藻丝;
9——孢子囊枝;
10——壳孢子囊形成与壳孢子放散;
11——壳孢子;
12——四细胞叶状体;
13——叶状体幼苗。

图 3 坛紫菜生活史

6 细胞遗传学特性

叶状体的细胞为单倍核相,染色体 $n=5$,丝状体的细胞为双倍核相,染色体 $2n=10$(见图4)。

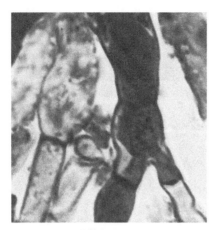 

　a) 丝状体细胞($2n=10$)　　　　　　　b) 叶状体细胞($n=5$)

图4 坛紫菜染色体

7 分子遗传学特性

7.1 5.8 S核苷酸序列

坛紫菜5.8 S核苷酸序列总长度为160 bp,序列如下:

```
  1 GATACAACTC TTAGCGGTGG ATATCTTGGC TCTCGCAACG ATGAAGAACG CAGCTAACTG
 61 CGATAACTAA TGTGAATTGC AGGACTTCGT GAATCATTGA GTCTTTGAAC GCAAGTTGCG
121 CTCATGTCCG GGTGGATGTG AGCATGCCTG TTTGAGTGTC
```

7.2 rbcS-ISR(ribulose‐1,5‐bisphosphate carboxylase/oxygenase small subunit intergenic spacer region)核苷酸序列

坛紫菜rbcS‐ISR核苷酸序列总长度516 bp,序列如下:

```
  1 GACTCCAACA GCAAACATCT AGTTTAATGA CTACTTGCTA ATGCTTAATT TGGCAAATTG
 61 TAAGTAGAAT TGACTTATAA CAATAAGGAG CATAGAATAG TGAGAGTAAC ACAAGGGACC
121 TTTTCCTTCC TTCCAGACCT AACTGATGAA CAAATTAATA AGCAACTTGC TTATATCGTT
181 TCTAAAGGGT TTTCAGCAAA TGTTGAGTAT ACTGACGATC CTCATCCAAG AAACTCATAT
241 TGGGAATTAT GGGGATTACC TTTATTTGAT GTAAAAGATG CATCTGCTGT TATGTATGAG
301 ATTAGTTCAT GCAGAAAAGC AAAACCTAAT TATTATATTA AAGTTAATGC TTTTGATAAT
361 ACTCGAGGTA TTGAAAGTTG TGTACTATCT TTTATTGTAA ATAGACCTAT TAACGAGCCA
421 GGGGTTCTTAT TACAACGCCA AGACTTTGAA GGTAGAACTA TGAAATATAG TTTACATAGT
481 TATGCTACTG AAAAGCCTGA AGGAGCTAGA TATTAA
```

8 检测方法

8.1 抽样方法

按SC/T 2064的规定执行。

8.2 主要形态特征检测

8.2.1 叶状体

按 4.1 的规定采用目视法和显微镜检测。

8.2.2 丝状体

按 4.2 的规定采用显微镜检测。

8.3 染色体检测

见附录 A。

8.4 DNA 片段序列检测

8.4.1 坛紫菜 DNA 提取

参见附录 B。

8.4.2 序列扩增引物

8.4.2.1 5.8S 核苷酸序列扩增引物

正向引物:5′- GGGATCCGTTTCCGTAGGTGAACCTGC - 3′;

反向引物:5′- GGGATCCATATGCTTAAGTTCAGCGGGT - 3′。

8.4.2.2 rbcS-ISR 核苷酸序列扩增引物

正向引物:5′- GACTCCAACAGCAAACATCTAG - 3′;

反向引物:5′- TTAATA(T/C)CTAGCTCCTTCAGGC - 3′。

8.4.3 PCR 扩增

PCR 扩增反应体系为 25 μL,含 2.5 μL 10×PCR Buffer,10 ng 模板 DNA,2.5 mmol/L Mg^{2+},1.5 U *Taq* DNA 聚合酶,200 nmol/L 引物,200 μmol/L dNTP,最后添加无菌 ddH$_2$O 至总体积为 25 μL。

PCR 扩增具体程序:94℃预变性 7 min;每个循环 94℃变性 1 min,55℃复性 45 s,72℃延伸 2 min,共进行 35 个循环;循环结束后 72℃再延伸 7 min。

8.4.4 DNA 序列测定

参见附录 C。

9 判定规则

以第 4 章、第 5 章为主,参考第 6 章、第 7 章(5.8S 核苷酸序列 K2P 遗传距离<2%和 rbcS-ISR 核苷酸序列 K2P 遗传距离<5%)判断检验样品结果。经检验,符合上述质量要求的样品为合格样品。

附　录　A
（规范性附录）
染 色 体 检 测

A.1　染色液的配制

A.1.1　储存液

4 g 苏沐精和 1 g 铁矾结晶，溶于 100 mL 的 45％的醋酸溶液。

A.1.2　染色液

每 5 mL 的储存液中加入 2 g 水合三氯乙醛，充分溶解摇匀，存放一天后使用。染色液只能保存一个月，在两周内使用效果最好。

A.2　染色体检测

取分裂旺盛时的组织或细胞，遮光处理后 3 h 内，每间隔 30 min 用卡诺氏固定液（无水乙醇：冰乙酸＝3：1）固定 1 次样品，24 h 后移至明亮处放置，直至固定的材料变成无色。将少量经过褪色处理的组织或细胞，在 4℃的蒸馏水中软化 5 s～10 s，吸干水分后置于载玻片上，滴加染色液，染色时间根据材料不同控制在 5 min～10 min。盖好盖玻片，于火焰上稍加热，使用橡皮进行轻微的压片。制好的片子不能及时进行观察可用石蜡封片。置于显微镜下观察和拍摄照片，先用低倍镜(10×10)调焦，找到具有分裂相的细胞后，再转换到高倍镜(10×40)下观察。

SC/T 2082—2018

附　录　B
（资料性附录）
坛紫菜 DNA 提取

采用改良的 CTAB 法。具体步骤如下：

a)　取 0.5 g 鲜重的丝状体或叶状体，用蒸馏水洗涤 3 遍，转入 5 mL 离心管中，加入 3 mL 65℃预
　　热的 CTAB 缓冲液[含 2%(W/V)CTAB,1.4 mol/L NaCl,20 mmol EDTA,100 mmol Tris-
　　HCl(pH 8.0),2%巯基乙醇]，高速匀浆；

b)　将离心管置于水浴锅中,65℃温浴 2 h,其间每 10 min 反转 2 次～3 次；

c)　离心管放在台式高速离心机中离心,15 000 r/min,8 min,把上清液加入另一离心管中；

d)　冷却至室温后,轻柔加入等体积的氯仿：异戊醇(24：1),轻缓颠倒 60 min；

e)　离心机中离心,15 000 r/min,10 min,取上清液至另一离心管中；

f)　加入 2/3 体积的异丙醇,轻缓颠倒混匀后,于－20℃放置 1.5 h；

g)　离心机中离心,15 000 r/min,10 min,弃上清液；

h)　在离心管中加入 1 mL 的 70%乙醇,洗 2 次,再用无水乙醇洗一次；

i)　倒去乙醇,将 DNA 沉淀于室温下放置 30 min～60 min；

j)　加 1 mL 的 TE 缓冲液,完全溶解后,加 Rnase A 至 50 μg/mL,37℃温浴 1 h；

k)　加等体积的酚：氯仿：异戊醇(25：24：1),颠倒混匀；

l)　离心机中离心,15 000 r/min,10 min,取上清液至另一离心管中；

m)　重复步骤 k)和 l)；

n)　加蛋白酶 K 至 200 μg/mL,37℃温浴 1 h；

o)　重复步骤 k)和 l)；

p)　加 2 倍体积的无水乙醇、1/2 体积的 NaCl,混匀后在－20℃放置 1 h；

q)　重复步骤 g)～i)；

r)　加 100 μL 的 TE 缓冲液,室温下放置 1 h～2 h,直至 DNA 完全溶解；

s)　取 2 μL DNA 溶液,稀释 50 倍,用 BECKMAN-DU600 核酸蛋白分析仪检测其浓度与纯度；

t)　用 0.8%的琼脂糖凝胶检测所提取的基因组 DNA 片段的完整性；

u)　将 DNA 溶液用 TE 缓冲液稀释至 100 ng/μL 的浓度,置于－20℃的冰箱中保存备用。

附　录　C
（资料性附录）
DNA 序 列 测 定

C.1　测序样品预处理

PCR 扩增完毕,取 7 μL 扩增产物加 3 μL 溴酚蓝后在 1%琼脂糖凝胶中电泳 1 h,经 EB 染色后在紫外灯下观察结果。使用 DNA 片段胶回收试剂盒回收并纯化目的片段。

C.2　目的片段克隆

将回收的目的片段同 PMD 18 - T 载体进行连接(目的片段和载体的摩尔比为 5:1,所用的连接酶为高活性的 T4 连接酶),然后通过热激转化法进行细菌转化。

C.3　提取和纯化质粒 DNA

用质粒纯化试剂盒从细菌克隆中提取和纯化质粒 DNA。

C.4　测序

纯化后的质粒 DNA 在 DNA 测序仪上采用 Sanger 双脱氧链终止法原理在两端同时进行。测序引物即为扩增引物;微量滴定板为 96 孔 U 型微量滴定板;链延伸-链终止反应混合液的配置。准备样品和列表,上样到微量滴定板中进行测序。测序电压 160 V/cm,温度 42℃。

C.5　结果读取

根据凝胶的放射自显影,运用计算机读取 DNA 编码,打印测试结果,然后进行数据处理。

ICS 65.150
B 51

中华人民共和国水产行业标准

SC/T 2083—2018

鼠　尾　藻

Sargassum thunbergii

2018-05-07 发布

2018-09-01 实施

中华人民共和国农业农村部 发布

前　言

本标准按照 GB/T 1.1—2009 给出的规则起草。

请注意本文件的某些内容可能涉及专利。本文件的发布机构不承担识别这些专利的责任。

本标准由农业农村部渔业渔政管理局提出。

本标准由全国水产标准化技术委员会海水养殖分技术委员会(SAC/TC 156/SC 02)归口。

本标准起草单位:中国水产科学研究院黄海水产研究所。

本标准主要起草人:王飞久、刘福利、梁洲瑞、孙修涛、汪文俊。

鼠　尾　藻

1　范围

本标准规定了鼠尾藻［*Sargassum thunbergii*（Mertens ex Roth）O. Kuntze 1880］的术语和定义、学名与分类、主要形态构造特征、生活史与繁殖、分子遗传学特性以及检测方法和判定规则。

本标准适用于鼠尾藻种质的检测和鉴定。

2　术语和定义

下列术语和定义适用于本文件。

2.1

生殖托　receptacle

鼠尾藻的繁殖器官,在繁殖季节由藻体的叶腋间生出,通常为圆柱状。

2.2

生殖窝　conceptacle

生殖托中的瓶状空腔,雌性生殖窝内产生卵囊,雄性生殖窝内产生精子囊。

2.3

卵配生殖　ongamy

两个相融合的雌、雄配子高度特化,在遗传特性、形状、大小和结构等方面都不相同,分别成为卵和精子后经融合成为受精卵。

3　学名与分类

3.1　学名

鼠尾藻 *Sargassum thunbergii*（Mertens ex Roth）O. Kuntze 1880。

3.2　分类地位

褐藻纲（Phaeophyceae）、墨角藻目（Fucales）、马尾藻科（Sargassaceae）、马尾藻属（*Sargassum*）。

4　主要形态构造特征

4.1　外部形态特征

4.1.1　主要外部形态

藻体深褐色,形似鼠尾。野生鼠尾藻一般长 10 cm～50 cm,最长可达 120 cm。藻体明显分为固着器、主干和初生枝,另外还有次生枝、叶片和气囊,藻体成熟时出现生殖托。鼠尾藻外部形态见图 1。

4.1.2　固着器

扁平的圆盘状,边缘常有裂缝。

4.1.3　主干

圆柱状,长 3 mm～7 mm,其上有鳞状的叶痕,在顶端处长出数条初生枝。

4.1.4　初生枝

从主干的顶端长出,枝上有纵沟纹,幼体初生枝表面覆盖有密螺旋状重叠的鳞片叶。

4.1.5　次生枝

次生枝自初生枝叶腋间生出,可长出许多线形或狭披针形叶片。

说明:
1——固着器;
2——主干;
3——初生枝;
4——次生枝。

图 1　鼠尾藻外形

4.1.6　叶片

藻体幼期,叶呈鳞片状,密生于主干和初生枝上。长大后,新生叶多呈线形、披针形、楔形或匙形,边缘呈全缘或锯齿状,长 4 mm～10 mm。

4.1.7　气囊

呈窄纺锤形或倒卵圆形,顶端尖,具有长短不等的囊柄,一般长 3 mm～12 mm。气囊的髓部逐渐分离形成空腔,内储藏气体,可使藻体悬浮。

4.1.8　生殖托

圆柱状,顶端钝,单条或数个集生于叶腋间。雌性生殖托的长度多为 3 mm～7 mm,直径约 1.3 mm,雄性生殖托的长度多为 9 mm～15 mm,直径约 1 mm。雌雄异株。生殖托形态见图 2。

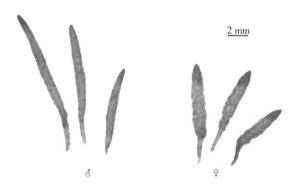

2 mm

♂　　　　♀

图 2　鼠尾藻生殖托形态

4.2　内部构造特征

4.2.1　主要内部构造

主干、初生枝、次生枝和叶片均具有三层组织,即表皮、皮层和髓部。

4.2.2　表皮

由一层体积小、排列紧密和整齐的细胞组成,呈栅栏状,细胞含粒状色素体。

4.2.3 皮层

皮层细胞呈柱状或椭圆形,大小不等,排列不整齐。

4.2.4 髓部

由纵行的丝状细胞组成,细胞之间有胞间连丝。

5 生活史与繁殖

5.1 生活史

只有孢子体世代,无配子体世代,无世代交替现象。

5.2 繁殖

5.2.1 繁殖方式

具有性生殖和营养繁殖,有性生殖方式为卵配生殖。

5.2.2 繁殖时间

我国北方沿海每年 6 月～8 月、南方沿海每年 3 月～5 月为繁殖盛期。

5.2.3 有性繁殖

藻体成熟后精子囊和卵囊经减数分裂分别产生精子和卵,精子和卵分别位于雄性和雌性生殖托的生殖窝内,卵排出体外后与精子结合形成受精卵,受精卵萌发为孢子体。

5.2.4 营养繁殖

在主干和截断的藻枝上再生出新的藻枝。

6 分子遗传学特性

ITS-2 序列:总长度 561 bp。

```
  1  GAAAACTCGC CCACAGCTTC GGGTTCGATC TCGACCTCGA GGCGGTGGAG CGGAATCTGA
 61  GCGTTCCGGG GAGCGGTGGT GCGGTGAGTA TTTTTGTACG TACTGCCTGC TCGTCCCCTG
121  AGTTCACCTA AGCCTAGAGA GCTACCGATC GTCCGGGTTT CTATTCTCTT TGCGGCGCTG
181  ATGACAGGTT CACCTGTGTC TTCCGGAGGA TTCGTTGTTG ACCCGCCCCC CTCTCGCGGG
241  GCGGGGACAC GACGGGTCGC CGGGGATGTG TGCGGGTGAC CTCGAGGCGT ACTGGAGGC
301  AGGTTCACCT GTGTCTTCCG GAAGATTCGT TGTTGACGGC GCCCCCTCTC GCGGGGCGGG
361  GACACGACGG GTCGCCGGGG ATGTGTGCGG GTGAGTTTGA AGCGTCGCTC GAGGCAAGTT
421  CGCGTTGCGT CTTCCGGAGG ATCCGTTGTA CGACGGGTCC CCGGGGATGT GCGCGGGTGA
481  GTTTGGAGCG TCGCTGGAGG CCCGTGGACG GTAGGCAGTC TCGAGAGTGC CGGTGAGAGG
541  CCGGGTGATAA TGATTATGCC A
```

7 检测方法

7.1 抽样方法

随机抽取健康完整藻体 30 株。

7.2 外部形态特征

采用肉眼和显微镜观察相结合的方法。

7.3 内部构造特征

徒手切片,采用显微镜观察。

7.4 分子遗传学特性

见附录 A。

8 判定规则

检验结果符合第 4 章且与第 6 章中序列的 K2P 遗传距离≤0.6%的样品为合格样品。

附　录　A

（规范性附录）

DNA 序列的测定

A.1　基因组 DNA 的提取

取约 0.1 g（湿重）鼠尾藻，在液氮中研成粉末。将粉末转至 2 mL 的离心管中，加入 0.6 mL 裂解缓冲液[100 mmol/L Tris-HCl(pH 8.0),50 mmol/L EDTA(pH 7.5),2 mol/L NaCl,2%(W/V)CTAB, 50 mmol/L DTT]，在 65℃ 保温 20 min，其间摇匀几次。用等体积的氯仿：异戊醇（24∶1）抽提两次，再将水相转移至一新的 50 mL 离心管中，加入 1/10 体积 RNA 酶，37℃ 保温 1 h，再用氯仿：异戊醇（24∶1）抽提一次，异丙醇沉淀回收 DNA。DNA 最后溶于 30 μL 的 TE 中，检测 DNA 的浓度。

A.2　引物序列

F:5′- TTCAGCGACGGATGTCTTGG - 3′;

R:5′- TAGTTCGTTCTTCTGGGCG - 3′。

A.3　PCR 扩增

A.3.1　PCR 反应体系

10 mmol/L Tris-HCl(pH 8.3),50 mmol/L KCl,1.5 mmol/L MgCl$_2$,Taq DNA polymerase 1U,4 种 dNTP 各 2 mmol/L,上下游引物各 4 μmol/L~6 μmol/L,模板 DNA 10 ng,用双蒸馏水补满至 20 μL。

A.3.2　PCR 反应参数

94℃预变性 6 min;94℃ 30 s,48℃ 30 s,72℃ 108 s,33 个循环;72℃,保温 6 min。

A.4　测序

扩增产物经纯化后直接测序。

ICS 65.150
B 51

中华人民共和国水产行业标准

SC/T 2084—2018

金 乌 贼

Golden cuttlefish

2018-05-07 发布
2018-09-01 实施

中华人民共和国农业农村部 发布

前　言

本标准按照 GB/T 1.1—2009 给出的规则起草。

请注意本文件的某些内容可能涉及专利。本文件的发布机构不承担识别这些专利的责任。

本标准由农业农村部渔业渔政管理局提出。

本标准由全国水产标准化技术委员会海水养殖分技术委员会(SAC/TC 156/SC 2)归口。

本标准起草单位:中国水产科学研究院黄海水产研究所、中国海洋大学、青岛金沙滩水产开发有限公司。

本标准主要起草人:陈四清、刘长琳、葛建龙、张秀梅、薛祝家、燕敬平。

SC/T 2084—2018

金　乌　贼

1　范围

本标准规定了金乌贼（*Sepia esculenta* Hoyle,1885）的术语和定义、学名与分类、主要形态特性、生长与繁殖特性、细胞遗传学特性、分子遗传学特性、检测方法及判定规则。

本标准适用于金乌贼的种质鉴定与检测。

2　规范性引用文件

下列文件对于本文件的应用是必不可少的。凡是注日期的引用文件,仅注日期的版本适用于本文件。凡是不注日期的引用文件,其最新版本（包括所有修改单）适用于本文件。

GB/T 18654.2　养殖鱼类种质检验　第2部分:抽样方法

GB/T 18654.12　养殖鱼类种质检验　第12部分:染色体组型分析

3　术语和定义

下列术语和定义适用于本文件。

3.1

胴背长　doral mantle length

胴部背面中线最前端至最后端的长度,骨针不包括在内。

3.2

胴背宽　doral mantle length

胴部背面的最大宽度。

3.3

触腕长　tentacle length

触腕末端至触腕基部的长度。

3.4

触腕穗长　tentacle club length

触腕末端吸盘集中区的最大长度。

3.5

内壳长　cuttlebone length

内壳中线最前端至骨针末端的长度。

3.6

内壳宽　cuttlebone width

内壳左右的最大宽度。

4　学名与分类

4.1　学名

金乌贼 *Sepia esculenta* Hoyle,1885。

4.2　分类地位

头足纲（Cephalopoda）、乌贼目（Sepiida）、乌贼科（Sepiidae）、乌贼属（*Sepia*）。

63

5 主要形态特性

5.1 外形

金乌贼背腹略扁平,胴部呈盾形。体被黄褐色,雄性背部具较粗的白色横纹,间杂有极密的细斑点,雌性背部的横条纹不明显,或仅偏向两侧,或仅具极密的细斑点。头部较短,略呈圆球形,两侧各有一个构造发达的眼睛。口腕5对生于头部前方,其中4对无柄腕,左右各4只,每个腕上有4列吸盘;触腕1对有柄,稍超过胴长,伸缩性大,触腕穗半月形,吸盘微小,10列~12列,每横行各吸盘大小相近。雄性左侧第4腕茎化,基部5行吸盘正常,随后的茎化部具5行~6行微小的吸盘。鳍位于胴部两侧全缘,后端不愈合,基部各具1白线和6个~7个膜质肉突。石灰质内壳发达,长椭圆形;腹面横纹面单峰型,峰顶略尖,腹面中央具1纵沟;后端骨针粗壮。金乌贼外部形态见图1。

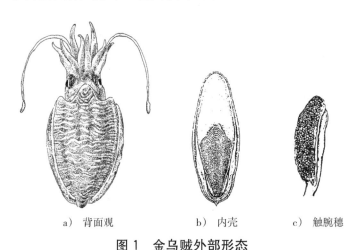

a) 背面观　　　　　　　b) 内壳　　　　　c) 触腕穗

图 1　金乌贼外部形态

5.2 可数性状

5.2.1 口腕

腕4对,触腕1对。

5.2.2 吸盘

腕吸盘4列,触腕穗吸盘10列~12列。

5.3 可量性状

可量性状比值应符合表1的规定。

表 1　可量性状比值

内　容	比　值
胴背长/胴背宽	1.55~2.05
触腕穗长/触腕长	0.11~0.22
内壳长/内壳宽	2.43~3.39

6 生长与繁殖

6.1 胴背长与体重关系

4月~10月龄雌性和雄性的胴背长与体重关系可分别由式(1)、式(2)描述。

$$W(♀)=0.0029L^{2.2842}, R^2=0.934 \cdots\cdots\cdots\cdots\cdots\cdots\cdots (1)$$

$$W(♂)=0.0096L^{2.0877}, R^2=0.925 \cdots\cdots\cdots\cdots\cdots\cdots\cdots (2)$$

式中:

W——体重,单位为克(g);

L——胴背长,单位为毫米(mm)。

6.2 繁殖

6.2.1 性成熟年龄

寿命为一年,8 个月~10 个月可达性成熟。

6.2.2 繁殖期

繁殖一次,属多次产卵类型,产卵期 30 d~50 d。

6.2.3 受精卵

受精卵略呈葡萄状,具卵柄,外被三级卵膜,卵膜近奶油色,半透明,初产卵径长轴为 11 mm~24 mm,短轴为 8 mm~15 mm。

6.2.4 怀卵量

怀卵量为 1 000 粒~3 000 粒。

7 细胞遗传学特性

7.1 染色体数

体细胞染色体数:$2n=92$。

7.2 核型

核型公式:$2n=44 \text{ m}+32 \text{ sm}+10 \text{ st}+6 \text{ t}$,染色体总臂数(NF)为 168。染色体核型见图 2。

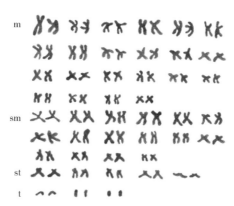

图 2 金乌贼染色体核型

8 分子遗传学特性

线粒体 COI 片段序列:

```
CACATTATAC TTTATTTTTG GTATTTGATC TGGTTTATTA GGGACTTCTT       50
TAAGCCTAAT AATTCGAAGA GAGTTAGGTA AGCCCGGTAC CTTATTAAAT      100
GATGATCAAC TATATAATGT TGTAGTAACC GCTCATGGAT TCATTATAAT      150
TTTTTTTTTA GTAATACCTA TTATAATTGG GGGATTTGGT AACTGACTAG      200
TACCATTAAT ACTAGGTGCA CCAGATATAG CATTCCCACG TATAAATAAT      250
ATAAGATTTT GATTACTTCC CCCTTCATTA ACCTTACTTT TATCTTCTTC      300
CGCCGTGGAA AGGGGAGCAG GAACAGGATG AACTGTCTAC CCTCCTTTAT      350
CAAGTAACCT CTCACACGCA GGACCTTCTG TCGATTTGGC AATTTTTTCA      400
TTACACCTGG CTGGTGTATC ATCAATTCTA GGGGCTATTA ATTTTATTAC      450
AACTATTTTA AATATACGTT GAGAAGGCCT ACAAATAGAG CGATTACCTT      500
TATTTGCTTG ATCTGTTTTT ATTACAGCTA TTTTATTACT TTTATCTCTT      550
CCTGTGTTGG CAGGGGCTAT TACAATACTA TTAACAGATC GAAATTTTAA      600
TACCACATTT TTTGACCCAA GAGGAGGTGG AGACCCTATT CTATACCAAC      650
ACTTATTT                                                    658
```

9 检测方法

9.1 抽样方法

按 GB/T 18654.2 的规定执行。

9.2 性状测定

9.2.1 可数性状

肉眼观测并计数。

9.2.2 可量性状

取新鲜样品,自然摆放于托盘中,根据各可量性状(胴背长、胴背宽、触腕长、触腕穗长、内壳长、内壳宽)的定义,用直尺(精度 1 mm)进行测量,体重用电子天平(精度 0.1 g)称量。

9.3 细胞遗传学特性检测

按 GB/T 18654.12 的规定执行。

9.4 分子遗传学特性检测

线粒体 COI 片段序列测定方法参见附录 A。

10 判定规则

以第 5 章和第 7 章为主,结合第 8 章(COI 片段序列 K2P 遗传距离<2%)判断检验结果。经检验,符合上述质量要求的样品为合格样品。

附 录 A

（资料性附录）

线粒体 COI 片段序列测定方法

A.1 取肌肉组织剪碎，经 CTAB 裂解液[2% CTAB,1.4 mol/L NaCl,100 mmol/L Tris-HCl(pH 8.0),20 mmol/L EDTA-Na$_2$,0.2% β-mercaptoethanol]和蛋白酶 K 消化后，按照标准的酚-氯仿抽提法进行总 DNA 的提取。

A.2 引物序列为 COI-F:5′- GGTCAACAAATCATAAAGATATTGG - 3′和 COI-R:5′- TAAACT-TCAGGGTGACCAAAAAATCA - 3′。

A.3 PCR 反应体系包括 1.25U 的 *Taq* DNA 聚合酶；各种反应组分的终浓度为 0.2 μmol/L 的正反向引物；200 μmol/L 的每种 dNTP,10×PCR 缓冲液[200 mmol/L Tris-HCl,pH 8.4;200 mmol/L KCl;100 mmol/L(NH$_4$)$_2$SO$_4$;15 mmol/L MgCl$_2$]5 μL,模板 DNA 2 μL,加灭菌蒸馏水至 50 μL。

A.4 PCR 参数包括 94℃预变性 3 min;94℃变性 45 s,52℃退火 45 s,72℃延伸 1 min,循环 35 次；然后 72℃延伸 10 min。扩增反应在热循环仪上完成。

A.5 PCR 产物经纯化后直接送测序公司进行双向测序，经序列比对分析，获得线粒体 COI 片段序列。

ICS 65.150
B 51

中华人民共和国水产行业标准

SC/T 2086—2018

圆斑星鲽 亲鱼和苗种

Spotted halibut—Brood stock, fry and fingerling

2018-05-07 发布

2018-09-01 实施

中华人民共和国农业农村部 发布

前　言

本标准按照 GB/T 1.1—2009 给出的规则起草。

请注意本文件的某些内容可能涉及专利。本文件的发布机构不承担识别这些专利的责任。

本标准由农业农村部渔业渔政管理局提出。

本标准由全国水产标准化技术委员会海水养殖分技术委员会(SAC/TC 156/SC 2)归口。

本标准起草单位:浙江海洋大学、中国水产科学研究院黄海水产研究所、中国海洋大学。

本标准主要起草人:高天翔、陈四清、张美昭、韩志强、刘璐、蔡珊珊、宋娜、徐胜勇、王晓艳。

圆斑星鲽 亲鱼和苗种

1 范围

本标准规定了圆斑星鲽[*Verasper variegatus*(Temminck & Schlegel,1846)]亲鱼和苗种的来源和质量要求、检验方法、检验规则、苗种计数方法和运输要求。

本标准适用于圆斑星鲽亲鱼和苗种的质量评定。

2 规范性引用文件

下列文件对于本文件的应用是必不可少的。凡是注日期的引用文件,仅注日期的版本适用于本文件。凡是不注日期的引用文件,其最新版本(包括所有的修改单)适用于本文件。

GB/T 18654.2 养殖鱼类种质检验 第2部分:抽样方法

GB/T 18654.3 养殖鱼类种质检验 第3部分:性状测定

GB/T 18654.4 养殖鱼类种质检验 第4部分:年龄与生长的测定

GB/T 20361 水产品中孔雀石绿和结晶紫残留量的测定 高效液相色谱荧光检测法

GB/T 21311 动物源性食品中硝基呋喃类药物代谢物残留量检测方法 高效液相色谱/串联质谱法

GB/T 24860 圆斑星鲽

GB/T 32758 海水鱼类鱼卵、苗种计数方法

NY/T 5362 无公害食品 海水养殖产地环境条件

SC/T 1075 鱼苗、鱼种运输通用技术要求

SC/T 3018 水产品中氯霉素残留量的测定 气相色谱法

SC/T 7214.1 鱼类爱德华氏菌检测方法 第1部分:迟缓爱德华氏菌

3 亲鱼

3.1 来源

3.1.1 捕自自然海域的亲本或经人工培育而成的苗种。

3.1.2 由省级及省级以上的原良种场提供的亲本。

3.1.3 禁止使用近亲繁殖的后代或者累代繁殖的个体作为亲鱼。

3.2 质量要求

3.2.1 种质

符合GB/T 24860的要求。

3.2.2 年龄

雌、雄亲鱼宜在3龄以上。

3.2.3 外观

体型、体色正常,鳍条、鳞被完整,活动正常,反应灵敏,体质健壮。

3.2.4 体长和体重

雄性体长>260 mm,体重>500 g;雌性体长>380 mm,体重>1 800 g。

3.2.5 繁殖期特征

雌性亲鱼腹部膨大饱满,生殖孔红肿外突;雄性亲鱼轻压腹部能流出精液。

4 苗种

4.1 来源

4.1.1 从自然海区捕获的苗种。

4.1.2 来源于原良种场或有苗种生产资质的繁育场或用符合3.1规定的亲鱼繁育的苗种。

4.2 质量要求

4.2.1 外观

体色正常,大小整齐,游动自如,活力强,对外界刺激反应灵敏,摄食正常。

4.2.2 可数指标

全长合格率≥95%;伤残率≤3%;畸形率≤1%。

4.2.3 全长和体重

全长≥50.0 mm,体重≥4.0 g。

4.2.4 病害

不得检出迟缓爱德华氏菌等传染性疾病病原。

4.2.5 安全指标

不得检出氯霉素、硝基呋喃类和孔雀石绿等国家禁用药物残留。

5 检验方法

5.1 亲本检验

5.1.1 来源查证

查阅亲鱼培育档案和繁殖生产记录。

5.1.2 种质

按GB/T 24860的规定执行。

5.1.3 年龄

可采用鳞片或耳石,按GB/T 18654.4的规定执行;原良种场提供的亲鱼可查验生产记录。

5.1.4 外观

在充足自然光下肉眼观察。

5.1.5 体长和体重

按GB/T 18654.3的规定执行。

5.1.6 繁殖期特征

采用肉眼观察、手指轻压触摸和镜检生殖细胞相结合的方法。

5.2 苗种检验

5.2.1 外观

把苗种放入便于观察的容器中,加入适量水,在充足自然光下用肉眼观察,逐项记录。

5.2.2 全长和体重

按GB/T 18654.3的规定测量全长和体重,统计全长和体重合格率。

5.2.3 畸形率和伤残率

肉眼观察计数,统计畸形个体数和伤残个体数,计算畸形率和伤残率。

5.2.4 病害

迟缓爱德华氏菌按SC/T 7214.1的规定执行。

5.2.5 禁用药物

氯霉素按 SC/T 3018 的规定执行,硝基呋喃类代谢物按 GB/T 21311 的规定执行,孔雀石绿按 GB/T 20361 的规定执行。

6 检验规则

6.1 亲本检验规则

6.1.1 检验分类

6.1.1.1 出场检验

亲本销售交货或人工繁殖时逐尾进行检验。项目包括外观、年龄、体长和体重,繁殖期还包括繁殖期特征检验。

6.1.1.2 型式检验

型式检验项目为第 3 章规定的全部项目,在非繁殖期可免检亲本的繁殖期特征。有下列情况之一时应进行型式检验:

a) 更换亲本或亲本数量变动较大时;
b) 养殖环境发生变化,可能影响到亲本质量时;
c) 正常生产满两年时;
d) 出场检验与上次型式检验有较大差异时;
e) 国家质量监督机构或行业主管部门提出要求时。

6.1.2 组批规则

一个销售批或同一催产批作为一个检验批。

6.1.3 抽样方法

出场检验的样品数为一个检验批,应全数进行检验;型式检验的抽样方法按 GB/T 18654.2 的规定执行。

6.1.4 判定规则

经检验,有不合格项的个体判为不合格亲鱼。

6.2 苗种检验规则

6.2.1 检验分类

6.2.1.1 出场检验

苗种在销售交货或出场时进行检验。检验项目为外观、可数指标和可量指标。

6.2.1.2 型式检验

型式检验项目为第 4 章规定的全部内容。有下列情况之一时应进行型式检验:

a) 新建养殖场培育的苗种;
b) 养殖条件发生变化,可能影响到苗种质量时;
c) 正常生产满一年时;
d) 出场检验与上次型式检验有较大差异时;
e) 国家质量监督机构或行业主管部门提出型式检验要求时。

6.2.2 组批规则

一次交货或一个育苗池为一个检验批。

6.2.3 抽样方法

每批苗种随机取样应在 100 尾以上,观察外观、伤残率、畸形率。苗种可量指标、可数指标的检验,每批取样应在 50 尾以上,重复两次,取平均值。

6.2.4 判定规则

经检验,如病害项和安全指标项不合格,则判定该批苗种为不合格,不得复检。其他项不合格,应对原检验批取样进行复检,以复检结果为准。

7 苗种计数方法

按照 GB/T 32758 的规定执行。

8 运输要求

8.1 亲鱼

按 SC/T 1075 的规定执行。亲鱼运输前应停食 2 d。运输用水应符合 NY/T 5362 的要求。宜采用塑料袋装泡沫箱内运输,塑料袋直径 40 cm,高 80 cm,密度为 1 尾/袋(袋中 1/3 体积海水);或采用活水车充氧运输,密度为 7 尾/m³~10 尾/m³。运输温度在 8℃~16℃,与出池点、放入点的温度差<2℃,盐度差<5。运输时间控制在 10 h 以内为宜,夏季应采取降温措施。

8.2 苗种

按 SC/T 1075 的规定执行。苗种运输前应停食 1 d~2 d。运输用水应符合 NY/T 5362 的要求。宜采用 60 cm×40 cm×12 cm 的塑料筐装入活水车加水充氧运输,密度为 7 尾/L~10 尾/L;或采用塑料袋装泡沫箱内运输,塑料袋直径 36cm,高 64cm,密度为 3 尾/L~5 尾/L。运输温度在 8℃~16℃,与出池点、放入点的温度差<2℃,盐度差<5。运输时间控制在 10 h 以内为宜。

ICS 65.150
B 51

中华人民共和国水产行业标准

SC/T 2087—2018

泥蚶　亲贝和苗种

Blood clam—Broodstock and seedling

2018-12-19 发布

2019-06-01 实施

中华人民共和国农业农村部 发布

前　言

本标准按照 GB/T 1.1—2009 给出的规则起草。

请注意本文件的某些内容可能涉及专利。本文件的发布机构不承担识别这些专利的责任。

本标准由农业农村部渔业渔政管理局提出。

本标准由全国水产标准化技术委员会海水养殖分技术委员会(SAC/TC 156/SC 2)归口。

本标准起草单位：浙江省海洋水产养殖研究所、浙江省水产技术推广总站。

本标准主要起草人：吴洪喜、周朝生、柴雪良、黄振华、曾国权、陆荣茂、蔡景波、马建忠、王扬、郑重莺、周凡、张成。

泥蚶 亲贝和苗种

1 范围

本标准规定了泥蚶(*Tegillarca granosa*)亲贝和苗种的术语和定义、来源、质量要求、检验方法、检验规则以及包装与运输要求。

本标准适用于泥蚶亲贝和苗种的质量评定。

2 规范性引用文件

下列文件对于本文件的应用是必不可少的。凡是注日期的引用文件,仅注日期的版本适用于本文件。凡是不注日期的引用文件,其最新版本(包括所有的修改单)适用于本文件。

NY 5362　无公害食品　海水养殖场地环境条件

SC/T 2069　泥蚶

3 术语和定义

下列术语和定义适用于本文件。

3.1

壳长　shell length

壳前端至后端的距离。

3.2

肥满度　meat condition

亲贝软体部干重占贝壳干重的百分比。

3.3

规格合格率　rate of size specifications

规格(壳长)合格的个体数占苗种总数的百分比。

3.4

伤残空壳率　rate of wounded and broken individuals

贝壳残缺、畸形和空壳的苗种个体数占苗种总数的百分比。

4 亲贝

4.1 来源

4.1.1　自然滩涂。

4.1.2　原良种场或人工养殖场。

4.1.3　严禁近亲繁殖的后代留作亲贝。

4.2 质量要求

4.2.1 种质

应符合 SC/T 2069 的规定。

4.2.2 年龄

2 龄～3 龄。

4.2.3 外观

无畸形和破损。体表洁净,闭壳肌有力,足部伸缩自如,爬行有力。

4.2.4 规格

壳长≥2 cm。

4.2.5 繁殖期特征

生殖腺饱满,且覆盖整个消化腺,肥满度达7.0%以上。雌性,性腺呈橘红色或橘黄色,显微镜观察,卵粒清晰可见,卵径55 μm～65 μm,卵子在海水中自然分离,呈圆球形或椭球形;雄性,性腺呈乳白色,精液遇海水呈烟雾状,精子游动快。

5 苗种

5.1 来源

5.1.1 自然滩涂。

5.1.2 有生产许可证的泥蚶育苗场或中间培育场。

5.2 质量要求

5.2.1 外观

大小均匀,生长线明显,贝壳腹缘锋利。斧足粗壮,伸缩频繁,爬行速度快,黏液痕迹明显。

5.2.2 规格

见表1。

表 1 苗种规格

单位为毫米

苗种规格	小规格	中规格	大规格
壳长 L	1≤L<2	2≤L<8	L≥8

5.2.3 规格合格率、伤残空壳率

应符合表2的要求。

表 2 规格合格率、伤残空壳率要求

规格	壳长 L,mm	规格合格率,%	伤残空壳率,%
小	1<L≤2	≥95	≤5
中	2<L≤8	≥90	≤4
大	L>8	≥85	≤3

6 检验方法

6.1 来源查证

查阅养殖生产记录或繁殖生产记录。

6.2 种质

按SC/T 2069的规定执行。

6.3 年龄

亲贝的年龄根据贝壳年轮确定。

6.4 外观

将抽取的亲贝或苗种样品放入白瓷盘中,在充足自然光照下肉眼观察,小规格苗种在低倍显微镜或解剖镜下观察。

6.5 规格

壳长规格用游标卡尺测量。

6.6 繁殖期亲贝特征

打开亲体贝壳,察看生殖腺饱满度和颜色,将少许生殖腺置于盛有干净海水的凹玻片上,待精子激活或卵子自由膨胀后,在显微镜下观察卵粒形状和精子活力,卵径大小用显微镜目微尺测定。从亲贝样品中再随机取样30颗,放入60℃烘箱中烘24 h,然后称软体部干重和贝壳干重,按式(1)计算出肥满度。

$$F = W_1/W_2 \times 100 \cdots\cdots\cdots\cdots\cdots\cdots\cdots\cdots\cdots\cdots\cdots\cdots\cdots (1)$$

式中:

F ——肥满度,单位为百分率(%);

W_1 ——软体部干重,单位为毫克(mg);

W_2 ——贝壳干重,单位为毫克(mg)。

6.7 苗种伤残空壳率

肉眼或解剖镜观察、计数,统计伤残空壳率。

6.8 规格合格率

肉眼或解剖镜观察、计数,统计规格合格率。

7 检验规则

7.1 亲贝检验规则

7.1.1 出场检验

亲贝销售交货或人工繁殖时应进行检验。检验项目包括种质、年龄、外观、规格和繁殖期特征。

7.1.2 组批规则

一个销售批或同一催产批作为一个检验批。

7.1.3 抽样方法

交付检验的样品为一个检验批,每检验批除种质和性腺发育特征检验随机抽取30颗外,其他指标,如年龄、外观、规格等检验,每检验批至少随机抽取200颗。

7.1.4 判定规则

经检验,有任意一项达不到亲贝质量要求的,判为不合格亲贝。

7.2 苗种检验规则

7.2.1 出场检验

苗种销售交货或出场时应进行检验。检验项目包括外观、规格、规格合格率、伤残空壳率。

7.2.2 组批规则

一个销售批作为一个检验批。

7.2.3 抽样方法

交付检验的样品为一个检验批,每次至少随机取200颗。

7.2.4 判定规则

经检验,所有检测项目中有任意一项达不到苗种质量要求的,判定本批苗种不合格。若对判断结果有异议,则按本标准规定的方法重新抽样复检,并以复检结果为准。

8 包装与运输

8.1 亲贝

用无毒、洁净且透气性好的编织袋或麻袋包装,扎紧袋口,宜选择在阴天或凉爽天气运输,运输途中严防日晒、雨淋和风干。长途运输时间不得超过48 h,宜选用20℃～25℃保温车或飞机运输。

8.2　苗种

　　苗种用洁净海水清洗,小苗用网眼≤300 μm 的尼龙筛绢袋包装,中苗、大苗用无毒、洁净且透气性好的编织袋或麻袋包装,袋口扎紧。小苗每袋宜装 5 kg 以内,中苗、大苗每袋宜装 20 kg 以内。宜选择在阴天或凉爽天气运输,途中严防日晒、雨淋和风干,小苗运输过程要求 8 h 内洒海水 1 次,中苗、大苗洒水时间可适当延长,运输中既要保持蚶苗湿润,又要避免苗种长时间浸水而引起缺氧,洒用海水的质量应符合 NY 5362 的规定。小苗运输时间不得超过 24 h,大苗、中苗运输时间不得超过 48 h,宜选用 20℃～25℃保温车或飞机运输。

ICS 65.150
B 51

中华人民共和国水产行业标准

SC/T 2088—2018

扇贝工厂化繁育技术规范

Technology specification of artificial breeding for scallop

2018-05-07 发布

2018-09-01 实施

中华人民共和国农业农村部 发布

前　言

本标准按照 GB/T 1.1—2009 给出的规则起草。

请注意本文件的某些内容可能涉及专利。本文件的发布机构不承担识别这些专利的责任。

本标准由农业农村部渔业渔政管理局提出。

本标准由全国水产标准化技术委员会海水养殖分技术委员会(SAC/TC 156/SC 2)归口。

本标准起草单位:中国水产科学研究院黄海水产研究所、威海圣航水产科技有限公司、威海市渔业技术推广站。

本标准主要起草人:张岩、谷杰泉、刘心田、宋宗诚。

扇贝工厂化繁育技术规范

1 范围

本标准规定了扇贝工厂化繁育的环境及设施、亲贝培育、采卵、受精、孵化、幼虫培育、保苗和中间培育的技术要求。

本标准适用于栉孔扇贝[*Chlamys*(*Azumapecten*)*farreri*(Jones & Presten,1904)]、华贵栉孔扇贝[*Chlamys*(*Mimachlamys*)*nobilis*(Reeve,1852)]、虾夷扇贝[*Patinopecten yessoensis*(Jay,1857)]和海湾扇贝[*Argopecten irradans*(Lamarck,1819)]的工厂化繁育。

2 规范性引用文件

下列文件对于本文件的应用是必不可少的。凡是注日期的引用文件,仅注日期的版本适用于本文件。凡是不注日期的引用文件,其最新版本(包括所有的修改单)适用于本文件。

GB/T 18407.4 农产品安全质量 无公害水产品产地环境要求

GB/T 21438 栉孔扇贝 亲贝

GB/T 21442 栉孔扇贝

GB/T 21443 海湾扇贝

SC/T 2033 虾夷扇贝 亲贝

SC/T 2038 海湾扇贝 亲贝和苗种

3 环境及设施

3.1 场址选择

场址应符合GB/T 18407.4的要求,选择岩石或沙质底质的海滨区域为宜。

3.2 设施设备

3.2.1 供水系统

包括水泵、沉淀池、沙滤池、高位水池和进排水管道系统。

3.2.2 生物饵料培育室

包括保种室、一级培育室、二级培育室和三级培养室。饵料池总容量应为育苗池总容量的1/4~1/3。

3.2.3 充气系统

包括充气泵(罗兹鼓风机等)、输气管道和散气石。鼓风机每分钟充气量宜为育苗水体的1%~5%。

3.2.4 育苗室

应能保温、防风雨,可调光,内建有方形或长方形的水泥池,池深0.8 m~1.5 m,池底有8%~10%的坡度。

3.2.5 升温系统

需要升温培育的种类还应配备升温送暖系统。

3.2.6 其他设施

宜配备水质分析室、生物检查室等。

4 亲贝培育

4.1 亲贝来源和质量要求

华贵栉孔扇贝外形特征应符合相应的生物学分类特征,贝龄1龄以上,壳高60 mm以上,体重45 g以上。栉孔扇贝、海湾扇贝和虾夷扇贝的外形特征应符合GB/T 21442、GB/T 21443和SC/T 2033的要求。亲贝来源和质量要求应符合GB/T —21438、SC/T —2038和SC/T —2033的要求。

4.2 亲贝运输

亲贝的运输一般采用保温箱保湿低温干运,不同种类扇贝亲贝的运输温度和时间等见表1;短途运输亦可采取装袋常温干运,长途运输宜采用水车充气运输。

表 1 不同扇贝亲贝的运输条件

种 类	运输方法	温 度	湿 度	时 间
栉孔扇贝	干运法	5℃～12℃	≥90％	≤12 h
海湾扇贝	干运法	5℃～12℃	≥90％	≤12 h
华贵栉孔扇贝	干运法	14℃～16℃	≥90％	≤12 h
虾夷扇贝	干运法	2℃～10℃	≥90％	≤12 h

4.3 培育水温和培育密度

以亲贝促熟开始时海区自然水温为基数,每天升温1℃,逐步将水温提高到亲贝的产卵温度后恒温培育,在升温过程中最好在中间停止升温稳定3 d～4 d,不同扇贝的培育温度和培育密度见表2。

表 2 不同种类扇贝亲贝的培育密度和培育方式

种 类	培育水温	培育密度 个/m³	培育方式
栉孔扇贝	16℃～18℃	40～100	雌雄分别培育,网笼吊养或浮动网箱蓄养
虾夷扇贝	5℃～9℃	15～20	雌雄分别培育,网笼吊养或浮动网箱蓄养
华贵栉孔扇贝	自然水温	20～50	雌雄分别培育,网笼吊养或浮动网箱蓄养
海湾扇贝	20℃～22℃	80～120	网笼吊养或浮动网箱蓄养

4.4 日常管理

4.4.1 水质

每日换水100％,彻底清除池底污物,前期也可采用每天倒池的方法。培育期间溶氧量应保持在4 mg/L以上,连续微量充气,及时清理死贝,待产期间减少充气或停止充气。

4.4.2 投喂

投喂以三角褐指藻(*Phaeodactylum tricornutum Bohlin*)和小新月菱形藻(*Nitzschia clostertum*)为主,适量添加叉鞭金藻(*Dicrateria* spp.)、等鞭金藻(*Isochrysis* spp.)、小球藻(*Chlorella* spp.)、扁藻(*Platymonas* spp.)等单细胞藻类,每日投喂量为($8×10^5$ cell/mL～$30×10^5$ cell/mL,随水温升高不断增加,分8次～12次投喂。在单细胞藻不足的情况下,可补充部分螺旋藻粉代替,投喂量为每次1 g/m³～2 g/m³,应根据亲贝摄食情况调整投饵量。

5 采卵、受精与孵化

5.1 采卵与受精

亲贝性腺成熟后可采用自然排放采卵,或采用阴干、流水、升温(2℃～5℃)刺激等方法诱导采卵。产卵前停止倒池,采用流水法换水,当发现扇贝在原池自行排放时,移入预先准备的育苗池中。栉孔扇贝和虾夷扇贝在产卵结束后加入适量精液受精,以镜检每个卵子周围有2个～5个精子为宜;海湾扇贝在卵子密度达到50粒/mL～60粒/mL时应及时将亲贝移出,用纱布或筛绢制成的拖网或捞网将水表面的黏液捞出,可采用弃掉开始和末期排放的精卵,保留中段排放的精卵的方法避免精液过多。

5.2 孵化

微泡充气自然孵化,孵化期间每隔30 min～40 min用搅耙搅动池底一次。孵化期的水温,栉孔扇贝 18℃～22℃,海湾扇贝 17℃～22℃,虾夷扇贝 13℃～17℃,华贵栉孔扇贝 22℃～27℃。

6 幼虫培育

6.1 选优

当幼体发育到 D 型幼体时进行选优。选优前停止充气,让幼虫自然上浮,采用 250 目(海湾扇贝)或 300 目(栉孔扇贝、华贵栉孔扇贝、虾夷扇贝)筛绢做成的网箱放在适当大小的水槽中,用虹吸的方法将上层幼虫吸入网箱,虹吸过程中视幼虫密度及时将收集的幼虫移入加好水的育苗池。也可以停止充气待幼虫自然上浮后用 250 目或 300 目筛绢做成的手推网或拖网,收集上浮的幼虫移入加好水的培育池中培育。

6.2 培育条件

幼体培育条件见表 3。

表 3 扇贝幼虫培育条件

种 类	培育密度 个/mL	水 温 ℃	盐 度	光 照 lx
栉孔扇贝	8～12	18～20	27～32	500～1 000
海湾扇贝	10～15	21～25	25～32	500～1 000
虾夷扇贝	6～8	14～16	30～35	500～1 000
华贵栉孔扇贝	4～6	22～26	26～30	500～1 000

6.3 培育期管理

6.3.1 水质管理

采用沙滤水,对重金属含量高的海水,可加入 $2 g/m^3$～$3 g/m^3$ 的乙二胺四乙酸二钠(EDTA-Na$_2$)。培育期间每天换水 2 次～3 次,前期每次 30%,后期增加至 40%。培育期间微量充气,保持溶解氧在 5 mg/L 以上。

6.3.2 投喂

从 D 形幼虫期开始投喂金藻(*Dicrateria* spp. 和 *Isochrysis* spp.)、三角褐指藻(*Phaeodactylum tricornutum* Bohlin)、小新月菱形藻(*Nitzschia clostertum*)、扁藻(*Platymonas* spp.)等单胞藻,投喂量前期每天 $1×10^4$ cell/mL～$3×10^4$ cell/mL,后期增加至 $3×10^4$ cell/mL～$5×10^4$ cell/mL,分 3 次～6 次投喂,投喂量随种类和幼虫密度的不同而不同,应根据消化盲囊颜色和发育情况做适当调整。宜多种饵料混合投喂。

6.3.3 倒池

视水质情况适时倒池,通常 3 d～5 d 倒池一次。

6.4 附苗

6.4.1 附着基

附着基可选用直径 8 mm～10 mm 的棕绳编成的小帘或者 18 股或 24 股的聚乙烯网片。附着基使用前先用 0.5% 的 NaOH 煮沸(棕绳)或浸泡 24 h(聚乙烯网片),再经过反复捶打、浸泡,使用前再清洗至基本水清为止。

6.4.2 附着基投放

当池内幼虫有 30%～50% 的幼虫出现眼点时,配合倒池投放底帘,第二天开始投放上帘,可分 2 次～3 次投放。投放数量根据幼虫密度而定,网片一般 $1.0 kg/m^3$～$2.0 kg/m^3$,棕帘 $300 m/m^3$～$500 m/m^3$,投帘后加大换水量和投饵量,附苗结束后改用流水方式换水或大换水。

6.5 出池

扇贝稚贝壳长生长至 300 μm～500 μm 时即可出池。稚贝出池前需逐步降低水温,直至接近保苗海区水温。

6.6 稚贝计数

按对角线平均定点取样,一般小型池(6 m³～8 m³)3 点～5 点,大型池(8 m³ 以上)5 点～10 点,分上中下取样。棕绳附着基分别剪取 3cm 的苗绳,网片分别剪取 2 个～3 个节扣,所有样品放入烧杯中加入海水和少量碘液或甲醛,用镊子充分摆动洗下稚贝,在解剖镜下计数,计算平均单位长度(棕帘)或平均每扣(网片,不规则网衣可用单位重量)附着基的附苗量,根据附着基总长(棕帘)或总扣数(网片)换算出附苗量。底帘的附苗量应按小型池 3 点～5 点、大型池 5 个～10 个取样点单独取样计数。

7 保苗

7.1 场地选择

场地选择应符合 GB/T 18407.4 的规定,宜选择风平浪静、水流通畅、饵料生物丰富、无污水排入、水深 5 m～12 m 的内湾或水深 1.5 m 以上的池塘、蓄水池。水温 13℃～26℃,盐度 25～33,透明度600 mm～800 mm。

7.2 场地消毒

池塘和蓄水池用 500 g/m³ 的生石灰或 30 g/m³～50 g/m³ 的漂白粉消毒。消毒两天后用自然海水冲刷池底 2 次,待药性消解后使用。

7.3 保苗器材

海区保苗选择 40 目的聚乙烯网袋,池塘保苗选择 60 目的网袋。网袋尺寸一般为 300 mm×500 mm 或 500 mm×700 mm,海上保苗每绳绑 8 个～10 个网袋,池塘保苗每绳绑 4 个～6 个网袋。虾夷扇贝稚贝宜采用内层 40 目、外层 50 目双层网袋保苗,2 周后去掉外层网袋。

7.4 培育密度

每袋装稚贝 5×10⁴ 粒～10×10⁴ 粒,当稚贝壳高达到 2 mm 后,换成 20 目或 30 目的网袋,按每袋1×10³ 粒～3×10³ 粒疏苗。

7.5 日常管理

经常洗刷网袋,防止网袋互相搅缠,防止断绳、掉石等情况发生。池塘保苗可在放苗前施肥培育单细胞藻,放苗 1 周后每日换水 20%～30%,网袋中稚贝密度过高时应及时疏苗。

8 中间培育

8.1 海区的选择

应符合 GB/T 18407.4 的规定,宜选择在水清、流速缓慢、风平浪静、饵料丰富的内湾培育。

8.2 培育方法

采用直径 300 mm 左右的暂养笼,分为 6 层～7 层,层间距 150 mm,网目 4 mm～8 mm。

8.3 分苗时间和放养密度

当贝苗壳高达到 5 mm 以上时,用滤筛将壳高 5 mm 以上的个体筛出,装入暂养笼内培育,壳高0.5 cm 以下的贝苗继续在网袋中暂养一段时间后再进行筛选。壳高 0.5 cm 的苗种每层 500 个～1 000 个,壳高 1 cm 以上的苗种每层 200 个～500 个。

8.4 管理

一般控制贝苗在水下 2 m～3 m 处培育,培育期间经常检查浮梗、浮球、吊绳、暂养笼是否安全,经常刷洗网笼,清除淤泥和附着生物。

8.5 出苗

当贝苗壳高达 2 cm 以上时即可出池。

ICS 65.150
B 51

中华人民共和国水产行业标准

SC/T 2089—2018

大黄鱼繁育技术规范

Technical specification of artificial breeding for large yellow croaker

2018-12-19 发布
2019-06-01 实施

中华人民共和国农业农村部 发布

前　言

本标准按照 GB/T 1.1—2009 给出的规则起草。

请注意本文件的某些内容可能涉及专利。本文件的发布机构不承担识别这些专利的责任。

本标准由农业农村部渔业渔政管理局提出。

本标准由全国水产标准化技术委员会海水养殖分技术委员会(SAC/TC 156/SC 2)归口。

本标准起草单位:宁德市富发水产有限公司、宁德市水产技术推广站、宁德市渔业协会。

本标准主要起草人:刘招坤、刘家富、韩承义、叶启旺、陈庆凯、王承健、韩坤煌、张艺、张建文、柯巧珍、林丽梅、翁华松。

大黄鱼繁育技术规范

1 范围

本标准规定了大黄鱼[*Larimichthys crocea*(Richardson)1846]繁育的环境与设施、人工繁殖、仔稚鱼培育、鱼苗出池、鱼苗中间培育和病害防控的技术要求。

本标准适用于大黄鱼春季人工繁育,以及海上网箱鱼苗中间培育。

2 规范性引用文件

下列文件对于本文件的应用是必不可少的。凡是注日期的引用文件,仅注日期的版本适用于本文件。凡是不注日期的引用文件,其最新版本(包括所有的修改单)适用于本文件。

GB/T 32755 大黄鱼

NY 5071 无公害食品 渔用药物使用准则

NY 5072 无公害食品 渔用配合饲料安全限量

NY 5362 无公害食品 海水养殖产地环境条件

3 环境与设施

3.1 环境条件

场址交通、通讯便利、电力和淡水供应充足,产地环境和水源条件应符合 NY 5362 的规定。

3.2 设施设备

3.2.1 育苗室

具保温、通风、调光性能,朝向宜坐北朝南。设置亲鱼培育池、产卵池、孵化池、育苗池等,池子可统筹兼用。池子长方形、圆角,长宽比(2~3):1;面积 30 m²~100 m²,水深 1.5 m~3.0 m;池壁光滑,池底向排水口倾斜。

3.2.2 饵料培养设施

包括用于单胞藻与轮虫的培养,卤虫卵孵化及其无节幼体的营养强化,以及桡足类的暂养等水泥池或活动水槽。总水体占育苗室水体的 60%,其中动物性饵料与植物性饵料的培养池水体比例为 1:2,且相互隔离。

3.2.3 配套设施

3.2.3.1 供电系统应配置备用发电设施。

3.2.3.2 供水系统宜分两个单元设置,日供水能力不低于育苗与饵料培养的水体之和。

3.2.3.3 供气系统每分钟供气量为育苗水体的 1%~2%。

3.2.3.4 供热系统按每 1 000 m³ 育苗水体约 1 t/h 的蒸汽量配置。

3.2.3.5 配置水质分析和生物检测实验室。

4 人工繁殖

4.1 亲鱼培育

4.1.1 亲鱼

4.1.1.1 来源

从大黄鱼原种场、良种场或人工养殖群体中筛选。

4.1.1.2 质量要求

种质应符合 GB/T 32755 的规定。2 龄鱼,雌鱼体重 800 g 以上,雄鱼 500 g 以上;3 龄鱼,雌鱼体重 1 000 g 以上,雄鱼 600 g 以上。体形匀称,体质健壮,鳞片完整,无病无伤,无明显应激反应症状。

4.1.1.3 性比

雌雄鱼比例 2:1。

4.1.1.4 数量

每生产 10^6 尾全长 25 mm~35 mm 的鱼苗,约需 1 000 g/尾左右的雌鱼 30 尾。

4.1.2 运输

选择晴好天气时运输。运输前应停止投喂。运输时间 2 h~3 h 的停喂 1 d~2 d,超过 5 h 的停喂 3 d。活水船运输,密度 120 kg/m³ 以下,时间可达 48 h 以上;活水车或水桶、帆布箱充氧运输,密度 30 kg/m³ 以下,时间不超过 10 h。

4.1.3 室内强化培育

4.1.3.1 环境条件

用水经 24 h 以上暗沉淀及沙滤处理后,用 250 目以上网袋过滤。适宜水温 21℃~22℃,盐度 23~30,光照度 500 lx~1 000 lx。每 1.5 m²~2.0 m² 池底布设散气石 1 个,连续充气,溶解氧≥5 mg/L。保持环境安静。

亲鱼运输到育苗室后,按 2℃/d~3℃/d 的幅度升至适宜水温。

4.1.3.2 放养密度

3.0 kg/m³~5.0 kg/m³。

4.1.3.3 饲料投喂

饲料种类为杂鱼、沙蚕等鲜活饵料或大黄鱼亲鱼专用人工配合颗粒饲料。鲜饵料切成适口块状,洗净、沥干后投喂,活饵料用淡水浸泡 5 min 后投喂;人工配合饲料应符合 NY 5072 的规定。

每日早晨与傍晚各投饵 1 次。鲜活饵料日投饵率 5%左右或人工配合饲料日投饵率 1.5%左右。

4.1.3.4 吸污与换水

每天傍晚投饵 2 h 后吸污,换水 50%左右,并冲水刺激。换水温度差≤2℃,盐度差≤2。

4.2 人工催产

4.2.1 环境条件

适宜水温 23℃~24℃,其他条件符合 4.1.3.1 给出的要求。

4.2.2 成熟亲鱼选择

雌鱼上下腹部均较膨大,卵巢轮廓明显,腹部朝上时,中线凹陷,用手触摸有柔软与弹性感,吸出的卵粒易分离、大小均匀。雄鱼轻压腹部有乳白色浓稠的精液流出,精液在水中呈线状且能很快散开。

4.2.3 亲鱼麻醉

采用 30 mL/m³~40 mL/m³ 的丁香酚溶液麻醉,直至亲鱼侧卧水底。

4.2.4 催产注射

催产剂可用 LRH-A₃(鱼用促黄体素释放激素类似物 3 号)激素。注射剂量雌鱼为 0.5 μg/kg~5.0 μg/kg,雄鱼为雌鱼的 1/2。采用胸腔注射法,可 1 次注射或 2 次注射。

4.3 产卵和孵化

4.3.1 环境条件

按 4.2.1 给出的要求执行。

4.3.2 产卵

催产后亲鱼放入产卵池,经吸污、换水后待产。待产期间避免惊扰。在临近产卵时适量冲水。

4.3.3 受精卵收集

产卵结束 5 h 内收集受精卵。停气 5 min～10 min 后用捞网捞取。捞网结构参见附录 A。

4.3.4 受精卵筛选

在底部呈漏斗状、0.5 m³～3.0 m³ 的水槽中加入海水，保持充气状态。将收集的卵置于水槽中，停气静置 5 min～10 min 后，用 80 目捞网捞取表层卵，用 20 目滤网滤除杂物，经冲洗后孵化或外运。沉于底部的坏卵弃用。

4.3.5 受精卵孵化

密度 6.0×10^4 ind/m³ 以下。微充气，避免环境突变与阳光直接照射。在仔鱼将孵出前，停气吸污，并换水 50% 以上。

5 仔稚鱼培育

5.1 环境条件

适宜水温 23℃～25℃；充气量随仔稚鱼的生长逐渐由 0.2 L/min 增大至 10 L/min。其他条件符合 4.1.3.1 给出的要求。

5.2 培育密度

初孵仔鱼 3.0×10^4 尾/m³～5.0×10^4 尾/m³。

5.3 饵料投喂

饵料系列为褶皱臂尾轮虫(*Brachionus plicatilis*)、卤虫(*Artemia parthenogenetica*)无节幼体、桡足类(*Copepod*)、微颗粒配合饲料。各种饵料的投喂方法见表 1。

表 1 大黄鱼仔稚鱼培育饵料投喂方法

饵料种类	投喂时间日龄	投喂量	投喂注意事项[a]
褶皱臂尾轮虫	4～8	密度维持 10 ind/mL～15 ind/mL	投喂前需经浓度 $2\,000 \times 10^4$ cell/mL 的小球藻液强化培养 6 h 以上。投饵前需对剩余量取样计数后补充投喂
卤虫无节幼体	6～10	每尾鱼苗投喂量 50 ind/d～200 ind/d	分 2 次投喂，每次投喂量宜控制在 2 h 内摄食完
桡足类	8～30	密度维持 0.2 ind/mL～1.0 ind/mL	按仔稚鱼的口径大小，用 60 目～20 目筛网筛选适口个体，少量多次、均匀泼洒投喂。投饵前需对剩余量取样计数后补充投喂
微颗粒配合饲料	≥15	30 日龄之前搭配桡足类，每天投喂 2 次；30 日龄后单独投喂，每天 4 次。每次投喂至鱼苗吃饱散开为止	用水喷洒变软后缓慢投喂，亦可加入鱼用多维和鱼油等。投喂时减小充气量
[a] 2 种及以上饵料交替混合使用时，应按微颗粒配合饲料-桡足类-轮虫-卤虫无节幼体的先后顺序投喂。			

5.4 日常操作管理

5.4.1 吸污

从 5 日龄开始，每天换水前吸污，并适时刮除池壁附着物。

5.4.2 换水

10 日龄前，日换水 1 次，日换水率 30%～50%；10 日龄后，日换水 1 次～2 次，其中稚鱼前期的日换水率 50%～80%，稚鱼后期的日换水率 100% 以上。

5.4.3 添加单胞藻

10 日龄之前，每天按 5×10^4 cell/mL～10×10^4 cell/mL 的浓度添加小球藻。

5.4.4 其他

监测水温、盐度、酸碱度、溶氧量、氨氮、亚硝酸氮等理化因子。观察仔稚鱼的摄食情况、数量变化及发育情况。做好记录,发现异常及时处理。

6 鱼苗出池

6.1 规格

全长≥25 mm。

6.2 准备

调节鱼苗培育池和中间培育海区海水的温盐差,温度差≤2℃,盐度差≤3。温度调幅≤2℃/d,盐度调幅≤3/d。出池前12 h停饵,并彻底吸污与换水。

6.3 诱集起捕

遮暗育苗池3/4左右,使鱼苗趋光集群,可采用水桶带水或塑料软管虹吸等方法起捕搬运。

6.4 运输

根据运输方式、时间和运苗量,选择以下运苗方法:

a) 活水船运输:运输时间2 h~3 h的,密度25×10⁴尾/m³;运输时间3 h~10 h的,密度25×10⁴尾/m³~10×10⁴尾/m³;运输时间10 h以上的,密度10×10⁴尾/m³以下。运输时间24 h以上的,中途可少量投喂。该方式适合大批量长途海上运输;

b) 开放式容器充气运输:运输水温20℃左右,密度10×10⁴尾/m³以下。该方式适合6 h以内的陆上运输;

c) 薄膜袋充氧运输:运输水温15℃左右;每个40 cm×70 cm薄膜袋装海水10 L;运输时间10 h以上的,每袋200尾~300尾,小于10 h的密度可酌量增加。该方式适合小批量运输。

7 鱼苗中间培育

7.1 海域选择

选择可避大风浪,水深10.0 m以上,潮流畅通,流速小于2.0 m/s,流向平直、稳定的海区。海区水质应符合NY 5362的规定,海水盐度13~32,溶解氧≥5 mg/L,水温稳定在13℃以上。

7.2 网箱设置

7.2.1 规格

网箱长(4.0 m~8.0 m)×宽4.0 m×深(4.0 m~6.0 m),网衣规格见表2。

表2 网箱网衣规格

鱼苗全长,mm	网衣网目长,mm
25~35	5
35~45	8
50~60	10

7.2.2 渔排设置

每个渔排面积2 000 m²以下。渔排两端沿退涨潮方向设置,四周固定在海底或岸边,并设置挡流网片,使网箱内流速控制在0.1 m/s左右。渔排的结构与设置参见附录B。

7.3 放养准备

7.3.1 网箱张挂

在鱼苗放养前1 d~2 d张挂,张挂前检查无破损。每口网箱中心区域设置投饵框。投饵框的结构与设置参见附录C。网衣网目设置应符合7.2.1的要求。

7.3.2 灯光设置

每个网箱中间上方1.0 m处,吊挂9 W～15 W的电灯。

7.4 鱼苗放养

7.4.1 时间

选择天气晴好的小潮平潮流缓时段。

7.4.2 密度

1 500尾/m³～2 000尾/m³。

7.5 饲料投喂

7.5.1 饲料种类

以大黄鱼苗种专用微颗粒配合饲料为主。晚上可开灯诱集桡足类、糠虾等海区天然饵料。微颗粒配合饲料应符合NY 5072的规定,用水喷洒软化后投喂。

7.5.2 投饵率及投饵频率

水温13℃～15℃时,全长25 mm～35 mm的鱼苗,微颗粒配合饲料日投喂6次～4次,投饵率20%～15%;全长50 mm的鱼苗,日投喂减少为早晨、傍晚各1次,投饵率10%～8%。投饵率随鱼苗生长逐步降低。

7.6 日常管理

7.6.1 网衣更换

根据网箱网衣的堵塞情况,按7.2.1给出的要求适时更换网衣。在潮流较急、鱼苗活力不好时或饱食后,不宜换网操作。

7.6.2 环境监测与鱼苗观测

每天监测水温、比重、透明度与水流,观察鱼苗的集群、摄食、病害与死亡情况,并做好记录。

7.6.3 网箱安全检查

检查网箱倾斜度、网衣破损、网绳牢固、沉子移位等情况,及时捞除网箱内外漂浮物。

8 病害防控

8.1 防控措施

主要防控措施包括:

a) 保持良好的水质环境和潮流畅通;
b) 保持合理的培育密度;
c) 保证饲料新鲜和营养,科学投喂;
d) 操作规范,避免鱼体受伤;
e) 在病害流行季节,采取对应病害的预防措施;
f) 对病苗、死苗进行无害化处理。

8.2 病害治疗

渔药使用应符合NY 5071的规定。大黄鱼繁育阶段常见病害及防治方法参见附录D。

附　录　A

（资料性附录）

大黄鱼受精卵捞网结构

大黄鱼受精卵捞网的结构示意见图 A.1。

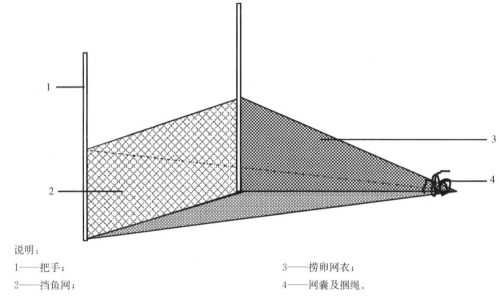

说明：

1——把手；　　　　　　　　　　　　　　3——捞卵网衣；

2——挡鱼网；　　　　　　　　　　　　　4——网囊及捆绳。

网衣材料使用筛绢网制作，挡鱼网和捞卵网衣的网目大小分别为 5 cm 和 80 目。

捞卵网口宽度等于育苗池宽度，高度 50 cm～80 cm，网身为育苗池长度的 1/2。

捞取受精卵时，将网囊尾部捆紧；受精卵收集到一定量时，解开网囊捆绳倒出。

图 A.1　大黄鱼受精卵捞网结构示意图

附 录 B
（资料性附录）
渔排的结构与设置

渔排的结构与设置见图 B.1。

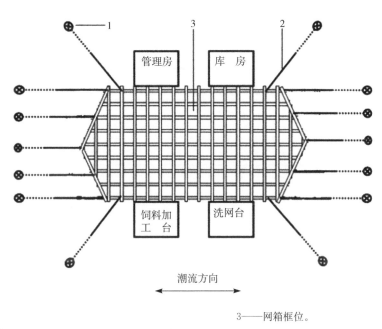

说明：
1——固定桩；
2——固定缆绳；
3——网箱框位。

图 B.1　渔排结构与设置示意图

附　录　C
（资料性附录）
网箱投饵框结构与设置

网箱投饵框的结构与设置见图C.1。

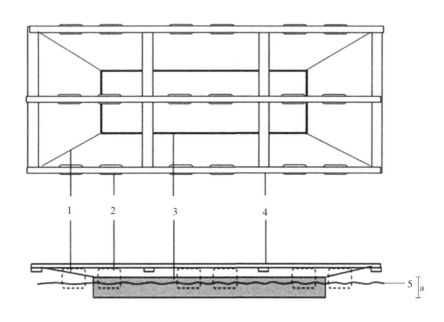

说明：
1——拉绳；　　　　　　　　　　　　　　　4——网箱框架；
2——浮球；　　　　　　　　　　　　　　　5——水面。
3——投饵框；

投饵框用60目尼龙筛网缝制成无上、下底的围框，占网箱面积20%～25%。

ᵃ 网高50 cm，其中露出水面20 cm，入水深度30 cm。

图 C.1　网箱投饵框结构与设置示意图

附　录　D

（资料性附录）

大黄鱼繁育阶段常见病害及治疗方法

大黄鱼繁育阶段常见病害及治疗方法见表 D.1。

表 D.1　大黄鱼繁育阶段常见病害及治疗方法

病害名称	主要症状	流行阶段与季节	治疗方法
肠炎病	病鱼腹部膨胀,体腔积水,轻按腹部,肛门有淡黄色黏液流出;肠壁发红变薄;部分病鱼皮肤或鳍基部出血	鱼苗中间培育期,5月~11月	停饵 1 d~2 d,然后每千克饲料加大蒜素 1.0 g~2.0 g,拌饵投喂 3 d~5 d
弧菌病	感染初期,病鱼体色呈斑块状褪色,食欲不振,缓慢浮于水面,时有回旋状游泳。随着病情发展,鳞片脱落,吻端、鳍膜溃烂,眼内出血,肛门红肿扩张,常有黄色黏液流出	鱼苗中间培育期,常年	五倍子（磨碎后用开水浸泡）2 mg/L~4 mg/L,连续泼洒 3 d;每千克饲料三黄粉 30 g~50 g,拌饵投喂 3 d~5 d;吊挂三氯异氰尿酸缓释剂
布娄克虫病	病原寄生于鱼的体表和鳃部,寄生处出现大小不一的白斑（白点）。病鱼游泳无力,独自浮游于水面,鳃部严重贫血呈灰白色,并黏附污物,呼吸困难;死亡后胸鳍向前方伸直,鳃盖张开	鱼苗中间培育期,4月~8月	吊挂三氯异氰尿酸缓释剂和硫酸铜与硫酸亚铁合剂缓释剂;淡水浸浴 3 min~5 min(注意增氧),隔天重复 1次
淀粉卵涡鞭虫病	病原寄生于鱼的鳃、体表和鳍,病情严重时寄生处肉眼可见许多小白点。病鱼游泳缓慢,浮于水面,鳃盖开闭不规则,口常不能闭合	室内亲鱼及仔稚鱼培育期,3月~6月	定期倒池、充分换水、适量流水。淡水浸浴 3 min~5 min,隔天 1 次;泼洒硫酸铜 1.0 mg/L,连续 3 d
刺激隐核虫病	在病鱼体表、鳃、眼角膜和口腔等部位,肉眼可观察到许多小白点,严重时体表皮肤有点状充血,鳃和体表黏液增多,形成一层白色混浊状薄膜;食欲不振或不摄食,身体瘦弱,游泳无力,呼吸困难	室内亲鱼、鱼苗培育期,1月~4月;鱼苗中间培育期,5月~7月	对室内亲鱼、鱼苗,用淡水浸浴 3 min~15 min,隔天 1 次;网箱夜间连续数天吊挂三氯异氰尿酸缓释剂和硫酸铜与硫酸亚铁合剂缓释剂

ICS 67.120.30
X 20

中华人民共和国水产行业标准

SC/T 3035—2018

水产品包装、标识通则

The general rules for the packaging and marking of aquatic products

2018-12-19 发布

2019-06-01 实施

中华人民共和国农业农村部 发布

前　言

本标准按照 GB/T 1.1—2009 给出的规则起草。

本标准由农业农村部渔业渔政管理局提出。

本标准由全国水产标准化技术委员会水产品加工分技术委员会(SAC/TC 156/SC 3)归口。

本标准起草单位:中国水产科学研究院黄海水产研究所、广东省湛江市质量技术监督标准与编码所、大连工业大学。

本标准主要起草人:王联珠、江艳华、章建设、朱文嘉、郭莹莹、窦兴德、侯红漫、姚琳、左红和。

水产品包装、标识通则

1 范围

本标准规定了水产品的包装和标识要求。

本标准适用于水产品的包装和标识。

2 规范性引用文件

下列文件对于本文件的应用是必不可少的。凡是注日期的引用文件，仅注日期的版本适用于本文件。凡是不注日期的引用文件，其最新版本（包括所有的修改单）适用于本文件。

GB/T 191 包装储运图示标志

GB 4806.1 食品安全国家标准 食品接触材料及制品通用安全要求

GB 4806.3 食品安全国家标准 搪瓷制品

GB 4806.4 食品安全国家标准 陶瓷制品

GB 4806.5 食品安全国家标准 玻璃制品

GB 4806.6 食品安全国家标准 食品接触用塑料树脂

GB 4806.7 食品安全国家标准 食品接触用塑料材料及制品

GB 4806.8 食品安全国家标准 食品接触用纸和纸板材料及制品

GB 4806.9 食品安全国家标准 食品接触用金属材料及制品

GB 4806.11 食品安全国家标准 食品接触用橡胶材料及制品

GB/T 5737 食品塑料周转箱

GB/T 6388 运输包装收发货标志

GB/T 6543 运输包装用单瓦楞纸箱和双瓦楞纸箱

GB 7718 食品安全国家标准 预包装食品标签通则

GB/T 12464 普通木箱

GB/T 18127 商品条码 物流单元编码与条码表示

GB/T 18455 包装回收标志

GB/T 19630.3 有机产品 第3部分：标识与销售

GB/T 33993 商品二维码

NY/T 658 绿色食品 包装通用准则

SC/T 3043 养殖水产品可追溯标签规程

3 包装要求

3.1 基本要求

3.1.1 同一包装内水产品的等级、规格应一致。

3.1.2 包装应符合水产品储藏、运输、销售及保障安全的要求。

3.1.3 包装材料应符合 GB 4806.1 及相关标准的规定。

3.1.4 任何产品的包装均应在清洁卫生的环境中进行。

3.1.5 包装的体积应限制在最低水平，在保证盛装、运输储存和销售的功能前提下，应尽量减少材料的使用总量。

3.1.6 包装物有可视部分的,可视部分应如实显示产品的外观和色泽。

3.1.7 直接与产品接触的包装应使用食品级包装材料,并根据水产品的类型、形状及特性等因素选择包装材料和包装技术。

3.2 包装外观和材料要求

应符合表 1 的规定。

表 1 包装外观和材料要求

种 类	外 观	材 料
预包装	整体洁净、坚固,封口牢固,表面无毛刺、无划伤	塑料材料应符合 GB 4806.6 或 GB 4806.7 的规定;纸制材料应符合 GB 4806.8 的规定;搪瓷材料应符合 GB 4806.3 的规定;陶瓷材料应符合 GB 4806.4 的规定;玻璃材料应符合 GB 4806.5 的规定;金属材料应符合 GB 4806.9 的规定;橡胶材料应符合 GB 4806.11 的规定;其他预包装材料应符合相关标准的规定
运输包装	包装应牢固,捆扎结实,正常运输中不应松散	塑料周转箱应符合 GB/T 5737 的规定;纸箱应符合 GB/T 6543 的规定;木箱应符合 GB/T 12464 的规定;其他运输包装材料应符合相关标准的规定

3.3 分类包装要求

应符合表 2 的规定。

表 2 分类包装要求

水产品类别	包 装 要 求
活体水产品	活体水产品带水包装,应密封严密,不渗漏 活体水产品无水包装,宜加入可控温的辅助设备或材料,以符合控温及保活运输要求。可根据需要加上网袋、吸水性材料,保持产品湿度适宜。有透气要求的水产品包装时,包装的箱体应具有透气孔
冷鲜水产品	包装材料宜具有良好的保温性能。各种包装填充物应符合相应食品卫生要求
冷冻水产品	包装材料宜具有良好的保温性能。在相应的冷冻温度下保持水产品包装材料应有的物理机械性能,具有良好密闭性和低水蒸气渗透性
干制水产品	应采用防潮的食品级包装材料,封口密实,防止产品吸潮
腌制水产品	应采用耐水、耐油、耐盐的食品级包装材料

3.4 包装方法

3.4.1 根据包装容器规格采用直立、水平或其他排列方式包装。

3.4.2 不耐挤压的水产品包装时,包装容器内应加支撑物或衬垫物,减少产品的震荡和碰撞。

4 标识要求

4.1 基本要求

4.1.1 标识的内容应准确、清晰、醒目、持久,易于辨认和识读。

4.1.2 标签或标识中的名称应能够反映水产品真实属性,如果使用新创、奇特、音译、俗称等,应在所示名称的同一展示版面邻近部位使用同一字号标示水产品真实属性的专用名称。

4.1.3 标签或标识中的说明或表达方式不应虚假、误导或欺骗。

4.1.4 包装条形码应符合 GB/T 18127 的规定,二维码应符合 GB/T 33993 的规定。条形码、二维码应印刷清晰。

4.2 标识内容要求

4.2.1 裸装水产品标识

4.2.1.1 裸装水产品宜采取附加标签、标识牌、标识带等形式标明水产品的品名、净含量、生产日期、产地、生产者名称或者销售者名称等内容,推荐标示的内容有储存条件、产品标准代号等。

4.2.1.2 裸装水产品的标识可直接蚀刻、粘贴或加盖在水产品上,标签黏合剂应无毒无害,符合食品卫生要求;直接加盖在水产品上的印章色素应为食品级。

4.2.2 预包装水产品标识

预包装食品的标签应符合 GB 7718 的规定。

4.2.3 水产品储运包装标识

4.2.3.1 储运包装上应标明水产品的品名、生产日期、生产地、重量、储存条件、生产者名称或者销售者名称等内容。

4.2.3.2 包装储运图示标志应符合 GB/T 191 的规定。

4.2.3.3 运输包装收发货标志应符合 GB/T 6388 规定。

4.2.3.4 包装回收标志应符合 GB/T 18455 的规定。

4.2.4 其他标识内容

4.2.4.1 生产经营者可采用电子信息技术对水产品进行标识。

4.2.4.2 实施可追溯的水产品应标示可追溯标识。养殖水产品可追溯标签应符合 SC/T 3043 的规定。

4.2.4.3 销售已获得名优农产品、无公害农产品、绿色食品、有机农产品、地理标志产品等质量标志使用权的水产品,可在标志有效期内生产的该水产品上标注相应标志和发证机构的名称。绿色食品的标签标识应符合 NY/T 658 的规定,有机食品的标签标识应符合 GB/T 19630.3 的规定,其他具体标示方法应符合相关的管理规定。

4.2.4.4 产品所执行的相应产品标准已明确规定产品类型、质量等级的,应按照产品标准规定标示产品类型、质量等级。

4.2.4.5 根据水产品的需要,可标示容器的开启方法、产品的食用方法、烹调方法、复水方法等对消费者有帮助的说明。

4.2.4.6 某些水产品可能导致过敏反应,应在配料表中或邻近位置加以提示。

———————

ICS 67.020
X 20

中华人民共和国水产行业标准

SC/T 3051—2018

盐渍海蜇加工技术规程

Code of practice for salted jellyfish

2018-12-19 发布 2019-06-01 实施

中华人民共和国农业农村部 发布

前　言

本标准按照 GB/T 1.1—2009 给出的规则起草。

本标准由农业农村部渔业渔政管理局提出。

本标准由全国水产标准化技术委员会水产品加工分技术委员会(SAC/TC 156/SC 3)归口。

本标准起草单位:中国水产科学研究院南海水产研究所、中国水产科学研究院黄海水产研究所。

本标准主要起草人:杨贤庆、黄卉、李来好、刘淇、郝淑贤、岑剑伟、魏涯、王锦旭。

盐渍海蜇加工技术规程

1 范围

本标准规定了二矾盐渍海蜇、三矾盐渍海蜇、快速盐渍海蜇三类产品的加工术语和定义、要求、加工技术要点及生产记录。

本标准适用于可食用的海蜇和水母经预处理及盐矾加工得到非即食盐渍制品的生产过程。

2 规范性引用文件

下列文件对于本文件的应用是必不可少的。凡是注日期的引用文件,仅注日期的版本适用于本文件。凡是不注日期的引用文件,其最新版本(包括所有的修改单)适用于本文件。

GB/T 191　包装储运图示标志

GB 1886.229　食品安全国家标准　食品添加剂　硫酸铝钾(又名钾明矾)

GB 2721　食品安全国家标准　食用盐

GB 2733　食品安全国家标准　鲜、冻动物性水产品

GB 5749　生活饮用水卫生标准

GB 7718　食品安全国家标准　预包装食品标签通则

GB 20941　食品安全国家标准　水产制品生产卫生规范

JJF 1070　定量包装商品净含量计量检验规则

SC/T 3210　盐渍海蜇皮和盐渍海蜇头

3 术语和定义

下列术语和定义适用于本文件。

3.1

海蜇皮　jellyfish

经腌渍后的海蜇伞部。

3.2

海蜇头　jellyfish head

经腌渍后的海蜇口腕部。

3.3

蜇花　jellyfish viscera

海蜇的消化系统和生殖系统等组织部位。

3.4

卤水　brine

含有明矾或明矾与食盐混合物的溶液。

4 要求

4.1 加工企业基本条件

应符合 GB 20941 的规定。

4.2 原辅料

4.2.1 海蜇原料应新鲜、无污染,符合 GB 2733 的规定。

4.2.2 食用盐应符合 GB 2721 的规定。

4.2.3 硫酸铝钾(又名钾明矾)应符合 GB 1886.229 的规定。

4.2.4 加工用水应符合 GB 5749 的规定。

5 加工技术要点

5.1 原料预处理

5.1.1 新鲜海蜇用刀沿伞体腹面将口腕部和伞部分开,摘除蜇体腔内的蜇花,将海蜇口腕部和伞部分别加工。

5.1.2 海蜇伞部去除白色膏膜和血衣,用水冲洗干净。

5.1.3 海蜇口腕部放置至污液渗出,去除触须,用水冲洗干净。

5.2 二矾盐渍海蜇的加工工序

5.2.1 头矾加工

5.2.1.1 卤水配制,可加入适量食盐,配制比例为水:食盐:明矾在 100:6:0.2 至 100:8:0.4 之间。

5.2.1.2 将海蜇放入腌渍容器中,加入卤水至浸没海蜇为宜。

5.2.1.3 腌渍 18 h～24 h,其间宜翻动 2 次～3 次。头矾腌渍结束后,海蜇质量约为新鲜海蜇的 50%。

5.2.1.4 腌渍完成后沥卤 0.5 h～2 h,至卤水滴水不成线即可。其间宜翻动 1 次。

5.2.2 二矾加工

5.2.2.1 盐矾混合物配制,配制比例为食盐:明矾在 100:3 至 100:5 之间,配制总量为头矾加工沥卤后海蜇质量的 13%～15%。

5.2.2.2 在腌渍容器中撒入盐矾混合物,再放入经头矾加工的海蜇皮或海蜇头,一层海蜇撒一层盐矾混合物,海蜇皮宜 3 层～4 层放成一叠,海蜇头宜约 20 cm 放成一叠,放满后撒一层盐封顶,以不露海蜇为准,加盖。

5.2.2.3 腌渍时间为 5 d～7 d。二矾腌渍结束后,海蜇质量约为头矾加工海蜇的 40%。

5.2.2.4 腌渍完成后可沥卤,沥卤 2 h～5 h,至卤水滴水不成线即可。其间宜翻动 1 次～2 次。不需要沥卤的产品可浸泡在卤水中储存。完成此步骤得到的产品即为二矾盐渍海蜇。

5.3 三矾盐渍海蜇的加工工序

5.3.1 盐矾混合物配制,配制比例为食盐:明矾在 100:1 至 100:2 之间,配制总量为二矾沥水后海蜇质量的 14%～20%。

5.3.2 在腌渍容器中撒入盐矾混合物,再放入海蜇皮或海蜇头,一层海蜇一层盐矾混合物,海蜇皮宜 6 层～8 层放成一叠,海蜇头宜约 20 cm 放成一叠,放满后撒一层盐封顶,以不露海蜇为准,加盖。

5.3.3 腌渍时间为 6 d～8 d。三矾腌渍结束后,海蜇质量约为二矾盐渍海蜇的 40%～50%。

5.3.4 腌渍完成后可沥卤,沥卤 5 d～7 d,至用手握有轻微滴状卤水为宜。其间宜每天翻动 1 次～2 次。不需要沥卤的产品可浸泡在卤水中储存。完成此步骤得到的产品即为三矾盐渍海蜇。

5.4 快速盐渍海蜇的加工工序

5.4.1 切丝

将海蜇伞部和口腕部分别放在切丝机上,切成粗丝。

5.4.2 搅拌脱水

宜采用机械搅拌脱水,搅拌转速根据切丝的宽度确定,防止搅碎,搅拌时间宜为 3 h～8 h。

5.4.3 盐矾加工

5.4.3.1 盐矾混合物配制,配制比例食盐:明矾为 100:0.5,配制总量为海蜇质量的 10%~12%;卤水配制,配制比例水:食盐:明矾为 100:20:0.5。

5.4.3.2 将盐矾混合物均匀撒在海蜇上,腌渍 1 h~3 h。注入卤水,以卤水完全浸没海蜇为宜,腌渍 4 d~8 d。

5.4.3.3 腌渍完成后的海蜇不需要沥卤,浸泡在卤水中储存。完成此步骤得到的产品即为快速盐渍海蜇。

6 称重、包装

6.1 快速盐渍海蜇应分别称量海蜇和卤水的质量后包装,卤水以浸没海蜇为宜。

6.2 二矾盐渍海蜇和三矾盐渍海蜇在销售前称重、包装。

6.3 预包装盐渍海蜇产品的净含量应符合 JJF 1070 的规定。

6.4 不同品种、部位的产品应分开包装。

6.5 包装所用塑料袋、塑料盒、塑料箱(桶)、瓦楞纸箱等包装材料应洁净、无毒、无异味。储存中应防止包装锈斑污染。

7 标志、标签

7.1 预包装产品的标签应符合 GB 7718 的规定。

7.2 储运图示标志应符合 GB/T 191 的规定。

8 储存

8.1 不需要沥卤的产品可浸泡在卤水中储存。

8.2 预包装产品宜在阴凉通风处储藏,不得与有毒、有害、有异味的物品混合存放。

8.3 进出库搬运过程中,应注意小心轻放,不可碰坏包装箱,不同批次、品种的产品应分区存放,排列整齐,各品种、批次应标识清楚。

8.4 塑料箱(桶)不宜堆叠放置,纸箱堆叠时应置于垫架上,堆放高度以外包装箱受压不变形为宜。

8.5 在进出货时,应做到先进先出。

9 生产记录

9.1 对每批进厂的原料应做好记录,内容应包括原料产地、品种、数量。

9.2 生产记录内容应包括产品名称、原料产地、生产批号、生产日期和产品数量的信息;并对有关操作与设备、生产过程的控制及特殊问题进行记录。

9.3 产品按批次应有检验记录,产品的质量应符合 SC/T 3210 的规定,不合格产品不得出厂,产品出厂应有销售记录。

9.4 应建立完整的质量管理档案,各种记录分类按月装订、归档,保留时间不得少于 2 年。

————————————

ICS 67.020
X 20

中华人民共和国水产行业标准

SC/T 3052—2018

干制坛紫菜加工技术规程

Code of practice for dried *Pyropia haitanensis*

2018-12-19 发布
2019-06-01 实施

中华人民共和国农业农村部 发布

SC/T 3052—2018

前　言

本标准按照 GB/T 1.1—2009 给出的规则起草。

请注意本文件的某些内容可能涉及专利。本文件的发布机构不承担识别这些专利的责任。

本标准由农业农村部渔业渔政管理局提出。

本标准由全国水产标准化技术委员会水产品加工分技术委员会(SAC/TC 156/S 3)归口。

本标准主要起草单位:福建省水产研究所、福建省水产技术推广总站、福建省淡水水产研究所、福建师范大学、宁德师范学院、阿一波食品有限公司、福建省远扬藻业股份有限公司。

本标准主要起草人:刘智禹、陈燕婷、吴靖娜、苏永昌、乔琨、黄健、宋武林、许旻、陈贝、陈由强、李宁波、黄鹭强、郑昇阳、刘伟、蔡彬新、李志坚、邵红霞、林汉斌。

干制坛紫菜加工技术规程

1 范围

本标准规定了干制坛紫菜加工的基本要求、原料、加工、包装、储存与生产记录。

本标准适用于以坛紫菜（*Porphyra haitanensis*/*Pyropia haitanensis*）原藻为原料，经去杂、清洗、脱水/成型、干燥等工序进行干制坛紫菜的初级加工。

本标准不适用于盐干坛紫菜的加工。

2 规范性引用文件

下列文件对于本文件的应用是必不可少的。凡是注日期的引用文件，仅注日期的版本适用于本文件。凡是不注日期的引用文件，其最新版本（包括所有的修改单）适用于本文件。

GB/T 191 包装储运图示标志

GB 3097 海水水质标准

GB 5749 生活饮用水卫生标准

GB 7718 食品安全国家标准 预包装食品标签通则

GB 19643 食品安全国家标准 藻类及其制品

GB 20941 食品安全国家标准 水产制品卫生生产规范

GB/T 30891—2014 水产品抽样规范

JJF 1070 定量包装商品净含量计量检验规则

3 基本要求

3.1 加工企业选址与厂区环境、厂房和车间、设施与设备、卫生管理、生产过程的食品安全控制等应符合 GB 20941 的规定。

3.2 加工用淡水应符合 GB 5749 的规定，加工用海水应符合 GB 3097 的规定。

4 原料

4.1 要求

原料应为新鲜坛紫菜原藻，无红变、无异味、未经淡水浸泡，其品质应符合 GB 19643 的规定。

4.2 验收

4.2.1 不同采收时间、不同产区的坛紫菜原藻应分开存放，注明该批原料的基本信息（采收时间、海区、茬数、重量等）。

4.2.2 每一批次进厂的坛紫菜原藻均应抽检，检验指标为色泽、气味、是否经过淡水浸泡等内容，验收合格的原料方可加工。抽样方法按 GB/T 30891—2014 中附录 A 的规定执行。

4.3 暂存

4.3.1 坛紫菜原藻进入加工企业后，应按原料进厂顺序尽快进行加工。无法及时加工的坛紫菜原藻，可常温晾放、低温冷藏或海水暂存。

4.3.2 常温晾放方式：应选择阴凉通风处，避免日晒，将坛紫菜原藻摊开晾于铺有洁净网的晾菜架上，厚度不宜超过 8 cm。从坛紫菜原藻采收至加工前，常温晾放时间不应超过 15 h。

4.3.3 低温冷藏方式：冷藏库温度宜在 −5℃～0℃，坛紫菜原藻入库后应摊开，温度降至库温后方可堆积存放。从坛紫菜原藻采收至加工前,低温冷藏时间不应超过48 h。

4.3.4 海水暂存方式:海水与坛紫菜原藻的重量比应大于20倍,海水盐度为15～25,海水水温应低于20℃,每4 h更换一次海水。从坛紫菜原藻采收至加工前,海水暂养时间不应超过30 h。

5 加工

5.1 去杂

坛紫菜原藻应先去杂,剔除鲜菜中的杂藻、塑料丝、草屑等可见杂质。

5.2 清洗

5.2.1 清洗机或清洗池应具搅拌和滤沙装置。

5.2.2 将去杂后的坛紫菜原藻放进清洗机或清洗池中,用清洁海水或饮用水洗净坛紫菜原藻上附着的泥沙和其他杂质。清洗用水水温应低于20℃。

5.2.3 清洗过程,根据坛紫菜原藻的泥沙含量、杂藻附着程度以及不同采收期适时调整清洗用水量及清洗时间,洗涤至排水口无泥沙排出为止。

5.2.4 海水清洗的坛紫菜原藻,最后需用流动的淡水漂洗。

5.3 脱水

5.3.1 清洗后的坛紫菜原藻应先沥水。

5.3.2 坛紫菜原藻可采用离心机或其他适当方式进行脱水。

5.4 成型

5.4.1 脱水后的坛紫菜可根据需求放入特定形状的模具。

5.4.2 所用模具的材料应无毒、无害、无异味、不吸水,质量应符合相应的食品安全国家标准规定。

5.4.3 制作的坛紫菜形状一致,厚薄基本均匀。凡有单片重量要求的产品,应根据规格要求放入对应的模具中。

5.4.4 机械化生产线加工坛紫菜的,先成型,再采用海绵挤压脱水。

5.5 干燥

5.5.1 宜采用连续式干燥设备,进风口温度不应高于70℃,出风口温度不宜低于40℃。

5.5.2 干燥时间应控制在3 h以内。

5.5.3 干燥后应尽快剥菜,轻拿、轻放,放置于阴凉干燥处。

5.5.4 干燥后,坛紫菜产品的含水量应符合GB 19643的规定。

5.5.5 也可以采用日晒等其他干燥方式。

6 包装

6.1 包装间

6.1.1 包装间相对湿度宜低于60%。

6.1.2 包装间应保持洁净,定期进行消毒。

6.2 称重

6.2.1 将产品冷却至室温后再进行称重和包装。

6.2.2 预包装产品的净含量应符合JJF 1070要求。

6.2.3 衡器的最大称重值不应超过被称样品质量的5倍。

6.3 包装

包装材料应清洁、干燥、无毒、无异味,符合相关食品安全标准和运输的规定。

6.4 标签、标识

6.4.1 预包装产品的标签应符合 GB 7718 的规定。

6.4.2 运输包装上的标志应符合 GB/T 191 的规定。

7 储存

7.1 包装后的产品应储存在阴凉、避光、通风、干燥的仓库内。储藏温度不宜高于 20℃。

7.2 产品按批分别堆放储藏,并做好相关记录。堆放过程,按不同的包装物、品种、规格分开,不可损坏纸箱或包装。

7.3 堆放作业中,应将产品置于垫架上,产品离墙、离地、离库顶各 10 cm 以上,垛与垛之间应有一定的通道。

7.4 产品不应与有毒、有害、有异味、有污染的物品混合存放,防止受潮、鼠害、虫蛀和有毒物质污染。

8 生产记录

8.1 每批进厂的坛紫菜原藻都应进行记录,内容至少包括采收时间、海区、茬数和重量等。

8.2 生产记录内容应包括原料来源、生产批号、生产日期、生产班组和产品数量等信息;并对生产操作、生产设备和生产过程控制等问题进行记录。

8.3 按批出具合格证明,不合格产品不得出厂,产品出厂应有记录。

8.4 应建立完整的质量管理档案,各种记录分类按月装订、归档,保留时间应在 2 年以上。

————————

ICS 67.120.30
X 20

中华人民共和国水产行业标准

SC/T 3207—2018
代替 SC/T 3207—2000

干　贝

Dried boiled scallop adductor

2018-12-19 发布　　　　　　　　　　　　2019-06-01 实施

中华人民共和国农业农村部 发布

SC/T 3207—2018

前　言

本标准按照 GB/T 1.1—2009 给出的规则起草。

本标准代替 SC/T 3207—2000《干贝》。与 SC/T 3207—2000 相比，除编辑性修改外主要技术变化如下：

——删除了产品规格；

——修改了感官要求和理化指标；

——修改了安全指标应符合 GB 10136 的规定；

——增加了规范性附录 A。

请注意本文件的某些内容可能涉及专利。本文件的发布机构不承担识别这些专利的责任。

本标准由农业农村部渔业渔政管理局提出。

本标准由全国水产标准化技术委员会水产品加工分技术委员会(SAC/TC 156/SC 3)归口。

本标准起草单位：中国海洋大学、青岛益和兴食品有限公司。

本标准主要起草人：林洪、米娜莎、董浩、李国栋。

本标准所代替标准的历次版本发布情况为：

——SC/T 3207—2000。

干　贝

1　范围

本标准规定了干贝的要求、试验方法、检验规则、标志、标签、包装、运输与储存。

本标准适用于以鲜活海湾扇贝(*Argopecten irradians*)、栉孔扇贝(*Chlamys farreri*)为原料,经去壳、去内脏和外套膜、去裙边,经盐水煮熟、干燥、整形等工序加工而成的纯贝柱干制品(或预制水产干制品)。其他品种的扇贝可参照执行,各种扇贝带有裙边的产品也可参照执行。

2　规范性引用文件

下列文件对于本文件的应用是必不可少的。凡是注日期的引用文件,仅注日期的版本适用于本文件。凡是不注日期的引用文件,其最新版本(包括所有的修改单)适用于本文件。

GB/T 191　包装储运图示标志

GB 2721　食品安全国家标准　食用盐

GB 2733　食品安全国家标准　鲜、冻动物性水产品

GB 2762　食品安全国家标准　食品中污染物限量

GB 5009.3　食品安全国家标准　食品中水分的测定

GB 5009.44　食品安全国家标准　食品中氯化物的测定

GB 5749　生活饮用水卫生标准

GB 7718　食品安全国家标准　预包装食品标签通则

GB 10136　食品安全国家标准　动物性水产制品

GB/T 30891—2014　水产品抽样规范

JJF 1070　定量包装商品净含量计量检验规则

3　要求

3.1　原料

应符合 GB 2733 的规定。

3.2　加工用盐

应符合 GB 2721 的规定。

3.3　加工用水

应符合 GB 5749 的规定。

3.4　感官要求

应符合表 1 的规定。

表 1　感官要求

项　目	要　求
外　观	呈短圆柱形,颗粒基本完整,大小均匀、整齐;呈灰白色、淡黄色或浅褐色,色泽均匀,具干贝固有色泽,允许微带白霜;无外套膜及内脏附着
组织形态	肌肉紧密、柔韧,不发黏,无霉变
气味及滋味	具有干贝固有的气味,滋味鲜美,无异味
杂　质	无肉眼可见外来杂质

3.5 理化指标

应符合表 2 的规定。

表 2 理化指标

项　目	要　求	
	干制品	半干制品
水分,g/100 g	≤20	≤35
氯化物(以 Cl⁻ 计),%	≤6	≤5
完整率,%	≥90	≥95

3.6 安全指标

应符合 GB 10136 的规定。

3.7 净含量

应符合 JJF 1070 的规定。

4 试验方法

4.1 感官检验

在光线充足、无异味、清洁卫生的环境中,将样品置于白色搪瓷盘内或不锈钢工作台上,按3.4中要求逐项检查。

样品的气味及滋味检验应进行蒸煮试验。在容器中加入 500 mL 饮用水,将水煮沸,取约 50 g 用清水洗净的样品,放于容器中,盖好盖子,煮沸 1 min 后,打开盖,嗅蒸汽气味,再品尝肉质。

4.2 完整率

称取约 200 g(称准至 1 g)样品于白搪瓷盘中,用角匙拣出明显残缺(不足完整粒 2/3)的破碎粒后,将完整粒称重(称准至 1 g)。完整率按式(1)进行计算。

$$A = \frac{m_2}{m_1} \times 100 \cdots\cdots (1)$$

式中:

A ——完整率,单位为百分率(%);

m_1——试样质量,单位为克(g);

m_2——完整粒质量,单位为克(g)。

4.3 水分

按 GB 5009.3 的规定执行。

4.4 氯化物

按 GB 5009.44 的规定执行。

4.5 安全指标

污染物检测方法按 GB 2762 的规定执行。检测值乘以脱水率换算系数(K),即为产品中污染物的检测结果。K 的计算见附录 A。

4.6 净含量

按 JJF 1070 的规定执行。

5 检验规则

5.1 组批规则与抽样方法

5.1.1 组批规则

同批次原料在相同生产条件下,同一天或同一班组生产的产品为一检验批。

5.1.2 抽样方法

按 GB/T 30891—2014 的规定执行。

5.2 检验分类

5.2.1 出厂检验

每批产品应进行出厂检验。出厂检验由生产单位质量检验部门执行,检验项目为感官指标和理化指标、净含量、标签等,检验合格签发检验合格证明,产品凭检验合格证明入库或出厂。

5.2.2 型式检验

有下列情况之一时,应进行型式检验。检验项目为本标准中规定的全部项目:

a) 停产 6 个月以上,恢复生产时;

b) 原料变化或主要生产工艺发生改变,可能影响产品质量时;

c) 加工原料来源或生长环境发生变化时;

d) 国家质量监督机构提出进行型式检验要求时;

e) 出厂检验与上次型式检验有大差异时;

f) 正常生产时,每年至少 2 次的周期性检验。

5.3 判定规则

5.3.1 感官检验所检项目全部符合 3.4 的规定,合格样本数符合 GB/T 30891—2014 中附录 A 的规定则判为本批合格。

5.3.2 规格应与产品的标识相符合。本标准提出了干制品规格的建议值,若生产者应用,则应按其声称在外包装标注。参见附录 B。

5.3.3 净含量应符合 JJF 1070 的规定。

5.3.4 所检项目检验结果全部符合本标准规定时,判定为合格。

5.3.5 所检项目检验结果中若有 1 项指标不符合标准要求时,允许加倍抽样将此项指标复验 1 次,按复验结果判定本批产品是否合格。安全指标不得复检,安全指标有 1 项不合格即判为不合格产品。

5.3.6 所检项目检验结果中若有 2 项或 2 项以上指标不符合本标准规定时,则判本批产品不合格。

6 标志、标签、包装、运输、储存

6.1 标志、标签

6.1.1 预包装产品标签应符合 GB 7718 的规定并标注产品类别。

6.1.2 包装储运图示标志应符合 GB/T 191 的规定。

6.2 包装

6.2.1 包装所用塑料袋、纸盒、瓦楞纸箱等材料应洁净、坚固、无毒、无异味,品质应符合相应食品安全标准规定。

6.2.2 产品包装应严密,无破损和污染现象。

6.3 运输

运输工具应清洁、卫生,无异味,运输中防止日晒、虫害、有害物质的污染,不得靠近或接触有腐蚀性物质,不得与气味浓郁物品混运。干制品在常温下运输,避免暴晒和高温;半干制品应在 10℃ 以下运输。

6.4 储存

干制品应储存于阴凉或低温环境下,半干制品应在 10℃ 以下储藏,防止受潮、日晒、虫害、有毒物质的污染和其他损害。

附　录　A
（规范性附录）
脱水率换算系数

A.1　脱水率换算系数计算公式

脱水率换算系数（K）按照式（A.1）计算，结果保留 2 位有效数字。

$$K = \frac{100 - M_1}{100 - M_2} \quad\cdots\cdots\cdots\cdots\cdots\cdots\cdots\cdots\cdots\cdots\cdots\cdots\quad (A.1)$$

式中：

K ——脱水率换算系数；

M_1——原料贝柱的水分含量，单位为克每百克（g/100 g）；

M_2——干贝的水分含量，单位为克每百克（g/100 g）。

A.2　原料贝柱的水分含量

A.2.1　可通过对原料贝柱的水分测定、生产者提供的信息以及其他可获得的数据信息等确定原料贝柱的水分含量。

A.2.2　本标准给出用于生产干贝的原料贝柱的水分含量（M_1）建议值为 78.00 g/100 g。

附 录 B
（资料性附录）
产品规格和测量方法

B.1 干制品产品规格

B.1.1 本标准将规格作为建议参考值，若生产者应用，则应按其声称对该项目检验。

B.1.2 产品可按个体大小分规格，允许混等。建议以单位质量粒数（每 500 g 计）作为规格依据，辅以颗粒直径（粒径）作为参考。参见表 B.1。

表 B.1 产品规格

规　　格	特大	大	中	小
单位质量粒数（每 500 g 计），个	≤500	501～800	801～1 200	≥1 201
粒径，cm	≥1.2	1.0～1.19	0.8～0.99	＜0.8

B.2 规格测定

规格按式（B.1）进行计算。

$$B = \frac{Z}{M_3} \quad\quad\quad (B.1)$$

式中：

B ——规格，单位为粒每 500 克（粒/500 g）；

Z ——完整的干贝粒数，单位为粒；

M_3——500 g。

ICS 67.120.30
X 20

中华人民共和国水产行业标准

SC/T 3221—2018

蛤　蜊　干

Dried clam meat

2018-12-19 发布

2019-06-01 实施

中华人民共和国农业农村部　发布

前　言

本标准按照 GB/T 1.1—2009 给出的规则起草。

请注意本文件的某些内容可能涉及专利。本文件的发布机构不承担识别这些专利的责任。

本标准由农业农村部渔业渔政管理局提出。

本标准由全国水产标准化技术委员会水产品加工分技术委员会(SAC/TC 156/SC 3)归口。

本标准起草单位:中国水产科学研究院黄海水产研究所、中国水产科学研究院南海水产研究所、荣成泰祥食品股份有限公司、青岛海滨食品股份有限公司。

本标准主要起草人:刘淇、曹荣、杨贤庆、赵玲、李钰金、傅晓东、孙慧慧。

蛤蜊干

1 范围

本标准规定了蛤蜊干的要求、试验方法、检验规则、标签、标志、包装、运输及储存。

本标准适用于以中国蛤蜊(*Mactra chinensis*)、菲律宾蛤仔(*Ruditapes philippinarum*)、杂色蛤仔(*Ruditapes variegata*)等为原料,经吐沙、蒸煮、去壳、清洗、干燥等工序制成的非即食产品。

2 规范性引用文件

下列文件对于本文件的应用是必不可少的。凡是注日期的引用文件,仅注日期的版本适用于本文件。凡是不注日期的引用文件,其最新版本(包括所有的修改单)适用于本文件。

GB/T 191 包装储运图示标志
GB 2721 食品安全国家标准 食用盐
GB 2733 食品安全国家标准 鲜、冻动物性水产品
GB 2760 食品安全国家标准 食品添加剂使用标准
GB 3097 海水水质标准
GB 5009.3 食品安全国家标准 食品中水分的测定
GB 5009.44 食品安全国家标准 食品中氯化物的测定
GB 5749 生活饮用水卫生标准
GB 7718 食品安全国家标准 预包装食品标签通则
GB 10136 食品安全国家标准 动物性水产制品
GB 28050 食品安全国家标准 预包装食品营养标签通则
GB/T 30891—2014 水产品抽样规范
JJF 1070 定量包装商品净含量计量检验规则

3 要求

3.1 原辅材料

3.1.1 原料

应符合 GB 2733 的规定。

3.1.2 食用盐

应符合 GB 2721 的规定。

3.2 加工用水

吐沙净化用海水应符合 GB 3097 中二类水质的规定,加工用淡水应符合 GB 5749 的规定。

3.3 食品添加剂

加工中使用的添加剂品种及用量应符合 GB 2760 的规定。

3.4 感官要求

应符合表1的规定。

表 1　感官要求

项　　目	要　　　　　求
色　　泽	呈淡黄色或黄褐色等蛤蜊干自然色泽
形　　态	大小均匀,体形完整(去内脏的除外)
滋味及气味	具有其固有的滋味及气味,无明显异味
其　　他	无尼龙线、草等肉眼可见的外来杂质,无霉变

3.5　理化指标

应符合表2的规定。

表 2　理化指标

项　　目	特级品	一级品	二级品
水分,g/100 g	≤18	≤25	
氯化物(以 Cl⁻ 计),%	≤2	≤4	≤6
贝壳及水产夹杂物,g/100 g	≤0.1	≤0.5	≤1.0

3.6　安全指标

应符合 GB 10136 的规定。

3.7　净含量

预包装产品的净含量应符合 JJF 1070 的规定。

4　试验方法

4.1　感官

在光线充足、无异味的环境中,取 100 g(准确至 1 g)试样平置于白色搪瓷盘或不锈钢工作台上,按3.4 的规定逐项检验。

4.2　水分

按照 GB 5009.3 的规定执行。

4.3　氯化物

按照 GB 5009.44 的规定执行。

4.4　贝壳及水产夹杂物

随机称取约 100 g(准确至 0.01 g)试样于白搪瓷盘中,拣出混于蛤蜊干中的贝壳(贝壳黏附在蛤蜊干上时,须将蛤蜊肉取下来)及小蟹、小虾等水产夹杂物称重(准确至 0.01 g)。贝壳及水产夹杂物的含量按式(1)计算。

$$X = \frac{M_1}{M_0} \times 100 \qquad \cdots\cdots\cdots\cdots\cdots\cdots\cdots\cdots\cdots\cdots\cdots\cdots\cdots\cdots \quad (1)$$

式中:

X ——贝壳及水产夹杂物的含量,单位为克每百克(g/100 g);

M_1——试样中贝壳及水产夹杂物的质量,单位为克(g);

M_0——蛤蜊干试样质量,单位为克(g)。

4.5　安全指标

按照 GB 10136 规定的检验方法执行。按附录 A 规定计算蛤蜊干的脱水率换算系数 K,检测值乘以 K 即为产品中安全指标的检测结果。

4.6　净含量

按照 JJF 1070 的规定执行。

5 检验规则

5.1 组批规则与抽样方法

5.1.1 组批规则

在原料及生产条件基本相同的情况下,同一天或同一班组生产的产品为一批。按批号抽样。

5.1.2 抽样方法

按照 GB/T 30891—2014 的规定执行。

5.2 检验分类

5.2.1 出厂检验

每批产品应进行出厂检验。出厂检验由生产单位质量检验部门执行,检验项目为感官、净含量、水分、氯化物、贝壳及水产夹杂物等,检验合格签发检验合格证,产品凭检验合格证入库或出厂。

5.2.2 型式检验

型式检验项目为本标准中规定的全部项目,有下列情况之一时应进行型式检验:

a) 长期停产,恢复生产时;

b) 原料变化或改变主要生产工艺,可能影响产品质量时;

c) 出厂检验与上次型式检验有差异时;

d) 国家质量监督机构提出进行型式检验要求时;

e) 正常生产时,每年至少 2 次的周期性检验。

5.3 判定规则

5.3.1 检验项目全部符合标准要求,判该批产品为合格。

5.3.2 感官检验所检项目全部符合 3.4 规定,合格样本数符合 GB/T 30891—2014 中附录 A 规定,则判本批合格。

5.3.3 检验结果中若有 2 项或 2 项以上指标不符合标准规定时,则判本批产品不合格。若有 1 项指标不符合标准规定时,允许加倍抽样将此项指标复验 1 次,按复验结果判定本批产品是否合格。

6 标签、标志、包装、运输、储存

6.1 标签、标志

6.1.1 非预包装产品应标示产品名称、等级、产地、生产者和销售者名称、生产日期等。

6.1.2 预包装产品的标签应符合 GB 7718 的规定,营养标签应符合 GB 28050 的规定。

6.1.3 运输包装上的标志应符合 GB/T 191 的规定。

6.2 包装

所用塑料袋、纸盒、瓦楞纸箱等包装材料应洁净、牢固、无毒、无异味。包装材料质量应符合相关食品安全标准规定。预包装产品应密封包装,并放入产品合格证。

6.3 运输

运输工具应保持清洁、卫生,无异味,不得与有毒、有污染或气味浓郁物品混装、混运,运输时应防止暴晒、雨淋和虫害,装卸时轻搬轻放。

6.4 储存

6.4.1 蛤蜊干宜冻藏或冷藏。储存库应清洁、卫生、无异味、有防鼠防虫设备。

6.4.2 不同品种、规格、批次的产品应分别堆垛,并用垫板垫起,与地面距离不少于 10 cm,与墙壁距离不少于 30 cm,堆放高度以纸箱受压不变形为宜。

附　录　A

（规范性附录）

脱水率换算系数

A.1　脱水率换算系数计算公式

脱水率换算系数 K 按照式（A.1）计算，结果保留 2 位有效数字。

$$K = \frac{100 - M_1}{100 - M_2} \quad \cdots\cdots\cdots\cdots\cdots\cdots\cdots\cdots\cdots\cdots\cdots\cdots\cdots\cdots\cdots \quad (A.1)$$

式中：

K ——脱水率换算系数；

M_1——原料蛤蜊肉的水分含量，单位为克每百克（g/100 g）；

M_2——蛤蜊干的水分含量，单位为克每百克（g/100 g）。

A.2　蛤蜊肉的水分含量

可通过对原料蛤蜊肉的水分检测、生产者提供的信息以及其他可获得的数据信息等确定原料蛤蜊肉的水分含量。

ICS 67.120.30
X 20

中华人民共和国水产行业标准

SC/T 3310—2018

海 参 粉

Sea cucumber powder

2018-12-19 发布

2019-06-01 实施

中华人民共和国农业农村部 发布

前　言

本标准按照 GB/T 1.1—2009 给出的规则起草。

本标准由农业农村部渔业渔政管理局提出。

本标准由全国水产标准化技术委员会水产品加工分技术委员会(SAC/TC 156/SC 3)归口。

本标准起草单位:中国水产科学研究院黄海水产研究所、大连棒棰岛海产股份有限公司、山东好当家海洋发展股份有限公司、国家水产品质量监督检验中心。

本标准主要起草人:王联珠、朱文嘉、郭莹莹、吴岩强、孙永军、江艳华、姚琳、左红和。

海　参　粉

1 范围

本标准规定了海参粉的要求、试验方法、检验规则、标签、标志、包装、运输和储存。

本标准适用于以刺参（*Stichepus japonicus*）为原料，经过预处理、酶解或不酶解、干燥、粉碎、包装等工艺制成的海参粉。以其他海参加工的海参粉可参照执行。

2 规范性引用文件

下列文件对于本文件的应用是必不可少的。凡是注日期的引用文件，仅注日期的版本适用于本文件。凡是不注日期的引用文件，其最新版本（包括所有的修改单）适用于本文件。

GB/T 191　包装储运图示标志

GB 2733　食品安全国家标准　鲜、冻动物性水产品

GB 5009.3　食品安全国家标准　食品中水分的测定

GB 5009.5　食品安全国家标准　食品中蛋白质的测定

GB 5009.44　食品安全国家标准　食品中氯化物的测定

GB 5749　生活饮用水卫生标准

GB 7718　食品安全国家标准　预包装食品标签通则

GB 10136　食品安全国家标准　动物性水产制品

GB 20941　食品安全国家标准　水产制品生产卫生规范

GB 28050　食品安全国家标准　预包装食品营养标签通则

GB/T 30891　水产品抽样规范

GB/T 33108　海参及其制品中海参皂苷的测定　高效液相色谱法

JJF 1070　定量包装商品净含量计量检验规则

SC/T 3049　刺参及其制品中海参多糖的测定　高效液相色谱法

3 要求

3.1 原辅料

3.1.1 刺参应符合 GB 2733 的规定。

3.1.2 加工过程中不应添加酶制剂以外的非刺参原辅料。

3.2 加工用水

应符合 GB 5749 的规定。

3.3 加工要求

厂区环境、厂房、车间、设施与设备、卫生管理、生产过程的食品安全控制及人员的要求应符合 GB 20941 的规定。

3.4 感官要求

应符合表 1 的规定。

SC/T 3310—2018

表 1　感官要求

项　目	要　求
外观	均匀粉末状,无结块
色泽	灰色、黑灰色、褐色,色泽一致
气味	具有本品特有的气味,无异味
杂质	无正常视力可见外来杂质

3.5　理化要求

应符合表 2 的规定。

表 2　理化要求

项　目	优级品	合格品
海参多糖,g/100 g	≥5	≥2
蛋白质,g/100 g	≥60	≥50
氯化物(以 Cl$^-$计),%	≤1	≤3
海参皂苷,mg/g	≥0.1	
水分,g/100 g	≤7	

3.6　安全指标

3.6.1　按照海参原料的脱水率折算成鲜品后的污染物限量、兽药残留限量应符合 GB 10136 的规定。

3.6.2　微生物指标应符合 GB 10136 中熟制动物性水产制品的规定。

3.7　净含量

预包装的产品净含量应符合 JJF 1070 的规定。

4　试验方法

4.1　感官

在光线充足,无异味的环境中,取 10 g 试样平置于白色搪瓷盘内,按 3.4 的规定逐项检验。

4.2　海参多糖

按 SC/T 3049 的规定执行。

4.3　蛋白质

按 GB 5009.5 的规定执行。

4.4　氯化物

按 GB 5009.44 的规定执行。

4.5　海参皂苷

按 GB/T 33108 的规定执行。

4.6　水分

按 GB 5009.3 的规定执行。

4.7　安全指标

4.7.1　污染物、兽药残留的检测按 GB 10136 中规定的方法执行。按附录 A 规定计算海参粉的脱水率换算系数 K。检测值乘以 K,即为产品中污染物、兽药残留的检测结果。

4.7.2　微生物指标应符合 GB 10136 的规定。

4.8　净含量

按 JJF 1070 的规定执行。

5 检验规则

5.1 组批规则与抽样方法

5.1.1 组批规则

在同一生产周期中,用同一批原料、同一方法生产出来的一定数量的产品为一批,按批号抽样。

5.1.2 抽样方法

按 GB/T 30891 的规定执行。

5.2 检验分类

5.2.1 出厂检验

每批产品应进行出厂检验。出厂检验由生产单位质量检验部门执行,检验项目为感官、净含量、水分、蛋白质、氯化物、菌落总数和大肠菌群,检验合格签发检验合格证,产品凭检验合格证入库或出厂。

5.2.2 型式检验

有下列情况之一时,应进行型式检验。检验项目为本标准中规定的全部项目:

a) 停产 6 个月以上,恢复生产时;

b) 原料变化或改变主要生产工艺,可能影响产品质量时;

c) 加工原料来源或生长环境发生变化时;

d) 国家质量监督机构提出进行型式检验要求时;

e) 出厂检验与上次型式检验有较大差异时;

f) 正常生产时,每年至少 2 次的周期性检验。

5.3 判定规则

所有指标全部符合本标准规定时,判该批产品合格。

6 标签、标志、包装、运输、储存

6.1 标签、标志

6.1.1 非预包装产品的标签应标示产品的名称、等级、产地、生产者或销售者名称、生产日期等。

6.1.2 预包装产品的标签应标示原料品种,并符合 GB 7718 的规定。

6.1.3 营养标签应符合 GB 28050 的规定。

6.1.4 包装储运标志应符合 GB/T 191 的规定。

6.2 包装

6.2.1 包装材料

所用铝箔复合袋、纸盒、瓦楞纸箱等包装材料应洁净、坚固、无毒、无异味,质量应符合相关食品安全标准规定。

6.2.2 包装要求

产品应密封包装后装入纸箱。箱中产品要排列整齐,应有产品合格证。包装应牢固、防潮、不易破损。

6.3 运输

运输工具应清洁、卫生,无异味,运输中防止日晒、虫害、有害物质的污染,不应靠近或接触有腐蚀性物质,不应与气味浓郁物品混运。

6.4 储存

储存库内应保持清洁、整齐,符合食品卫生要求。产品应储存于干燥阴凉处,防止受潮、日晒、虫害、有害物质的污染和其他损害。不同品种、规格、批次的产品应分垛存放,标识清楚,并与墙壁、地面、天花板保持一定的距离,堆放高度以纸箱受压不变形为宜。

SC/T 3310—2018

附　录　A
（规范性附录）
脱水率换算系数

A.1　脱水率换算系数计算公式

脱水率换算系数 K 按照式（A.1）计算，结果保留 2 位有效数字。

$$K = \frac{100 - M_1}{100 - M_2} \qquad\qquad (A.1)$$

式中：

K——脱水率换算系数；

M_1——海参的水分含量，单位为克每百克（g/100 g）；

M_2——海参粉的水分含量，单位为克每百克（g/100 g）。

A.2　海参的水分含量

A.2.1　可通过对海参原料的水分检测、生产者提供的信息以及其他可获得的数据信息等确定海参原料的水分含量。

A.2.2　海参原料的水分含量建议值为 90.60 g/100 g。

ICS 67.120.30
B 50

中华人民共和国水产行业标准

SC/T 3311—2018

即 食 海 蜇

Ready-to-eat jellyfish

2018-12-19 发布

2019-06-01 实施

中华人民共和国农业农村部 发布

前　言

本标准按照 GB/T 1.1—2009 给出的规则起草。

请注意文件的某些内容可能涉及专利。本文件的发布机构不承担识别这些专利的责任。

本标准由农业农村部渔业渔政管理局提出。

本标准由全国水产标准化技术委员会水产品加工分技术委员会(SAC/TC 156/SC 3)归口。

本标准主要起草单位:中国水产科学研究院南海水产研究所、吴川市天然食品加工有限公司、江门市丰正食品有限公司。

本标准主要起草人:杨贤庆、岑剑伟、李来好、黄卉、郝淑贤、魏涯、赵永强、张月桂、杨海潮。

即　食　海　蜇

1　范围

本标准规定了即食海蜇的产品要求、试验方法、检验规则、标签、标志、包装、运输及储存。

本标准适用于以盐渍海蜇为主要原料，经切分、漂洗、热烫、包装等工序加工而成的即食产品。

2　规范性引用文件

下列文件对于本文件的应用是必不可少的。凡是注日期的引用文件，仅注日期的版本适用于本文件。凡是不注日期的引用文件，其最新版本（包括所有的修改单）适用于本文件。

GB/T 191　包装储运图示标志

GB 2760　食品安全国家标准　食品添加剂使用标准

GB 5009.44　食品安全国家标准　食品中氯化物的测定

GB 5009.182　食品安全国家标准　食品中铝的测定

GB 5749　生活饮用水卫生标准

GB 7718　食品安全国家标准　预包装食品标签通则

GB 10136　食品安全国家标准　动物性水产制品

GB/T 10786—2006　罐头食品的检验方法

GB 20941　食品安全国家标准　水产制品生产卫生规范

GB 28050　食品安全国家标准　预包装食品营养标签通则

GB/T 30891—2014　水产品抽样规范

SC/T 3210　盐渍海蜇皮和盐渍海蜇头

JJF 1070　定量包装商品净含量计量检验规则

3　要求

3.1　原辅料

3.1.1　海蜇

盐渍海蜇原料应符合 SC/T 3210 的规定。

3.1.2　生产用水

应符合 GB 5749 的规定。

3.1.3　食品添加剂

应符合 GB 2760 的规定。

3.1.4　调料包

调料包的原料、辅料及包装材料应符合相应标准及规定。

3.2　加工要求

生产人员、环境、车间及设施、生产设备及卫生控制程序应符合 GB 20941 的规定。

3.3　感官要求

应符合表 1 的规定。

SC/T 3311—2018

表 1 感官要求

项 目	要 求
色泽	具有海蜇固有的白色、浅黄色、褐色（自然色泽），有光泽
组织及形态	条状或块状，咀嚼有脆性
气味和滋味	具有海蜇固有的气味和滋味，无异味
杂质	无正常视力可见外来杂质，品尝时无异物感

3.4 理化指标

应符合表 2 的规定。

表 2 理化指标

项 目	指 标
固形物，g/100 g	≥50
氯化物（以固形物中 Cl⁻ 计），%	≤3.0
铝的残留量（以固形物中 Al 计），mg/kg	≤500

3.5 安全指标

污染物限量、微生物限量、农药和兽药残留限量指标应符合 GB 10136 的规定。

3.6 净含量

应符合 JJF 1070 的规定。

4 试验方法

4.1 感官检验

在光线充足、洁净无异味的环境中，打开产品包装，沥去汤汁后，将固形物倒在白色搪瓷盘中，按3.3 的规定逐项检验。

4.2 固形物

按 GB/T 10786—2006 中 4.2.2.1 的规定执行。

4.3 氯化物

取 4.2 中固形物，按 GB 5009.44 的规定执行。

4.4 铝的测定

取 4.2 中固形物，按 GB 5009.182 的规定执行。

4.5 安全指标

按 GB 10136 的规定执行。

4.6 净含量

按 JJF 1070 的规定执行。

5 检验规则

5.1 组批规则与抽样方法

5.1.1 组批规则

在原料及生产条件基本相同下，同一天或同一班组生产的产品为一批。按批号抽样。

5.1.2 抽样方法

按 GB/T 30891—2014 的规定执行。

5.2 检验分类

5.2.1 出厂检验

每批产品应进行出厂检验。出厂检验由生产单位质量检验部门执行,检验项目为感官、净含量、固形物、微生物指标。检验合格签发检验合格证,产品凭检验合格证入库或出厂。

5.2.2 型式检验

有下列情况之一时,应进行型式检验。检验项目为本标准中规定的全部项目:

a) 停产 6 个月以上,恢复生产时;
b) 改变主要生产工艺,可能影响产品质量时;
c) 加工原料变化或生长环境发生变化时;
d) 国家质量监督机构提出进行型式检验要求时;
e) 出厂检验与上次型式检验有差异时;
f) 正常生产时,每年至少 2 次的周期性检验。

5.3 判定规则

5.3.1 感官检验所检项目全部符合 3.3 规定,合格样本数符合 GB/T 30891—2014 中表 A.1 规定,则判为批合格。

5.3.2 其他项目检验结果全部符合本标准要求时,判定为合格。

5.3.3 除微生物指标外,其他指标检验结果中若有 2 项或 2 项以上指标不符合标准规定时,则判该批产品不合格;若有 1 项指标不合格,允许加倍抽样将此项指标复检 1 次,按复检结果判定该批产品是否合格。

5.3.4 微生物指标有 1 项检验结果不合格,则判该批产品为不合格,不得复检。

6 标签、标志、包装、运输、储存

6.1 标签、标志

6.1.1 预包装产品的标签应符合 GB 7718 的规定,并需在包装上注明食用方法。营养标签应符合 GB 28050 的规定,固形物及调料包的营养成分分别标示。

6.1.2 运输包装上的标志应符合 GB/T 191 的规定。

6.2 包装

6.2.1 包装材料

所用塑料袋、纸盒、瓦楞纸箱等包装材料应洁净、坚固、无毒、无异味,质量应符合相关食品安全标准规定。

6.2.2 包装要求

一定数量的小包装,装入纸箱中。箱中产品要求排列整齐,并有产品合格证。包装应牢固、不易破损。

6.3 运输

运输工具应清洁、卫生、干燥,无异味。并有防雨、防晒设施,不得与有害、有毒、有异味物品混装运。搬运时应轻拿、轻装、轻卸。

6.4 储存

产品应储存在阴凉、清洁、卫生的仓库内,严禁与有害、有毒、有异味物品一起储存。不同品种,不同规格,不同批次的产品应分别堆垛,并用垫板垫起,堆放高度以纸箱受压不变形为宜。

ICS 67.120.30
X 20

中华人民共和国水产行业标准

SC/T 3403—2018
代替 SC/T 3403—2004

甲壳素、壳聚糖

Chitin, chitosan

2018-12-19 发布

2019-06-01 实施

中华人民共和国农业农村部 发布

前　言

本标准按照 GB/T 1.1—2009 给出的规则起草。

本标准代替 SC/T 3403—2004《甲壳质与壳聚糖》。与 SC/T 3403—2004 相比,除编辑性修改外主要内容变化如下：

——修改了标准名称和定义；

——修改了感官要求和理化指标；

——修改了安全指标；

——增加了净含量的要求；

——修改了试验方法、检验规则及标志、包装、运输与储存方面的内容；

——删除了附录 A"脱乙酰度的测定"。

请注意本文件的某些内容可能涉及专利。本文件的发布机构不承担识别这些专利的责任。

本标准由农业农村部渔业渔政管理局提出。

本标准由全国水产标准化技术委员会水产品加工分技术委员会(SAC/TC 156/SC 3)归口。

本标准起草单位:中国海洋大学、山东省海洋生物研究院、山东莱州市海力生物制品有限公司。

本标准主要起草人:林洪、米娜莎、王笑笑、毛相朝、王颖、姜明庆。

本标准所代替标准的历次版本发布情况为：

——SC/T 3403—2004。

甲壳素、壳聚糖

1 范围

本标准规定了甲壳素、壳聚糖的规格、要求、试验方法、检验规则、标志、包装、运输和储存。

本标准适用于以虾蟹壳(*shrimp and crab shells*)为原料,经化学或生物技术脱钙、脱蛋白、脱杂质等工序制成的甲壳素和壳聚糖产品,以菌丝体(*Mycelium*)、昆虫壳(*insect shell*)、鱿鱼骨(*squid bone*)等为原料制得的产品可参照本标准执行。

2 规范性引用文件

下列文件对于本文件的应用是必不可少的。凡是注日期的引用文件,仅注日期的版本适用于本文件。凡是不注日期的引用文件,其最新版本(包括所有的修改单)适用于本文件。

GB/T 191 包装储运图示标志

GB 5009.3 食品安全国家标准 食品中水分的测定

GB 5009.4 食品安全国家标准 食品中灰分的测定

GB 5009.11 食品安全国家标准 食品中总砷及无机砷的测定

GB 5009.12 食品安全国家标准 食品中铅的测定

GB 7718 食品安全国家标准 预包装食品标签通则

GB 29941—2013 食品安全国家标准 食品添加剂 脱乙酰甲壳素(壳聚糖)

GB/T 30891—2014 水产品抽样规范

JJF 1070 定量包装商品净含量计量检验规则

3 术语和定义

下列术语和定义适用于本文件。

3.1

甲壳素 chitin

化学名称:β-1,4-2-乙酰氨基-2-脱氧-D-葡聚糖。又称甲壳质或几丁质,是虾、蟹等甲壳类动物的壳经化学或生物技术脱钙、脱蛋白、脱杂质、脱色后的白色片状或粉末状物,不溶于水、稀酸、碱、乙醇或其他有机溶剂。

3.2

壳聚糖 chitosan

化学名称:β-1,4-2-氨基-2-脱氧-D-葡聚糖。又称脱乙酰甲壳素、甲壳胺、壳多糖、可溶性甲壳素等,是甲壳素脱乙酰基后得到的衍生物,不溶于水,可溶于大多数稀酸。

3.3

脱乙酰度 degree of deacetylation

壳聚糖分子氨基上脱去乙酰基的质量百分比。

4 壳聚糖的规格

4.1 脱乙酰度规格

根据脱乙酰度不同对壳聚糖制定规格,见表1。

表 1   脱乙酰度规格

规格	低脱乙酰度	中脱乙酰度	高脱乙酰度	超高脱乙酰度
脱乙酰度,%	<75.0	75.0~90.0	90.1~95.0	>95.0

4.2   黏度规格

根据黏度不同对壳聚糖制定规格,见表2。

表 2   黏度规格

规格	低黏度	中黏度	高黏度	超高黏度
黏度,mPa·s	<50	50~500	501~1 000	>1 000

5   要求

5.1   感官要求

甲壳素、壳聚糖的感官要求见表3。

表 3   感官要求

项目	工业级	食品级	
		甲壳素	壳聚糖
色泽	灰白色或微黄色	灰白色	灰白色或微黄色,有光泽(片状)
性状	片状或粉末状		
气味	壳聚糖允许有少量固有气味		
杂质	无肉眼可见外来杂质		

5.2   理化指标

甲壳素、壳聚糖的理化指标要求见表4。

表 4   理化指标

项目	工业级		食品级
水分,g/100 g	≤12.0		≤10.0
灰分,g/100 g	≤3.0(甲壳素)	≤2.0(壳聚糖)	≤1.0
酸不溶物,%	≤1.0(壳聚糖)		
pH	6.5~8.5		

5.3   安全指标

食品级的甲壳素、壳聚糖安全指标要求见表5。

表 5   安全指标

项目	指标
无机砷(以 As计),mg/kg	≤1.0
铅(Pb),mg/kg	≤2.0

5.4   净含量

应符合JJF 1070的规定。

6   试验方法

6.1   感官检验

在光线充足,无异味的环境中,将试样平摊于白色搪瓷盘或不锈钢工作台上,按5.3的规定逐项检验。

6.2 水分

按 GB 5009.3 的规定执行。

6.3 灰分

按 GB 5009.4 的规定执行。

6.4 脱乙酰度

按 GB 29941—2013 中 A.3 的规定执行。

6.5 黏度

按 GB 29941—2013 中 A.4 的规定执行。

6.6 pH

称取试样(1.0±0.1)g,按 GB 29941—2013 中 A.6 的规定执行。

6.7 酸不溶物

按 GB 29941—2013 中 A.5 的规定执行。

6.8 无机砷

按 GB 5009.11 的规定执行。

6.9 铅

按 GB 5009.12 的规定执行。

6.10 净含量

按 JJF 1070 的规定执行。

7 检验规则

7.1 组批规则与抽样方法

7.1.1 组批规则

在原料及生产条件基本相同下,同一天或同一班组生产的产品为一批。

7.1.2 抽样方法

按 GB/T 30891—2014 的规定执行。

7.2 检验分类

7.2.1 出厂检验

每批产品必须进行出厂检验。出厂检验由生产单位质量检验部门执行,检验项目为规格、感官、理化指标等主要技术指标,检验合格签发检验合格证明,产品凭检验合格证明入库或出厂。

7.2.2 型式检验

有下列情况之一时,应进行型式检验。检验项目为本标准中规定的全部项目:
a) 新产品试制时;
b) 停产 6 个月以上,恢复生产时;
c) 原料变化或主要生产工艺改变,可能影响产品质量时;
d) 加工原料来源或生长环境发生变化时;
e) 国家质量监督机构提出进行型式检验要求时;
f) 出厂检验与上次型式检验有差异时;
g) 正常生产时,每年至少 2 次的周期性检验。

7.3 判定规则

7.3.1 感官检验所检项目全部符合 5.3 规定,合格样本数符合 GB/T 30891—2014 中附录 A 的规定,则判为合格。

7.3.2 净含量应符合 JJF 1070 的规定。

7.3.3 其他项目检验结果全部符合本标准规定时,判该批产品为合格品。

7.3.4 所检项目中若有 1 项指标不符合标准规定时,允许加倍抽样将此项指标复验 1 次,按复验结果判定该批产品是否合格。

7.3.5 所检项目中若有 2 项或 2 项以上指标不符合标准规定时,则判该批产品不合格。

8 标志、包装、运输、储存

8.1 标志

8.1.1 食品级预包装产品的标签按 GB 7718 的规定执行;

8.1.2 工业级产品应在产品包装上标明产品名称、规格(脱乙酰度、黏度、包装等)、生产者名称、地址、生产日期或批号、净含量、储运要求等。

8.1.3 运输包装上的标志应符合 GB/T 191 的规定。

8.2 包装

8.2.1 包装材料

所用包装材料应洁净、坚固、无毒、无异味,食品级包装材料的质量应符合相关食品安全标准规定。

8.2.2 包装要求

包装应密封、牢固、防潮、不易破损。

8.3 运输

运输工具应清洁、卫生、防雨,运输中防止受潮、日晒、火灾及有害物质的污染和其他损害,装卸时应注意防止机械损伤。运输中不得和有毒、易腐物品堆放一起。

8.4 储存

应储存在干燥、阴凉的库房中,防止受潮、日晒、火灾、有害物质的污染及其他损害。

———————————

ICS 67.050
X 20

中华人民共和国水产行业标准

SC/T 3405—2018

海藻中褐藻酸盐、甘露醇含量的测定

Determination of alginate and mannitol in seaweed

2018-12-19 发布
2019-06-01 实施

中华人民共和国农业农村部 发布

前　言

本标准按照 GB/T 1.1—2009 给出的规则起草。

请注意本文件的某些内容可能涉及专利。本文件的发布机构不承担识别这些专利的责任。

本标准由农业农村部渔业渔政管理局提出。

本标准由全国水产标准化技术委员会水产品加工分技术委员会(SAC/TC 156/SC 3)归口。

本标准起草单位:全国水产技术推广总站、中国水产科学研究院黄海水产研究所、青岛明月海藻集团有限公司、青岛海之林生物科技开发有限公司。

本标准主要起草人:尚德荣、翟毓秀、赵艳芳、宁劲松、郭莹莹、关景象、张国防、陈宏、盛晓风、丁海燕。

海藻中褐藻酸盐、甘露醇含量的测定

1 范围

本标准规定了海藻中褐藻酸盐（又称海藻酸盐）、甘露醇含量的测定及结果处理。

本标准适用于海藻中褐藻酸盐、甘露醇含量的测定。

2 规范性引用文件

下列文件对于本文件的应用是必不可少的。凡是注日期的引用文件，仅注日期的版本适用于本文件。凡是不注日期的引用文件，其最新版本（包括所有的修改单）适用于本文件。

GB/T 601 化学试剂 标准滴定溶液的制备

GB/T 5009.1 食品卫生检验方法 理化部分 总则

GB/T 6682 分析实验室用水规格和试验方法

3 海藻中褐藻酸盐的测定方法 醋酸钙法

3.1 原理

藻体中的褐藻酸盐加盐酸后转化为褐藻酸，然后加入醋酸钙溶液，转化反应生成褐藻酸钙，用氢氧化钠标准溶液滴定溶液中的褐藻酸钙。

3.2 试剂

除非另有说明，本方法所用试剂均为分析纯，水为 GB/T 6682 规定的三级水。

3.2.1 盐酸溶液（2 mol/L）：量取 18 mL 浓盐酸加适量水并稀释至 100 mL。

3.2.2 硝酸银溶液（0.1 mol/L）：称取 1.75 g 硝酸银，加适量水使之溶解，并稀释至 100 mL，混匀，避光保存 1 个月。

3.2.3 醋酸钙溶液（0.1 mol/L）：称取无水醋酸钙 1.7618 g，加适量水溶解并稀释至 100 mL，常温保存 1 个月。

3.2.4 氢氧化钠标准溶液（0.1 mol/L）：按 GB/T 601 中的规定配制及标定，或直接购买标准溶液。

3.2.5 酚酞指示液（10 g/L）：称取 1.0 g 酚酞，溶于适量乙醇中再稀释至 100 mL。

3.3 仪器和设备

3.3.1 高速粉碎机。

3.3.2 分析天平：感量为 0.1 mg。

3.3.3 真空抽滤泵。

3.3.4 碱式滴定管：50 mL，最小刻度为 0.1 mL。

3.4 测定

3.4.1 试样制备

干样品经高速粉碎机粉碎，鲜、冻样品取可食用部分烘干粉碎后，通过孔径为 60 目的标准筛，避光密闭保存或低温冷藏。

3.4.2 测定步骤

准确称取试样 1 g（精确至 0.001 g），加盐酸溶液（3.2.1）30 mL，搅拌均匀，浸泡 12 h，通过孔径 30 μm 中速定性滤纸真空抽滤，加蒸馏水水洗滤渣中的氯离子，直至用硝酸银溶液（3.2.2）检测滤液中无氯化银的乳白色析出为止。

将滤渣置于250 mL碘量瓶中,加入醋酸钙溶液(3.2.3)30 mL,搅拌均匀,浸泡转化2 h后加50 mL蒸馏水,摇匀,用氢氧化钠标准溶液(3.2.4)滴定,酚酞指示液(3.2.5)作指示液,终点是由无色突变为红色且30 s内不褪色。

同时做试剂空白实验。

3.5 计算

试样中褐藻酸盐的含量按式(1)计算。

$$X = \frac{(V-V_0) \times c \times 0.2160}{m} \times 100 \quad \cdots\cdots\cdots\cdots\cdots\cdots\cdots\cdots\cdots\cdots\cdots (1)$$

式中:

X ——试样中褐藻酸盐的含量(以褐藻酸钠计),单位为克每百克(g/100 g);

V ——滴定样液消耗氢氧化钠标准溶液的体积,单位为毫升(mL);

V_0 ——滴定空白样液消耗氢氧化钠标准溶液的体积,单位为毫升(mL);

c ——氢氧化钠标准溶液的浓度,单位为摩尔每升(mol/L);

0.216 0 ——与1.00 mL氢氧化钠标准滴定溶液[c(NaOH)=1.000 mol/L]相当的褐藻酸钠的质量,单位为克(g);

m ——样品的质量,单位为克(g);

100 ——单位换算系数。

计算结果保留至小数点后1位数字。

3.6 精密度

在重复性条件下获得的2次独立测定结果的绝对差值不得超过算术平均值的2%。

4 海藻中甘露醇的测定方法 高碘酸氧化法

4.1 原理

甘露醇含有多个羟基,易被氧化剂高碘酸迅速氧化成醛,而藻体内的糖及多糖(不包括淀粉)与高碘酸作用较慢,根据碘量分析法,用硫代硫酸钠滴定可以间接地测定含醇量。

4.2 试剂

除非另有说明,本方法所用试剂均为分析纯,水为GB/T 6682规定的三级水。

4.2.1 硫酸溶液(2 mol/L):量取109 mL 98%浓硫酸,缓缓贴壁注入盛有700 mL水的烧杯中,并不断搅拌,冷却至室温,用水稀释至1 000 mL,混匀。

4.2.2 硫酸溶液(0.05 mol/L):量取2.7 mL 98%浓硫酸,缓缓贴壁注入盛有500 mL水的烧杯中,并不断搅拌,冷却至室温,用水稀释至1 000 mL,混匀。

4.2.3 高碘酸溶液(0.1 mol/L):称取22.8 g二水合高碘酸或19.1 g过碘酸加水溶解,稀释至1 000 mL,4℃避光保存6个月。

4.2.4 硫代硫酸钠标准溶液(0.1 mol/L):按GB/T 5009.1中的规定配制及标定。

4.2.5 碘化钾溶液(150 g/L):称取15.0 g碘化钾用水溶解并稀释至100 mL,储存于棕色瓶中,现用现配。

4.2.6 淀粉溶液(5 g/L):取0.5 g可溶性淀粉于50 mL烧杯中,加入少许水,调成糊状,注入100 mL沸水中搅拌后再煮沸,冷却备用,现用现配。

4.3 仪器与设备

4.3.1 高速粉碎机。

4.3.2 恒温水浴锅。

4.3.3 分析天平:感量为 0.1 mg。

4.3.4 碱式滴定管:50 mL,最小刻度为 0.1 mL。

4.4 测定

4.4.1 试样制备

干样品经高速粉碎机粉碎,鲜、冻样品取可食用部分烘干粉碎后,通过孔径为 60 目的标准筛,避光密闭保存或低温冷藏。

4.4.2 测定步骤

准确称取试样 0.1 g(精确至 0.001 g)于 250 mL 碘量瓶中,加入 10 mL 硫酸溶液(4.2.1),摇匀,置于沸水浴上浸提 30 min,冷却后准确加入 5 mL 高碘酸溶液(4.2.3),反应 60 s 后,立即沿瓶壁加入 20 mL 硫酸溶液(4.2.2)和 5 mL 碘化钾溶液(4.2.5),混匀。用硫代硫酸钠标准溶液(4.2.4)滴定至浅黄色,加入 1 mL 淀粉溶液(4.2.6),继续滴至蓝色消失,持续 30 s 不变色即为终点。

同时做试剂空白试验。

4.5 计算

试样中甘露醇的含量按式(2)计算。

$$X' = \frac{(V'_0 - V') \times c' \times 0.0182}{m} \times 100 \quad\cdots\cdots\cdots\cdots\cdots\cdots\cdots (2)$$

式中:

X' ——试样中甘露醇的含量,单位为克每百克(g/100 g);

V'_0 ——滴定试剂空白消耗的硫代硫酸钠标准溶液的体积,单位为毫升(mL);

V' ——滴定样品消耗硫代硫酸钠标准溶液的体积,单位为毫升(mL);

c' ——硫代硫酸钠标准溶液的浓度,单位为摩尔每升(mol/L);

0.018 2 ——与 1.00 mL 硫代硫酸钠标准溶液[$c(Na_2S_2O_3) = 0.100$ mol/L]相当的甘露醇的质量,单位为克(g)。

计算结果保留至小数点后 1 位数字。

4.6 精密度

在重复性条件下获得的 2 次独立测定结果的绝对差值不得超过算术平均值的 2%。

ICS 67.050
X 20

中华人民共和国水产行业标准

SC/T 3406—2018

褐 藻 渣 粉

Brown algae residue powder

2018-12-19 发布

2019-06-01 实施

中华人民共和国农业农村部 发布

前　　言

本标准按照 GB/T 1.1—2009 给出的规则起草。

请注意本文件的某些内容可能涉及专利。本文件的发布机构不承担识别这些专利的责任。

本标准由农业农村部渔业渔政管理局提出。

本标准由全国水产标准化技术委员会水产品加工分技术委员会(SAC/TC 156/SC 3)归口。

本标准起草单位:全国水产技术推广总站、中国水产科学研究院黄海水产研究所、青岛隆安生物科技有限公司、青岛聚大洋藻业集团有限公司。

本标准主要起草人:尚德荣、宁劲松、赵艳芳、翟毓秀、朱文嘉、刘云峰、吴仕鹏、关景象、孙晓杰、盛晓风、丁海燕。

褐 藻 渣 粉

1 范围

本标准规定了褐藻渣粉的术语和定义、要求、检验方法、检验规则、标签、包装、储存、运输。

本标准适用于以生产褐藻胶后的藻渣为原料,经干燥粉碎制成的产品,非食用。其他藻渣参照执行。

2 规范性引用文件

下列文件对于本文件的应用是必不可少的。凡是注日期的引用文件,仅注日期的版本适用于本文件。凡是不注日期的引用文件,其最新版本(包括所有的修改单)适用于本文件。

GB/T 6432 饲料中粗蛋白测定方法

GB/T 6435 饲料水分的测定方法

GB/T 6438 饲料中粗灰分的测定

GB 10648 饲料标签

GB 13078 饲料卫生标准

GB/T 14699.1 饲料 采样

JJF 1070 定量包装商品净含量计量检验规则

3 术语和定义

下列术语和定义适用于本文件。

3.1

褐藻渣粉 brown algae residue powder

将海带、巨藻等褐藻在生产褐藻胶过程中产生的藻渣,经干燥粉碎后制成的产品。

4 要求

4.1 感官要求

应符合表1的规定。

表 1 感官要求

项目	要 求
色泽	具有本产品应有的黄褐色或褐色
气味	具有本产品应有的气味,无异味
外观	粉末状、质地均匀、无发霉、无变质
杂质	无异物

4.2 理化指标

应符合表2的规定。

表 2 理化指标

项 目	指 标
水分,%	≤18.0
粗蛋白质,%	≥10.0
粗灰分,%	≤28.0

4.3 安全指标

作为饲料原料用应符合 GB 13078 的规定。

4.4 净含量

预包装产品的净含量应符合 JJF 1070 的规定。

5 检验方法

5.1 感官检验

在光线充足、无异味或其他干扰的环境下，将样品置于清洁的白色搪瓷盘或不锈钢工作台上进行感官检验，按 4.1 的要求逐项检验。

5.2 水分

按 GB/T 6435 的规定执行。

5.3 粗蛋白质

按 GB/T 6432 的规定执行。

5.4 粗灰分

按 GB/T 6438 的规定执行。

6 检验规则

6.1 组批规则与抽样方法

6.1.1 组批规则

在原料及生产工艺基本相同的条件下，同一天或同一班组生产的产品为一批。

6.1.2 抽样方法

按 GB/T 14699.1 的规定执行。

6.2 产品检验

6.2.1 出厂检验

每批产品应进行出厂检验。出厂检验由生产单位质量检验部门执行，检验项目为感官、理化指标。检验合格后签发检验合格证，产品凭检验合格证出厂。

6.2.2 型式检验

有下列情况下之一时应进行型式检验。型式检验的项目为本标准中规定的全部项目：

1) 国家质量监督机构提出进行型式检验要求时；
2) 出厂检验与上次型式检验有较大差异时；
3) 生产环境改变时。

6.3 判定规则

6.3.1 所检项目的结果全部符合标准规定的判为合格批。

6.3.2 检验中如有一项指标不符合标准，应重新取样进行复检，复检结果中有一项不合格者即判定为不合格。

7 标签、包装、储存、运输

7.1 标签

按 GB 10648 的规定执行。

7.2 包装

所用包装材料应清洁卫生、无毒、无污染；包装材料应有防潮、抗拉性能；包装封口应严密牢固。

7.3 储存

产品应储存于通风、清洁、干燥的仓库内,防止受潮和有害物质的污染。

7.4 运输

产品运输时,运输工具应清洁卫生,且不得与有毒有害物质等混装、混运;运输中应有通风并能防止日晒、雨淋与破损的措施。

————————————

ICS 65.150
B 56

中华人民共和国水产行业标准

SC/T 4039—2018
代替 SC 110—1983

合成纤维渔网线试验方法

Testing method for synthetic fiber netting twine

2018-05-07 发布

2018-09-01 实施

中华人民共和国农业农村部 发布

前　　言

本标准按照 GB/T 1.1—2009 给出的规则起草。

请注意本文件的某些内容可能涉及专利。本标准的发布机构不承担识别这些专利的责任。

本标准代替 SC 110—1983《合成纤维渔网线试验方法》。与 SC 110—1983 相比,除编辑性修改外主要技术变化如下:

——增加了规范性引用文件;

——增加了术语和定义;

——增加了试验通则;

——增加了人工老化试验;

——增加了试验次数;

——增加了数值修约;

——增加了试验报告;

——删除了技术条件;

——删除了试验项目;

——删除了附加说明。

本标准由农业农村部渔业渔政管理局提出。

本标准由全国水产标准化技术委员会渔具及渔具材料分技术委员会(SAC/TC 156/SC 4)归口。

本标准起草单位:中国水产科学研究院东海水产研究所、海安中余渔具有限公司、江苏昇和塑业有限公司、湛江市经纬网厂、荣成市铭润绳网新材料科技有限公司、三沙美济渔业开发有限公司、上海海洋大学、中国东莞市方中运动制品有限公司、中国水产科学研究院渔业机械仪器研究所、农业农村部绳索网具产品质量监督检验测试中心。

本标准主要起草人:石建高、曹文英、钟文珠、黄南婷、张亮、余雯雯、张春文、刘永利、王磊、周文博、陈晓雪、孟祥君、赵奎、徐学明。

本标准所代替标准的历次版本发布情况为:

——SC 110—1983。

合成纤维渔网线试验方法

1 范围

本标准给出了合成纤维渔网线的术语和定义,规定了试验通则、试验方法和试验报告的要求。

本标准适用于合成纤维渔网线的试验。

2 规范性引用文件

下列文件对于本文件的应用是必不可少的。凡是注日期的引用文件,仅注日期的版本适用于本文件。凡是不注日期的引用文件,其最新版本(包括所有的修改单)适用于本文件。

GB/T 6965 渔具材料试验基本条件 预加张力

GB/T 8170 数值修约规则与极限数值的表示和判定

GB/T 16422.3 塑料 实验室光源暴露试验方法 第3部分:荧光紫外灯

SC/T 4022 渔网 网线断裂强力和结节断裂强力的测定

SC/T 4023 渔网 网线伸长率的测定

SC/T 5001 渔具材料基本术语

SC/T 5014 渔具材料试验基本条件 标准大气

3 术语和定义

SC/T 5001 界定的以及下列术语和定义适用于本文件。为了便于使用,以下重复列出了 SC/T 5001 中的一些术语和定义。

3.1

综合线密度(ρ_z) **resultant linear density**

网线的线密度。单位用 tex 表示,并在数值前加字母 R。

示例:

以单纱捻制的规格为 ρ_z 23×18 的网线,从单纱计算出来的该网线总线密度 ρ_{zt}＝23 tex×18＝414 tex,而测试出来的综合线密度 ρ_z＝R460 tex,测试出来的综合线密度 ρ_z 与计算出来的总线密度 ρ_{zt} 之间的差数为 46 tex,这种差数主要是该网线在捻制时由于加捻工序所引起网线线密度的增加而造成的。

注:改写 SC/T 5001—2014,定义 2.7.4。

3.2

断裂强力 **strength,breaking load;breaking force;maximum force**

材料被拉伸至断裂时所能承受的最大负荷。

注:断裂强力亦称强力,单位一般以 N 表示。

[SC/T 5001—2014,定义 2.34.1]

3.3

网线断裂强力 **breaking load of netting twine;breaking load of netting yarns**

网线断裂试验中所测得的最大强力。

注:网线断裂强力可分为干断裂强力、湿断裂强力、干结节断裂强力、湿结节断裂强力。

[SC/T 5001—2014,定义 2.34.1.1]

3.4

结强力 **knot strength**

网线打结后(死结、活结等),在打结处的断裂强力。

注:改写 SC/T 5001—2014,定义 2.34.7。

3.5

死结强力 weaver's knot strength

网线打死结后,在打结处的断裂强力。

注:改写 SC/T 5001—2014,定义 2.34.7.1。

3.6

活结强力 reef knot strength

网线打活结后,在打结处的断裂强力。

注:改写 SC/T 5001—2014,定义 2.34.7.2。

3.7

单线结强力 overhand knot strength

网线打单线结后,在打结处的断裂强力。

注:改写 SC/T 5001—2014,定义 2.34.7.3。

3.8

断裂伸长率 percentage of breaking elongation, elongation at break

网线被拉伸到断裂时所产生的伸长值对其原长度的百分数。

注:改写 SC/T 5001—2014,定义 2.36.9。

3.9

捻度(T_m) amount of twist

网线上一定长度内的捻回数。

注:捻度单位以 T/m 表示。

注:改写 SC/T 5001—2014,定义 2.8。

3.10

捻缩率 percentage of twist shrinkage

单纱加捻成网线后长度的缩短值对其原长度的百分比。以式(1)表示。

$$u = \frac{L_1 - L_2}{L_1} \times 100 \quad\cdots\cdots\cdots\cdots\cdots\cdots\cdots\cdots\cdots\cdots\cdots\cdots\cdots \quad (1)$$

式中:

u ——捻缩率,单位为百分率(%);

L_1——单纱长度,单位为毫米(mm);

L_2——网线长度,单位为毫米(mm)。

注:改写 SC/T 5001—2014,定义 2.8.21.1。

3.11

回潮率 moisture regain

纤维材料及其制品的含水重量与干燥重量之差数,对其干燥重量的百分比。

[SC/T 5001—2014,定义 2.26]

3.12

公定回潮率 official regain, convention moisture regain

为贸易和检验等要求,对纤维材料及其制品所规定的回潮率。

[SC/T 5001—2014,定义 2.26.2]

3.13

实测回潮率 actual regain

在某一温、湿度条件下实际测得的回潮率。

[SC/T 5001—2014,定义 2.26.3]

3.14

含水率 moisture content

纤维材料及其制品的含水重量与干燥重量之差数,对其含水重量的百分比。

[SC/T 5001—2014,定义 2.27]

3.15

吸水率 water absorption

网线在水中吸水后的重量与干燥重量之差数,对其吸水重量的百分比。

3.16

公量 conditioned weight

网线按公定回潮率折算的重量。

注:改写 SC/T 5001—2014,定义 2.32。

3.17

收缩率 shrinkage

材料经处理(浸水、热定型或树脂处理等)后长度的变化值对其原长度的百分比。

[SC/T 5001—2014,定义 2.33]

3.18

弹性恢复率 elastic recovery

材料的弹性伸长在其总伸长中所占的百分比。

注:弹性恢复率又称弹性恢复系数或弹性度。

[SC/T 5001—2014,定义 2.37.3]

3.19

耐老化性 ageing stability

材料抵抗光、热、氧、水分、机械应力及辐射能等作用,而不使自身脆化的能力。

注:耐老化性用材料老化后的强力保持率(即老化系数)来表示,并以外观和尺寸变化程度作为另一指标。

[SC/T 5001—2014,定义 2.41]

3.20

强力保持率 rate of preservation of strength

网线经试验后的剩余强力对其总强力的百分比。

注:改写 SC/T 5001—2014,定义 2.34.14。

3.21

伸长率保持率 rate of preservation of elongation

网线经试验后的断裂伸长率对其试验前的断裂伸长率的百分比。

4 试验通则

4.1 组批和抽样

相同工艺制造的同一原料、同一规格的合成纤维渔网线为一批,但每批质量不超过 2 t。同批产品中随机抽样不得少于 5 袋(箱、包、盒)。在抽取的袋(箱、包、盒)中任取 10 绞(卷、轴、筒)样品进行检验。不要抽取在运输途中意外受潮、擦伤或包装已经打开的绞(卷、轴、筒)装。取样时应充分满足试样数量和长度的要求,在拆取的过程中,应保持试样结构状态不变,避免捻度的损失和使试样受意外张力。

4.2 调湿和试验用标准大气

调湿和试验用标准大气应符合 SC/T 5014 的规定。

4.3 试验条件

4.3.1 试样状态

4.3.1.1 干态

在调湿和试验用标准大气的试验室内,将试样放置平衡 6 h 以上,即为试样的干态。

4.3.1.2 湿态

将试样置于(20±2)℃的水中浸泡 6h 以上,即为试样的湿态。

4.3.2 预加张力

试样预加张力应符合 GB/T 6965 的规定。

4.4 试验次数

试验次数按表 1 的规定执行。

表 1 试验次数

样品	项 目														
	直径 mm	综合线密度 tex	断裂强力 N	结强力 N	断裂伸长率 %	捻度 T	捻缩率 %	回潮率 %	含水率 %	吸水率 %	公量 g	收缩率 %	弹性恢复率 %	强力保持率 %	伸长率保持率 %
每组样品数	10	10	10	10	10	10	10	10	10	10	10	10	10	10	10
单位样品次数	1	1	3	3	3	1	1	2	2	3	2	1	1	1	1
总次数	10	10	30	30	30	10	10	10	10	10	10	10	10	10	10

4.5 数值修约

试验结果按 GB/T 8170 的规定进行修约,具体要求见表 2。

表 2 试验结果数据处理

项 目														
直径 mm	综合线密度 tex	捻度 T	捻缩率 %	断裂强力 N	断裂伸长率 %	结强力 N	回潮率 %	含水率 %	公量 g	吸水率 %	收缩率 %	弹性恢复率 %	强力保持率 %	伸长率保持率 %
两位小数	三位有效数字	一位小数	三位小数	三位有效数字	整数	三位有效数字	一位小数	一位小数	一位小数	一位小数	一位小数	整数	整数	一位小数

5 试验方法

5.1 外观检验

外观质量检验应在光线充足的自然条件或白炽灯光下逐个试样进行。

5.2 直径测量

直径测量宜用圆棒法。在预加张力的作用下,将试样卷绕在直径约为 50 mm 的圆棒上,至少 20 圈以上,用分辨力不大于 0.02 mm 的游标卡尺测量其中 10 圈的宽度(精确到 0.02 mm),取其直径的算术平均值,试验结果取所有试样的算术平均值,以 mm 表示,如图 1 所示。

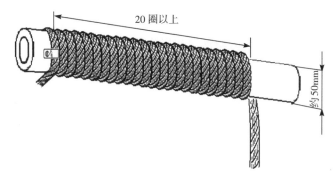

图 1　圆棒法

5.3　综合线密度测定

在测长仪上对被测网线施加预加张力后,量取 1 m 长试样 10 根,如图 2 所示,采用感量不大于 0.001 g 的天平称取质量,按式(2)计算试样的综合线密度,单位为 tex。

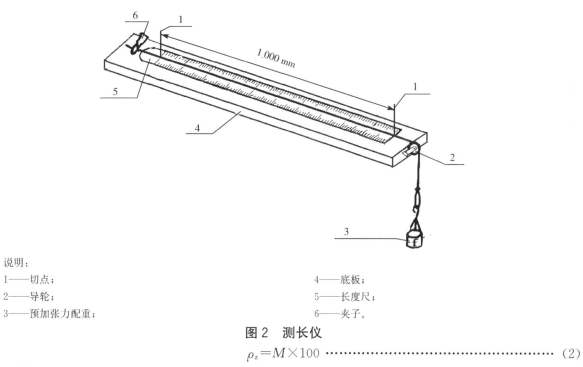

说明:
1——切点;
2——导轮;
3——预加张力配重;
4——底板;
5——长度尺;
6——夹子。

图 2　测长仪

$$\rho_z = M \times 100 \quad\cdots\cdots\cdots\cdots\cdots\cdots\cdots\cdots\cdots\cdots\cdots\cdots\cdots (2)$$

式中:

ρ_z——网线综合线密度,单位为特克斯(tex);

M——预加张力下所测得 1 m 长试样 10 根的质量,单位为克(g)。

5.4　捻度与捻缩率测定

取长度为(250±1) mm 的试样,在预加张力作用下,夹入纱线捻度计夹具,将其退捻至各股平行,把退捻的捻回数(精确至 1 捻回)换算成每米的捻回数,即为网线的捻度,并记录捻向;剪去其他各股,保留其中任意一股,再行退捻,将退捻的捻回数换算成每米的捻回数,即为股捻度,并记录捻向。

将试样退捻至单纱后,留下任意一根单纱,在(250±25) m 单纱自重的预加张力作用下,测量单纱的长度 X_1(精确至 1 mm),按式(3)计算网线捻缩率 u(取一位小数)。

$$u = \frac{L_3 - 250}{L_3} \times 100 \quad\cdots\cdots\cdots\cdots\cdots\cdots\cdots\cdots\cdots\cdots\cdots (3)$$

式中：

L_3——试样退捻至单纱后的单纱长度，单位为毫米(mm)。

5.5 断裂强力、断裂伸长率、死结强力、活结强力和单线结强力的测定

5.5.1 断裂强力的测定

按 SC/T 4022 的规定执行。

5.5.2 断裂伸长率的测定

按 SC/T 4023 的规定执行。

5.5.3 死结强力的测定

按 SC/T 4022 的规定执行。应在测试前打好所有网结，并用手将网结轻轻拉紧。试样应用死结进行测试。死结的 4 个末端应固定在夹具内。每个夹具夹持同一根线的两端，线两端的长度相等。如果试样不在网结处断裂，那么本次试验应被去除。如图 3 所示。

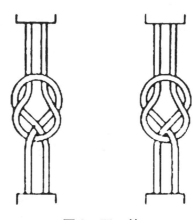

图 3 死 结

5.5.4 活结强力的测定

按 SC/T 4022 的规定执行。应在测试前打好所有网结，并用手将网结轻轻拉紧。试样应用活结进行测试。活结的 4 个末端应固定在夹具内。每个夹具夹持同一根线的两端，线两端的长度相等。如果试样不在网结处断裂，那么本次试验应被去除。如图 4 所示。

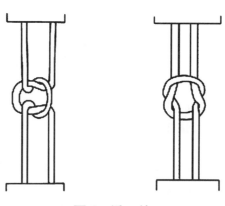

图 4 活 结

5.5.5 单线结强力的测定

按 SC/T 4022 的规定执行，在试样中部作单线结后，测得网线的单线结强力，测定单线结强力时，作结方向应与网线捻向相同，如果试样不在网结处断裂，那么本次试验应被去除。如图 5 所示。

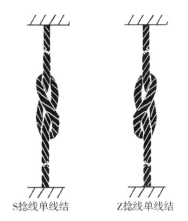

S捻线单线结　　　　Z捻线单线结

图5　单线结

5.6　回潮率、含水率和公量测定

5.6.1　试验仪器

5.6.1.1　烘箱

附有天平的箱内称重装置和恒温控制装置的通风式烘箱,烘箱的温度偏差±3℃。

5.6.1.2　天平

5.6.1.2.1　具有适宜的称量范围,最小分度值0.01 g,用于箱内热称法测定试样烘前质量。

5.6.1.2.2　具有适宜的称量范围,最小分度值0.001 g。用于箱外冷称法测定试样烘前质量和烘后质量。

5.6.2　试验方法和步骤

5.6.2.1　箱内热称法

箱内热称法按以下方法和步骤进行试验:

a)　称取试样50 g,精确至0.01 g;

b)　将烘箱预热至干燥温度(105±3)℃后放入试样;

c)　试样放入烘箱后开始计时,烘至1 h后开始称量,以后每隔10 min称量一次,称量精确至0.01 g,烘至恒重(当前后两次称重之差值小于后一次重量的0.1%时,即可视为恒重),将最后一次称量的质量记为烘后质量。称量应关闭电源后约30 s进行,每次称完8个试样不应超过5 min,每个样品试验结果取平行样的算数平均值。

5.6.2.2　箱外冷称法

箱外冷称法按以下方法和步骤进行试验:

a)　取试样约10 g,放入称量盒一起称量,精确至0.001 g;

b)　将烘箱预热至干燥温度(105±3)℃,将已装有试样的称量盒放入烘箱,并打开试样盒盖;

c)　称量盒放入烘箱后开始计时,烘至1 h后迅速盖上称量盒盖,放入干燥器,冷却至室温后称量。称量前应瞬时打开盒盖再盖上,每个样品试验结果取平行样的算数平均值。

5.6.3　结果计算

5.6.3.1　含水率

试样的含水率按式(4)计算。

$$W_i = \frac{m_{i0} - m_{i1}}{m_{i0}} \times 100 \quad \cdots\cdots\cdots\cdots\cdots\cdots\cdots\cdots\cdots\cdots\cdots\cdots\cdots\cdots\cdots \text{(4)}$$

式中:

W_i——第i个试样的含水率,单位为百分率(%);

m_{i0}——第 i 个试样烘干前质量,单位为克(g);

m_{i1}——第 i 个试样烘后质量,单位为克(g)。

5.6.3.2 回潮率

试样的回潮率按式(5)计算。

$$R_i = \frac{m_{i0} - m_{i1}}{m_{i1}} \times 100 \quad \cdots\cdots\cdots\cdots\cdots\cdots\cdots\cdots\cdots\cdots\cdots\cdots (5)$$

式中:

R_i——第 i 个试样的回潮率,单位为百分率(%)。

5.6.3.3 平均回潮率

试样的平均回潮率按式(6)计算。

$$R = \frac{\sum_{i=1}^{n} R_i}{n} \quad \cdots\cdots\cdots\cdots\cdots\cdots\cdots\cdots\cdots\cdots\cdots\cdots\cdots (6)$$

式中:

R ——平均回潮率,单位为百分率(%);

n ——试样个数。

5.6.3.4 公量

试样的公量按式(7)计算。

$$G = G_0 \times \frac{100 + R_g}{100 + R_{sc}} \quad \cdots\cdots\cdots\cdots\cdots\cdots\cdots\cdots\cdots\cdots\cdots (7)$$

式中:

G ——公量,单位为克(g);

G_0 ——实测重量,单位为克(g);

R_g ——公定回潮率,单位为百分率(%);

R_{sc} ——实测回潮率,单位为百分率(%)。

5.7 吸水率测定

5.7.1 试验仪器

5.7.1.1 天平

具有适宜的称量范围,天平感量不大于 0.000 1 g。

5.7.1.2 烘箱

具有强制对流或真空系统,能控制在(50.0±2.0)℃。

5.7.2 试验方法和步骤

a) 称取试样 5 g 左右,将试样放在(50.0±2.0)℃的烘箱内至少干燥 24 h,然后在干燥器内冷却至室温,称量每个试样,精确至 0.000 1 g(质量 m_1);

b) 将试样放入盛有蒸馏水的容器内,使试样完全浸泡在蒸馏水中,水温控制在(23±1)℃;

c) 浸泡(24±1)h 后,取出试样,用清洁布或滤纸迅速擦去试样表面所有的水,再次称量每个试样,精确至 0.000 1 g(质量 m_2)。在水中取出试样应在 1 min 内完成称量,每个样品试验结果取平行样的算数平均值。

5.7.3 结果计算

试样吸水率按式(8)计算。

$$c = \frac{m_2 - m_1}{m_1} \times 100 \quad \cdots\cdots\cdots\cdots\cdots\cdots\cdots\cdots\cdots\cdots\cdots (8)$$

式中：

c ——试样的吸水率，单位为百分率（%）；

m_1——浸泡前干燥后试样的质量，单位为克（g）；

m_2——浸泡后试样的质量，单位为克（g）。

5.8 收缩率测定

5.8.1 试验仪器

测长仪（见图2）。

5.8.2 试验方法和步骤

a) 试样在预加张力作用下，用测长仪量取1 000 mm长度，并在两端作记号。

b) 经过吸水或其他处理后，再按同法量取两记号间的长度L_1（精确到1 mm）。

5.8.3 结果计算

试样收缩率按式（9）计算。

$$S = \frac{1000 - X_1}{1000} \times 100 \quad\quad\quad (9)$$

式中：

S ——收缩率，单位为百分率（%）；

X_1——收缩后长度，单位为毫米（mm）。

5.9 弹性恢复率测定

5.9.1 试验设备

采用准确度优于1.0%的拉力试验机进行试验，该试验机应具有载荷预设和位移测量功能。

5.9.2 拉伸速度

拉伸速度为（300±30）mm/min。

5.9.3 试验方法和步骤

a) 将试验机夹具间距调整为（500±1）mm，按GB/T 6965的规定设定预加张力，夹入试样加载至预加张力后，记录位移量ΔY_0，精确至0.01 mm；

b) 设定载荷为试样断裂强力的80%，加载至设定载荷，记录位移量ΔY_1，精确至0.01 mm；

c) 将试验机返回至初设的夹具间距，按GB/T 6965的规定设定预加张力，2 min后加载至预加张力后，记录位移量ΔY_2，精确至0.01 mm。

5.9.4 结果计算

弹性恢复率按式（10）计算。

$$E_h = \frac{\Delta Y_1 - \Delta Y_2}{\Delta Y_1} \times 100 \quad\quad\quad (10)$$

式中：

E_h ——弹性恢复率，单位为百分率（%）；

ΔY_1——试样加载至断裂强力的30%时的位移量，单位为毫米（mm）；

ΔY_2——试样返回至初设间距后，加载至预加张力时的位移量，单位为毫米（mm）。

5.10 耐老化性试验

5.10.1 人工老化试验

5.10.1.1 人工老化试验条件

5.10.1.1.1 按GB/T 16422.3的规定进行人工老化试验。

5.10.1.1.2 黑标温度采用干燥（60±3）℃，凝露（50±3）℃。

5.10.1.1.3 暴露周期选择8 h干燥，4 h凝露，试验周期300 h。

5.10.1.2 **试验方法和步骤**

a) 将试样分为两组,一组试样留下,一组试样进行人工老化试验;

b) 将一组试样放入试验箱中,按5.10.1.1的规定进行人工老化试验;

c) 将人工老化试验后取出的试样与留下的试样一起在 SC/T 5014 规定的标准大气条件下进行调湿,调湿时间 24 h 以上;

d) 对两组试样进行外观对比后,再进行断裂强力和断裂伸长率测定。

5.10.2 **大气老化试验**

5.10.2.1 通过某一地区的大气综合因素(包括日照、热、氧、水分等)对试样的破坏作用来鉴定其大气老化性能。

5.10.2.2 大气老化试验应在空旷、平坦、四周无高大建筑物及障碍物场所进行,试验期间应记录有关气象资料,试验设备为曝露架(图6);曝露架置正南向,倾角 Φ 为当地的地理纬度(精确至1°);相邻两框架的间距,以互不遮阳便于工作为原则,一般可采用 1 m～1.5 m;试样与安装在框架上的瓷绝缘子固结。瓷绝缘子间距 20 mm,试样一律纵向排列(南北向)。

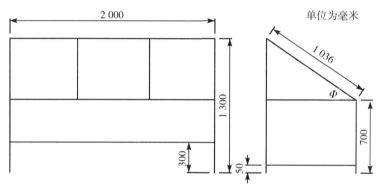

图6 暴露架

5.10.2.3 将试样分为三组,一组试样进行外观、断裂强力和断裂伸长率测定,一组试样留下作外观对比试验,一组试样进行大气老化试验。

5.10.2.4 将试样安放在暴露架上进行大气老化试验,暴露周期为一年。

5.10.2.5 将大气老化试验后的试样与留下一组试样一起在 SC/T 5014 规定的标准大气条件下进行调湿,调湿时间 24 h 以上。

5.10.2.6 对两组试样进行外观对比后,再对大气老化试验后的试样进行断裂强力和断裂伸长率测定。

5.10.3 **结果计算**

5.10.3.1 **强力保持率**

试样老化后的强力保持率按式(11)计算。

$$f_b = \frac{F_c}{F_o} \times 100 \quad \cdots\cdots\cdots\cdots\cdots\cdots\cdots\cdots\cdots\cdots\cdots \quad (11)$$

式中:

f_b——强力保持率,单位为百分率(%);

F_c——试样老化后的断裂强力,单位为牛(N)或十牛(daN);

F_o——试样老化前的断裂强力,单位为牛(N)或十牛(daN)。

5.10.3.2 **伸长率保持率**

试样老化后的伸长率保持率按式(12)计算。

$$\varepsilon_b = \frac{E_c}{E_o} \times 100 \quad \cdots\cdots\cdots\cdots\cdots\cdots\cdots\cdots\cdots\cdots\cdots \quad (12)$$

式中：

ε_b ——伸长率保持率，单位为百分率(%)；

E_c ——试样老化后的断裂伸长率，单位为百分率(%)；

E_o ——试样老化前的断裂伸长率，单位为百分率(%)。

6 试验报告

试验报告至少应包括以下内容：

a) 样品名称和规格；

b) 试验项目；

c) 采用的试验方法；

d) 经协商后试验方法与本标准不一致的部分；

e) 试验中所观察到的异常现象；

f) 审核人员、试验日期。

———————————

ICS 65.150
B 56

中华人民共和国水产行业标准

SC/T 4041—2018

高密度聚乙烯框架深水网箱通用技术要求

General technical specifications for HDPE offshore cage

2018-12-19 发布　　　　　　　　　　　2019-06-01 实施

中华人民共和国农业农村部 发布

前　言

本标准按照 GB/T 1.1—2009 给出的规则起草。

请注意本文件的某些内容可能涉及专利。本文件的发布机构不承担识别这些专利的责任。

本标准由农业农村部渔业渔政管理局提出。

本标准由全国水产标准化技术委员会渔具及渔具材料分技术委员会(SAC/TC 156/SC 4)归口。

本标准起草单位:中国水产科学研究院东海水产研究所、东莞市南风塑料管材有限公司、海安中余渔具有限公司、山东爱地高分子材料有限公司、青岛奥海海洋工程研究院有限公司、中天海洋系统有限公司、江苏金枪网业有限公司、仙桃市鑫农绳网科技有限公司、鲁普耐特集团有限公司、中山大学、山东鲁普科技有限公司、湛江市经纬网厂、青海联合水产集团有限公司、山东好运通网具科技股份有限公司、农业农村部绳索网具产品质量监督检验测试中心。

本标准主要起草人:石建高、黎祖福、贺兵、杨小卫、赵绍德、吴勇、从桂懋、余雯雯、沈明、张春文、徐薇、曹文英、陈志祥、陈晓雪、赵金辉、张元锐。

高密度聚乙烯框架深水网箱通用技术要求

1 范围

本标准规定了高密度聚乙烯框架深水网箱的术语和定义、标记、要求、检验方法、检验规则以及标志、标签、包装、运输及储存要求。

本标准适用于以高密度聚乙烯管材、支架等制作框架的周长 40 m 以上的高密度聚乙烯框架深水网箱。

2 规范性引用文件

下列文件对于本文件的应用是必不可少的。凡是注日期的引用文件，仅注日期的版本适用于本文件。凡是不注日期的引用文件，其最新版本（包括所有的修改单）适用于本文件。

GB/T 228 金属材料 室温拉伸试验方法

GB/T 549 电焊锚链

GB/T 3939.2 主要渔具材料命名与标记 网片

GB/T 4925 渔网 合成纤维网片强力与断裂伸长率试验方法

GB/T 6964 渔网网目尺寸试验方法

GB/T 8050 纤维绳索 聚丙烯裂膜、单丝、复丝（PP2）和高强复丝（PP3）3、4、8、12 股绳索（ISO 1346:2012,IDT）

GB/T 8834 纤维绳索 有关物理和机械性能的测定（ISO 2307:2005,IDT）

GB/T 11787 纤维绳索 聚酯 3 股、4 股、8 股和 12 股绳索（ISO 1141:2012,IDT）

GB/T 18673 渔用机织网片

GB/T 18674 渔用绳索通用技术条件

GB/T 21292 渔网 网目断裂强力的测定（ISO 1806:2002,IDT）

GB/T 30668 超高分子量聚乙烯纤维 8 股、12 股编绳和复编绳索（ISO 10325:2009,NEQ）

FZ/T 63028 超高分子量聚乙烯网线

SC/T 4001 渔具基本术语

SC/T 4005 主要渔具制作 网片缝合与装配

SC/T 4022 渔网 网线断裂强力和结节断裂强力的测定（ISO 1805:1973,IDT）

SC/T 4024 浮绳式网箱

SC/T 4025 养殖网箱浮架 高密度聚乙烯管

SC/T 4027 渔用聚乙烯编织线

SC/T 4028 渔网 网线直径和线密度的测定

SC/T 4066 渔用聚酰胺经编网片通用技术要求

SC/T 5001 渔具材料基本术语

SC/T 5003 塑料浮子试验方法 硬质泡沫

SC/T 5006 聚酰胺网线

SC/T 5007 聚乙烯网线

SC/T 5021 聚乙烯网片 经编型

SC/T 5022 超高分子量聚乙烯网片 经编型

SC/T 5031 聚乙烯网片 绞捻型

SC/T 6049　水产养殖网箱名词术语

3　术语和定义

SC/T 4001、SC/T4025、SC/T 5001 和 SC/T 6049 界定的以及下列术语和定义适用于本文件。为了便于使用，以下重复列出了 SC/T4025 和 SC/T 6049 中的一些术语和定义。

3.1

深水网箱　offshore cage；deep water cage
离岸网箱　offshore cage
放置在开放性水域，水深超过 15 m 或周长 40 m 以上的大型网箱。
注：改写 SC/T 6049—2011，定义 3.1.1。

3.2

高密度聚乙烯框架深水网箱　HDPE offshore cage
框架主要采用高密度聚乙烯管材的深水网箱。

3.3

浮管　floating pipe
由聚乙烯材料制成的中空圆形管材。
[SC/T 4025—2016，定义 3.1]

3.4

支架　bracket
由底座、立柱等组成，用于连接浮管与扶手管的支撑架。
注：改写 SC/T4025—2016，定义 3.2。

3.5

框架　frame
支撑网箱整体的刚性构件，既能使网箱箱体张开并保持一定形状，又能作为平台进行相关养殖操作。

3.6

箱体　cage body；net bag
亦称网体、网袋。由网衣构成的蓄养水产动物的空间。
[SC/T 6049—2011，定义 4.1]

3.7

网箱容积　cage volume
网箱箱体所包围的水体体积。

3.8

网箱周长　cage circumference
网箱框架内侧主浮管的中心线长度。

4　标记

4.1　完整标记与简便标记

4.1.1　完整标记

高密度聚乙烯框架深水网箱标记包含下列内容[若网箱中不安装防跳网，则标记中不包含 e)项；若网箱作业方式为浮式以外的其他作业方式，则标记中不包含 g)项]：

　　a)　网箱框架材质：高密度聚乙烯框架用 HDPE 代号表示；

b) 箱体用（主要）网衣材质：聚乙烯网衣箱体、聚酰胺网衣箱体、聚酯网衣箱体、超高分子量网衣箱体、金属网衣箱体和其他网衣箱体分别用 PEN、PAN、PETN、UHMWPEN、MENTALN 和 OTHERN 代号表示；

c) 网箱作业方式与形状：浮式圆形网箱、浮式方形网箱和其他形状浮式网箱分别使用 FC、FS 和 FO 代号表示；升降式圆形网箱、升降式方形网箱和其他形状升降式网箱分别使用 SSC、SSS 和 SSO 代号表示；沉式圆形网箱、沉式方形网箱和其他形状沉式网箱分别使用 SGC、SGS 和 SGO 代号表示；移动式圆形网箱、移动式方形网箱和其他形状移动式网箱分别使用 MC、MS 和 MO 代号表示；其他作业方式与形状网箱用 OMOT 代号表示；

d) 网箱尺寸：使用"框架周长×箱体高度"或"框架长度×框架宽度×箱体高度"等网箱主体尺寸表示，单位为米（m）；

e) 网箱防跳网高度：箱体上部用于防止养殖对象跳出水面逃跑的网衣或网墙高度，单位为米（m）；

f) 网箱箱体网衣规格：按 GB/T 3939.2 的规定，箱体网衣规格应包含网片材料代号、织网用单丝或纤维线密度、网片（名义）股数、网目长度和结型代号；

g) 网箱框架用主浮管规格＋网箱浮管的总浮力：网箱框架用主浮管规格以框架浮管用高密度聚乙烯管材的材料命名，公称外径（d_n）/公称壁厚（e_n）表示，单位为毫米（mm）；网箱浮管的总浮力单位为千牛（kN）；

h) 本标准编号。

4.1.2 简便标记

在网箱制图、生产、运输、设计、贸易和技术交流中，可采用简便标记。简便标记按次序至少应包括 4.1.1 中的 c)、d)2 项［若网箱中安装防跳网，则简便标记中还应包含 e)项内容］，可省略 4.1.1 中的 a)、b)、f)、g)和 h)5 项。

4.2 标记顺序

高密度聚乙烯框架深水网箱应按下列顺序标记：

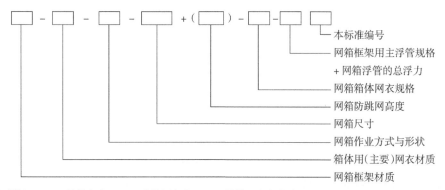

示例1：框架周长 50.0 m、箱体高度 6.0 m、防跳网高度 0.8 m、箱体网衣规格为 PE‑36 tex×60‑55 mm JB、框架用主浮管材料级别为 PE 80、浮管用高密度聚乙烯管材公称外径 d_n 280 mm/公称壁厚 e_n 16.6 mm、浮管的总浮力为 62 kN 的浮式圆形高密度聚乙烯框架深水网箱的标记为：

HDPE‑FN‑FY‑50.0 m×6.0 m＋0.8 m‑PE‑36 tex×60‑55 mm JB‑PE 80‑SDR 17‑d_n 280 mm/e_n 16.6 mm＋62 kN　SC/T 4041

示例2：框架周长 50.0 m、箱体高度 6.0 m、防跳网高度 0.8 m、箱体网衣规格为 PE‑36 tex×60‑55 mm JB、框架用主浮管材料级别为 PE 80、浮管用高密度聚乙烯管材公称外径 d_n 280 mm/公称壁厚 e_n 16.6 mm、浮管的总浮力为 62 kN 的浮式圆形高密度聚乙烯框架深水网箱的简便标记为：

FY‑50.0 m×6.0 m＋0.8 m

5 要求

5.1 尺寸偏差率

应符合表1的规定。

表 1　尺寸偏差率

序号	项　　目		网箱尺寸偏差,%
1	深水网箱周长[a]		±1.0
2	深水网箱框架长度[a]		±1.0
3	深水网箱框架宽度[a]		±1.0
4	箱体高度[b]	≤2 m	±4.5
		>2 m	±3.0
5	防跳网高度		±8.0

[a] 深水网箱周长、网箱框架长度与宽度均指内侧主浮管的中心线长度。
[b] 箱体高度不包括防跳网高度。

5.2　框架用高密度聚乙烯管材与支架

应符合 SC/T 4025 的规定。

5.3　网箱箱体

应符合表2的规定。

表 2　网箱箱体要求

序号	名　　称		要　　求	项　　目
1	箱体网衣	外观	GB/T 18673	网目长度偏差率 网目断裂强力或网片 纵向断裂强力或 网目连接点断裂强力
		聚乙烯经编型网片	GB/T 18673 或 SC/T 5021	
		聚乙烯单线单死结型网片	GB/T 18673	
		聚酰胺单线单死结型网片		
		聚酰胺经编型网片	SC/T 4066	
		超高分子量聚乙烯经编型网片	SC/T 5022	
		聚乙烯绞捻型网片	SC/T 5031	
2	箱体纲绳	聚乙烯绳索	GB/T 18674	最低断裂强力 线密度
		聚酰胺绳索		
		聚丙烯-聚乙烯绳索		
		聚丙烯绳索	GB/T 8050	
		聚酯绳索	GB/T 11787	
		超高分子量聚乙烯绳索	GB/T 30668	
3	箱体装配缝合线	聚酰胺网线	SC/T 5006	断裂强力 单线结强力 综合线密度
		聚乙烯网线	SC/T 5007	
		渔用聚乙烯编织线	SC/T 4027	
		超高分子量聚乙烯网线	FZ/T 63028	

5.4　锚泊用合成纤维绳索与锚链材料

5.4.1　合成纤维绳索

聚丙烯绳索、聚酯绳索和超高分子量聚乙烯绳索最低断裂强力应分别符合 GB/T 8050、GB/T 11787、GB/T 30668 的规定;聚乙烯绳索、聚酰胺绳索和聚丙烯-聚乙烯绳索最低断裂强力应符合 GB/T 18674 的规定。

5.4.2　锚链

破断载荷和拉力载荷应符合 GB/T 549 的规定。

5.5　浮式深水网箱主管的浮力

浮式深水网箱主浮管的浮力与网箱水中重量的差值应不小于 5 kN。

5.6　装配要求

5.6.1 框架装配要求

按 SC/T 4025 的规定执行。

5.6.2 箱体装配要求

5.6.2.1 网衣间的装配要求

按 SC/T 4005 和 SC/T 4024 的规定执行。

5.6.2.2 纲绳在箱体上的装配要求

用缝合线将纲绳缝合在箱体网衣上,缝合线距离宜不大于10 cm,其他装配要求按 SC/T 4024 的规定执行。

5.6.3 框架与箱体的连接要求

先将箱体侧纲上端与框架连接固定,然后再用柔性合成纤维绳索将箱体上纲捆扎在框架上,捆扎间距以10 cm～40 cm 为宜。

6 检验方法

6.1 尺寸偏差率

6.1.1 用卷尺等工具分别测量深水网箱周长(或深水网箱框架长度和宽度等网箱主体尺寸)、箱体高度、防跳网高度,每个试样重复测试2次,取其算术平均值,单位为米(m),数据取一位小数。

6.1.2 尺寸偏差率按式(1)计算。

$$\Delta x = \frac{x - x_1}{x_1} \times 100 \qquad\qquad (1)$$

式中:

Δx ——深水网箱尺寸偏差率,单位为百分率(%);

x ——深水网箱的实测尺寸,单位为米(m);

x_1 ——深水网箱的公称尺寸,单位为米(m)。

6.2 框架用高密度聚乙烯管材与支架

应符合 SC/T 4025 的规定。

6.3 网箱箱体

按表3的规定执行。

表 3 网箱箱体检验方法

序号	名 称	项 目	单位样品测试次数	检验方法
1	箱体网衣	外观	5	GB/T 18673
		网目长度	5	GB/T 6964
		网目长度偏差率	5	GB/T 18673
		网片纵向断裂强力	10	GB/T 4925
		网目断裂强力	20	GB/T 21292
		网目连接点断裂强力	5	SC/T 5031
2	箱体纲绳	最低断裂强力	3	GB/T 8834
3	箱体装配缝合线	断裂强力	5	SC/T 4022
		单线结强力	5	SC/T 4022
		综合线密度	5	SC/T 4028

6.4 合成纤维绳索与锚链

6.4.1 合成纤维绳索

按 GB/T 8834 的规定执行。

6.4.2 锚链

按 GB/T 228 的规定执行。

6.5 浮式深水网箱主浮管的浮力

浮式深水网箱主浮管的浮力可选用检测法或理论计算法。选用检测法时,先在浮式深水网箱加工用浮管上截取 3 段长度为(0.2±0.005) m 的浮管,再将两端封闭后按 SC/T 5003 的规定进行检验,测试试样浮力的算术平均值;最后按式(2)计算浮式深水网箱主浮管的浮力,单位为千牛(kN),数据取整数。

$$F = \overline{F}_l \times \frac{L}{l} \quad\cdots\cdots\cdots\cdots\cdots\cdots\cdots\cdots (2)$$

式中:

F ——浮式深水网箱主浮管的浮力,单位为千牛(kN);

$\overline{F}_l$ ——试样浮力的算术平均值,单位为千牛(kN);

L ——浮式深水网箱主浮管的总长度,单位为米(m);

l ——试样长度,单位为米(m)。

选用理论计算法时,根据浮式深水网箱主浮管公称外径和总长度,按式(3)计算浮式深水网箱主浮管的浮力。

$$F = 7.706 \times \rho \times d_n{}^2 \times L \times 10^{-9} \quad\cdots\cdots\cdots\cdots\cdots\cdots (3)$$

式中:

ρ ——水的密度,单位为千克每立方米(kg/m³);

d_n ——浮管公称外径,单位为毫米(mm)。

6.6 网箱装配要求

在自然光线下,通过目测或卷尺等工具进行深水网箱装配要求检验。

7 检验规则

7.1 出厂检验

7.1.1 每批产品需经厂检验部门进行出厂检验,合格后并附有合格证方可出厂。

7.1.2 出厂检验项目为5.1、5.3中项目。网箱周长、框架长度、宽度为现场检验。

7.2 型式检验

7.2.1 检验周期和检验项目

7.2.1.1 型式检验每半年至少进行一次,有下列情况之一时亦应进行型式检验:

 a) 产品试制定型鉴定时或老产品转厂生产时;

 b) 原材料和工艺有重大改变,可能影响产品性能时;

 c) 质量技术管理部门提出型式检验要求时。

7.2.1.2 型式检验项目为第5章的全部项目。

7.2.2 抽样

7.2.2.1 在相同工艺条件下,按3个月生产同一品种、同一规格的深水网箱为一批。

7.2.2.2 当每批深水网箱产量不少于50台(套)时,从每批深水网箱中随机抽取不少于4%的深水网箱作为样品进行检验;当每批深水网箱产量小于50台(套)时,从每批深水网箱中随机抽取2台(套)网箱作为样品进行检验。

7.2.2.3 在抽样时,深水网箱尺寸偏差率(5.1)和网箱装配要求(5.6)可以在现场检验。

7.2.3 判定

7.2.3.1 在检验结果中,若所有样品的全部检验项目符合第5章的要求时,则判该批产品合格。

7.2.3.2 在检验结果中,若有一个项目不符合第5章的要求时,则判该批产品为不合格。

8 标志、标签、包装、运输及储存

8.1 标志、标签

每个深水网箱应附有产品合格证明作为标签,标签上至少应包含下列内容:

a) 产品名称;

b) 产品规格;

c) 生产企业名称与地址;

d) 检验合格证;

e) 生产批号或生产日期;

f) 执行标准。

8.2 包装

高密度聚乙烯框架材料、箱体材料、锚泊用合成纤维绳索与锚链材料应用帆布、彩条布、绳索、编织袋或木箱等合适材料包装或捆扎,外包装上应标明材料名称、规格及数量。

8.3 运输

产品在运输过程中应避免抛摔、拖曳、磕碰、摩擦、油污和化学品的污染,切勿用锋利工具钩挂。

8.4 储存

高密度聚乙烯框架材料、箱体材料、锚泊用合成纤维绳索与锚链材料应存放在清洁、干燥的库房内,远离热源 3 m 以上;室外存放应有适当的遮盖,避免阳光照射、风吹雨淋和化学腐蚀。若高密度聚乙烯框架材料、箱体材料、锚泊用合成纤维绳索与锚链材料(从生产之日起)储存期超过 2 年,则应经复检,合格后方可出厂。

———————

ICS 65.150
B 56

中华人民共和国水产行业标准

SC/T 4042—2018

渔用聚丙烯纤维通用技术要求

General technical specifications for polypropylene fiber for fisheries

2018-12-19 发布

2019-06-01 实施

中华人民共和国农业农村部 发布

SC/T 4042—2018

前　　言

本标准按照 GB/T 1.1—2009 给出的规则起草。

请注意本文件的某些内容可能涉及专利。本文件的发布机构不承担识别这些专利的责任。

本标准由农业农村部渔业渔政管理局提出。

本标准由全国水产标准化技术委员会渔具及渔具材料分技术委员会(SAC/TC 156/SC 4)归口。

本标准起草单位:中国水产科学研究院东海水产研究所、山东鲁普科技有限公司、海安中余渔具有限公司、青岛奥海海洋工程研究院有限公司、鲁普耐特集团有限公司、山东好运通网具科技股份有限公司、江苏金枪网业有限公司、仙桃市鑫农绳网科技有限公司、湛江市经纬网厂、晋江培基渔网有限公司、浙江四兄绳业有限公司、东莞市方中运动制品有限公司、湛江市海宇网具有限公司、农业农村部绳索网具产品质量监督检验测试中心。

本标准主要起草人:石建高、沈明、余雯雯、赵绍德、刘永利、吕呈涛、曹文英、陈晓雪、从桂懋、张元锐、陈志祥、王磊、张春文、李茂巨、陈俊仁、赵奎、谢彬兼。

渔用聚丙烯纤维通用技术要求

1 范围

本标准规定了渔用聚丙烯纤维的术语和定义、标记、要求、测定方法、检验规则、标志、包装、运输与储存的有关要求。

本标准适用于以聚丙烯原料制成的渔用聚丙烯单丝、扁丝和复丝纤维。其他聚丙烯纤维可参照使用。

2 规范性引用文件

下列文件对于本文件的应用是必不可少的。凡是注日期的引用文件，仅注日期的版本适用于本文件。凡是不注日期的引用文件，其最新版本（包括所有的修改单）适用于本文件。

GB/T 6965　渔具材料试验基本条件　预加张力

GB/T 14343　化学纤维　长丝线密度试验方法

GB/T 14344　化学纤维　长丝拉伸性能试验方法

SC/T 5001　渔具材料基本术语

SC/T 5014　渔具材料试验基本条件　标准大气

3 术语和定义

SC/T 5001界定的以及下列术语和定义适用于本文件。为了便于使用，以下重复列出了SC/T 5001中的一些术语和定义。

3.1

单体丝　monomer filament

表面有白色粉末析出的单丝、扁丝或复丝。

注：改写SC/T 5001—2014，定义2.56.4。

3.2

硬伤丝　damaged filament

表面严重损伤的单丝、扁丝或复丝。

注：改写SC/T 5001—2014，定义2.56.3。

3.3

压痕丝　pressed filament

纺丝过程中受压变形的单丝、扁丝或复丝。

注：改写SC/T 5001—2014，定义2.56.2。

3.4

未牵伸丝　insufficient filament

纺丝过程中牵伸不足的单丝、扁丝或复丝。

4 标记

渔用聚丙烯纤维以表示产品名称、线密度或规格尺寸（如单丝的公称直径、扁丝的宽度×厚度）等要素和本标准号构成标记；渔用聚丙烯纤维以表示产品名称、线密度或规格尺寸（如单丝的公称直径、扁丝的宽度×厚度）等要素构成简便标记。

示例1:按 SC/T 4042 生产的线密度为 178 tex、公称直径为 0.44 mm 的渔用聚丙烯单丝产品标记为:

渔用聚丙烯单丝　Φ0.44　ρ_x　178　SC/T 4042

或 PP—ρ_x　178　SC/T 4042

或 PP—Φ0.44　SC/T 4042

或 PP　178 tex　SC/T 4042

或 PP　178 tex

示例2:按 SC/T 4042 生产的线密度为 320 tex、宽度×厚度为 1.5 mm×0.18 mm 的渔用聚丙烯扁丝产品简便标记为:

渔用聚丙烯扁丝　PP—ρ_x　320

或 PP—1.5×0.18

或 PP　320 tex

示例3:按 SC/T 4042 生产的线密度为 233 tex 的渔用聚丙烯复丝产品简便标记为:

渔用聚丙烯复丝　PP—ρ_x　233

或 PP—ρ_x　233

或 PP　233 tex

5 要求

5.1 外观要求

应不低于表1的要求。

表1　外观要求

项　目	要　求
单体丝	不允许
硬伤丝	不允许
压痕丝	无明显压痕
未牵伸丝	不允许

5.2 物理性能指标

应符合表2的要求。

表2　物理性能指标

序号	项　目	渔用聚丙烯纤维		
		聚丙烯单丝	聚丙烯扁丝	聚丙烯长丝
1	线密度偏差率,%	±10	±10	±10
2	断裂强度,cN/dtex	≥6.00	≥6.00	≥5.50
3	单线结强度,cN/dtex	≥3.00	≥3.00	≥3.50
4	断裂伸长率,%	5～25	5～25	10～30

6 测定方法

6.1 调节和试验用大气

调节和试验用大气条件应按 SC/T 5014 的规定执行。除外观质量外,其他物理性能应在温度(20±2)℃、相对湿度(65±5)%的大气条件下调节 6 h 后进行试验。

6.2 外观质量检验

可采用移动光源、固定光源或分级台进行外观质量检验。

6.3 预加张力测定

线密度、断裂强度、断裂伸长率与单线结强度测定用预加张力应按 GB/T 6965 的规定执行。

6.4 线密度测定

6.4.1 单丝或扁丝线密度测定

在预加张力下在测长仪上量取 1 m 长单丝或扁丝试样 20 根,称取重量(精确至 0.001 g),其值的 500 倍(10 000 m 纤维试样的重量),即为该规格单丝或扁丝的线密度,单位为分特克斯(dtex)。按式 (1)、式(2)分别计算单丝或扁丝线密度及其线密度偏差率。

$$\rho_x = W \times 500 \quad\cdots\cdots \quad (1)$$

式中:

ρ_x ——线密度测定值,单位为分特克斯(dtex);

W ——预加张力下所测得 1 m 长纤维试样 20 根的重量值。

$$D_d = \frac{\rho_x - \rho_m}{\rho_m} \times 100 \quad\cdots\cdots \quad (2)$$

式中:

D_d ——线密度偏差率,单位为百分率(%);

ρ_m ——线密度名义值,单位为分特克斯(dtex)。

6.4.2 复丝线密度测定

按 GB/T 14343 的规定进行复丝的线密度测定。按式(2)计算复丝线密度偏差率。

6.5 断裂强度与断裂伸长率测定

6.5.1 单丝或扁丝断裂强度与断裂伸长率测定

将已测线密度的单丝或扁丝试样逐根置于材料拉力试验机两夹具间,记下试样拉伸断裂时的断裂强力和最大伸长长度(试样拉伸时的平均断裂时间为 20 s±3 s),每个试样测试 10 次,分别计算试样的断裂强力和最大伸长长度算术平均值(试样在夹头处断裂或在夹具中滑移的测试值无效);再按式(3)、式(4)分别计算试样的断裂强度及其断裂伸长率。

$$F_t = \overline{F}_d / \rho_x \quad\cdots\cdots \quad (3)$$

式中:

F_t ——断裂强度,单位为厘牛每分特克斯(cN/dtex);

$\overline{F}_d$ ——断裂强力算术平均值,单位为厘牛(cN)。

$$\varepsilon_d = \frac{\overline{L}_1 - L_0}{L_0} \times 100 \quad\cdots\cdots \quad (4)$$

式中:

ε_d ——断裂伸长率,单位为百分率(%);

$\overline{L}_1$ ——最大伸长长度算术平均值,单位为毫米(mm);

L_0 ——试样夹距,单位为毫米(mm)。

6.5.2 复丝断裂强度与断裂伸长率测定

将已测线密度的复丝试样按 GB/T 14344 的规定进行检验。

6.6 单线结强度测定

将已测线密度的纤维试样逐根打单线结后置于材料拉力试验机两夹具间,记下试样拉伸断裂时的单线结强力(试样拉伸时的平均断裂时间为 20 s±3 s),每个试样测试 10 次,计算试样的单线结强力算术平均值(试样在夹头处断裂或在夹具中滑移的测试值无效);再按式(5)计算试样的单线结强度。

$$F_{dxjt} = \overline{F}_{dxj} / \rho_x \quad\cdots\cdots \quad (5)$$

式中:

F_{dxjt} ——单线结强度,单位为厘牛每分特克斯(cN/dtex);

$\overline{F}_{dxj}$ ——单线结强力算术平均值,单位为厘牛(cN)。

6.7 试验次数

每批试样线密度、断裂强度、断裂伸长率和单线结强度试验次数应符合表 3 规定。

表 3 试验次数

项目	线密度,dtex	断裂强度,cN/dtex	断裂伸长率,%	单线结强度,cN/dtex
筒(绞)数	10	10	10	10
每筒(绞)测试数	1	1	1	1
总次数	10	10	10	10

6.8 数据处理

按表 4 的规定执行。

表 4 数据处理

序号	项目	数据处理
1	线密度偏差率,%	整数
2	断裂强度,cN/dtex	小数点后两位
3	单线结强度,cN/dtex	小数点后两位
4	断裂伸长率,%	整数

7 检验规则

7.1 组批和抽样

7.1.1 首批生产时必须进行抽样检验。相同工艺同一原料、规格的聚丙烯纤维为一批,日产量超过 5 t 的以 5 t 为一批,不足 5 t 时以当日产量为一批。

7.1.2 每批产品随机抽样 10 筒(绞),按技术要求进行检验。

7.2 检验规则

7.2.1 出厂检验

7.2.1.1 每批产品需经检验部门检验合格并附有合格证明或检验报告后方可出厂。

7.2.1.2 出厂检验项目为第 5 章中的外观质量、线密度、断裂强度和单线结强度。

7.2.2 型式检验

7.2.2.1 型式检验每年至少进行一次,有下列情况之一时应进行型式检验:
——新产品试制、定型鉴定或老产品转厂生产时;
——原材料或生产工艺有重大改变,可能影响产品性能时;
——用户或产品质量管理部门提出型式检验要求时。

7.2.2.2 型式检验项目为第 5 章中的全部项目。

7.3 判定规则

7.3.1 在检验结果中若有 2 项外观质量指标或 1 项物理性能指标不合格时,则判该筒(绞)样品不合格。

7.3.2 在每批样品检验结果中,若 10 筒(绞)样品均合格时,则判该批产品为合格;若 10 筒(绞)样品中有 2 筒(绞)或 2 筒(绞)以上样品不合格时,则判该批产品为不合格;若 10 筒(绞)样品中有 1 筒(绞)样品不合格时,则应在该批产品中重新抽取 10 筒(绞)样品进行复测,若复测结果中,仍有 2 筒(绞)或 2 筒(绞)以上样品不合格时,则判该批产品为不合格。

8 标志、包装、运输与储存

8.1 标志

产品应附有合格证,合格证需标明产品名称、规格、标准代号、生产日期或批号、净重量及检验标志、生产企业名称和地址。

8.2 包装

筒装丝用箱(袋)包装,每筒净质量一般不超过 500 g,每箱(袋)净质量一般不超过 25 kg,绞丝用箱(袋)包装,每绞净质量一般不超过 125 g,绞丝折径为 500 mm～550 mm,每箱(袋)净质量一般不超过 20 kg。

8.3 运输

运输装卸过程中应轻装轻卸,切勿拖曳、钩挂和挤压,避免损坏包装和产品。

8.4 储存

产品应储存在远离热源、无阳光直射、清洁干燥的库房内。产品储存期(从生产日起)超过 1 年,应经复验合格后方可出厂。

_____

ICS 65.150
B 56

中华人民共和国水产行业标准

SC/T 4043—2018

渔用聚酯经编网通用技术要求

General technical specifications for polyester knitting netting for fisheries

2018-05-07 发布

2018-09-01 实施

中华人民共和国农业农村部 发布

前　言

本标准按照 GB/T 1.1—2009 给出的规则起草。

请注意本文件的某些内容可能涉及专利。本文件的发布机构不承担识别这些专利的责任。

本标准由农业农村部渔业渔政管理局提出。

本标准由全国水产标准化技术委员会渔具及渔具材料分技术委员会(SAC/TC 156/SC 4)归口。

本标准起草单位:山东好运通网具科技股份有限公司、中国水产科学研究院东海水产研究所、海安中余渔具有限公司、山东鲁普科技有限公司、湛江市经纬网厂、青岛奥海海洋工程研究院有限公司、鲁普耐特集团有限公司、江苏金枪网业有限公司、仙桃市鑫农绳网科技有限公司、中国水产科学研究院渔业机械仪器研究所、湛江经纬实业有限公司、晋江培基渔网有限公司、上海海洋大学和农业农村部绳索网具产品质量监督检验测试中心。

本标准主要起草人:张孝先、石建高、钟文珠、张元锐、张玉钢、沈明、张春文、曹文英、赵绍德、从桂懋、陈晓雪、陈志祥、陈俊仁、余雯雯、周文博、殷广伟。

渔用聚酯经编网通用技术要求

1 范围

本标准规定了渔用聚酯经编网的术语和定义、标记、要求、检验方法、检验规则以及标志、包装、运输及储存的有关要求。

本标准适用于以机器编织的渔用聚酯经编网。

2 规范性引用文件

下列文件对于本文件的应用是必不可少的。凡是注日期的引用文件，仅注日期的版本适用于本文件。凡是不注日期的引用文件，其最新版本（包括所有的修改单）适用于本文件。

GB/T 251　纺织品　色牢度试验　评定沾色用灰色样卡

GB/T 4925　渔网　合成纤维网片强力与断裂伸长率试验方法

GB/T 6964　渔网网目尺寸测量方法

GB/T 6965　渔具材料试验基本条件　预加张力

GB/T 18673—2008　渔用机织网片

GB/T 21292　渔网　网目断裂强力的测定

SC/T 4066　渔用聚酰胺经编网片通用技术要求

SC/T 5001　渔具材料基本术语

3 术语和定义

SC/T 4066 和 SC/T 5001 界定的以及下列术语和定义适用本文件。为了便于使用，以下重复列出了 SC/T 4066 和 SC/T 5001 中的一些术语和定义。

3.1

经编网片　warp knitting netting

由两根相邻的经纱，沿网片纵向各自形成线圈并相互交替串连而构成的网片。

注：改写 SC/T 5001—2014，定义 2.13.1。

3.2

名义股数　nominal ply

网片目脚截面单丝或单纱根数之和。

[SC/T 5001—2014，定义 2.13.11]

3.3

并目　closed mesh

相邻目脚中因纱线牵连而不能展开的网目。

[SC/T 4066—2017，定义 3.3]

3.4

破目　broken mesh

网片内一个或更多的相邻的线圈断裂形成的孔洞。

[SC/T 4066—2017，定义 3.4]

3.5

跳纱　float

SC/T 4043—2018

一段纱线越过了应该与其相联结的线圈。
注:改写 SC/T 4066—2017,定义 3.5。

3.6

色差 color difference

网片之间或与标准卡之间的颜色差异。
注:改写 SC/T 4066—2017,定义 3.6。

3.7

修补率 repairing ratio

修补率为网片修补目数相对网片总目数的比值。

4 标记

渔用聚酯经编网按下列方法标记:

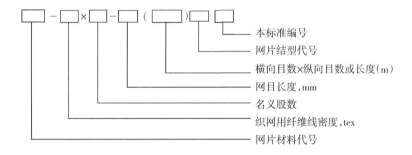

示例 1:

以线密度为 27.8 tex 的聚酯复丝制作的名义股数为 30 股、网目长度为 60 mm、横向目数 100、纵向目数 700 的渔用聚酯经编网标记为 PET-27.8 tex×30-60 mm(100 T×700 N)JBSC/T 4043。

在网片生产、设计、贸易和技术交流中,可采用简便标记。简便标记可省略上述标记中网片的横向目数(T)×纵向目数(N)或长度(m)与本标准编号两项。

示例 2:

以线密度为 27.8 tex 的聚酯复丝制作的名义股数为 30 股、网目长度为 60 mm、横向目数 100、纵向目数 700 的渔用聚酯经编网简便标记为 PET-27.8 tex×30-60 mmJB。

5 要求

5.1 外观质量

应符合表 1 的规定。

表 1 外观质量要求

序号	项 目	要 求	
		$n \leqslant 5$	$n > 5$
1	并目,%	$\leqslant 0.05$	$\leqslant 0.01 \times n$
2	破目,%	$\leqslant 0.03$	
3	跳纱,%	$\leqslant 0.01$	
4	每处修补长度,m	$\leqslant 2.0$	
5	修补率,%	$\leqslant 0.10$	
6	色差	不低于 3~4	
注 1:n——名义股数。			
注 2:每处修补长度以网目闭合时长度累计。			

5.2 网目长度偏差率

应符合表2的规定。

表2 网目长度偏差率

网目长度(2 a),mm	网目长度偏差率,%	
	未定型	定型后
2 a≤10	±7.0	±5.5
10<2 a≤25	±6.5	±5.0
25<2 a≤50	±6.0	±5.0
50<2 a≤100	±5.5	±4.0
100<2 a≤120	±5.3	±3.8
2 a>120	±5.0	±3.5

5.3 网片强力

5.3.1 网片纵向断裂强力

网片纵向断裂强力应不小于式(1)的要求。

$$F_W = f_W \times n \times \frac{\rho_x}{27.8} \quad \cdots\cdots (1)$$

式中:

F_W ——网片纵向断裂强力(保留三位有效数字),单位为牛(N);

f_W ——网片纵向断裂强力系数,见表3;

n ——网片名义股数;

ρ_x ——聚酯复丝的线密度,单位为特克斯(tex)。

表3 网片纵向断裂强力系数

名义股数(n)	3～6	7～12	13～33	≥34
网片纵向断裂强力系数(f_W)	40.0	42.5	46.0	41.0

5.3.2 网目断裂强力

网目断裂强力应不小于式(2)的要求。

$$F_M = f_M \times n \times \frac{\rho_x}{27.8} \quad \cdots\cdots (2)$$

式中:

F_M ——网目断裂强力(保留三位有效数字),单位为牛(N);

f_M ——网目断裂强力系数,见表4。

表4 网目断裂强力系数

名义股数(n)	3～6	7～12	13～33	≥34
网目断裂强力系数(f_M)	8.0	10.5	11.0	10.0

6 检验方法

6.1 外观质量

6.1.1 色差按 GB/T 251 的规定进行检验。

6.1.2 其他外观质量项目应在自然光线下,通过目测或采用直尺进行检验。

6.2 网目长度偏差率

在 GB/T 6965 规定的预加张力下按 GB/T 6964 的规定测量网目长度,网目长度偏差率按式(3)

SC/T 4043—2018

计算。

$$\Delta 2a = \frac{2a' - 2a}{2a} \times 100 \quad\cdots\cdots\cdots\cdots (3)$$

式中：

$\Delta 2a$ ——网目长度偏差率，单位为百分率（%）；

$2a'$ ——网片的实测网目长度，单位为毫米（mm）；

$2a$ ——网片的公称网目长度，单位为毫米（mm）。

6.3 网片强力

6.3.1 网片纵向断裂强力按 GB/T 4925 的规定进行检验，每个干态试样的有效测定次数不少于 10 次，取其算术平均值，单位为牛（N），保留三位有效数。

6.3.2 网目断裂强力按 GB/T 21292 的规定进行检验，每个干态试样的有效测定次数不少于 10 次，取其算术平均值，单位为牛（N），保留三位有效数。

7 检验规则

7.1 出厂检验

7.1.1 每批产品需经厂检验部门进行出厂检验，合格后并附有合格证方可出厂。

7.1.2 出厂检验项目按 5.1 和 5.2 的规定执行。

7.2 型式检验

7.2.1 检验周期和检验项目

7.2.1.1 型式检验每半年至少进行一次，有下列情况之一时也应进行型式检验：

a) 产品试制定型鉴定时或转厂生产时；
b) 原材料和工艺有重大改变，可能影响产品性能时；
c) 质量管理部门提出型式检验要求时。

7.2.1.2 型式检验项目为第 5 章的全部项目。

7.2.2 抽样

按照 GB/T 18673—2008 中 7.2.3 的规定执行。

7.2.3 判定规则

7.2.3.1 判定规定

按下列规定进行判定：

a) 所有样品的全部检验项目符合第 5 章要求，则判该批产品合格；
b) 有 1 个（或 1 个以上）样品的网片强力不符合 5.3 要求，则判该批产品不合格；
c) 有 2 个（或 2 个以上）样品除网片强力以外的检验项目不符合第 5 章相应要求时，则判该批产品不合格；
d) 有 1 个样品除网片强力以外的检验项目不符合第 5 章相应要求时，应在该批产品中加倍抽样进行复检，若复检结果仍不符合要求，则判该批产品不合格。

7.2.3.2 在进行仲裁检验时，应采用网片纵向断裂强力。

8 标志、包装、运输及储存

8.1 标志

每片网片应附有产品合格证明，合格证明上应标明产品的标记、商标、生产企业名称与详细地址、生产日期、检验标志和执行标准编号。

8.2 包装

198

产品应包装,捆扎牢固,便于运输。

8.3 运输

产品在运输时应避免拖曳摩擦,切勿用锋利工具钩挂。

8.4 储存

产品应储存在远离热源、无阳光直射、无腐蚀性化学物质的场所。产品储存期超过一年,必须经复检后方可出厂。

―――――――――

ICS 65.150
B 56

中华人民共和国水产行业标准

SC/T 4044—2018

海水普通网箱通用技术要求

General technical specifications for traditional sea cage

2018-12-19 发布

2019-06-01 实施

中华人民共和国农业农村部 发布

前　言

本标准按照 GB/T 1.1—2009 给出的规则起草。

请注意本文件的某些内容可能涉及专利。本文件的发布机构不承担识别这些专利的责任。

本标准由农业农村部渔业渔政管理局提出。

本标准由全国水产标准化技术委员会渔具及渔具材料分技术委员会(SAC/TC 156/SC 4)归口。

本标准起草单位:三沙美济渔业开发有限公司、中国水产科学研究院东海水产研究所、海安中余渔具有限公司、山东鲁普科技有限公司、青岛奥海海洋工程研究院有限公司、三沙蓝海海洋工程有限公司、江苏金枪网业有限公司、鲁普耐特集团有限公司、仙桃市鑫农绳网科技有限公司、湛江市经纬网厂、湛江市海宇网具有限公司、湛江经纬实业有限公司、农业农村部绳索网具产品质量监督检验测试中心。

本标准主要起草人:石建高、孟祥君、赵绍德、沈明、从桂懋、瞿鹰、陈志祥、曹文英、张春文、谢秉兼、陈晓雪。

SC/T 4044—2018

海水普通网箱通用技术要求

1 范围

本标准规定了海水普通网箱的术语和定义、标记、要求、检验方法、检验规则、标志、标签、包装、运输及储存要求。

本标准适用于框架采用高密度聚乙烯管材、无缝钢管或木质材料的海水普通网箱，其他海水普通网箱可参照执行。

2 规范性引用文件

下列文件对于本文件的应用是必不可少的。凡是注日期的引用文件，仅注日期的版本适用于本文件。凡是不注日期的引用文件，其最新版本（包括所有的修改单）适用于本文件。

GB/T 228 金属材料 室温拉伸试验方法

GB/T 549 电焊锚链

GB/T 3939.2 主要渔具材料命名与标记 网片

GB/T 4925 渔网 合成纤维网片强力与断裂伸长率试验方法

GB/T 6964 渔网网目尺寸试验方法

GB/T 8050 纤维绳索 聚丙烯裂膜、单丝、复丝（PP2）和高强复丝（PP3）3、4、8、12 股绳索（ISO 1346:2012,IDT）

GB/T 8834 纤维绳索 有关物理和机械性能的测定（ISO 2307:2005,IDT）

GB/T 11787 纤维绳索 聚酯 3 股、4 股、8 股和 12 股绳索（ISO 1141:2012,IDT）

GB/T 18673 渔用机织网片

GB/T 18674 渔用绳索通用技术条件

GB/T 21292 渔网 网目断裂强力的测定（ISO 1806:2002,IDT）

GB/T 30668 超高分子量聚乙烯纤维 8 股、12 股编绳和复编绳索（ISO 10325:2009,NEQ）

FZ/T 63028 超高分子量聚乙烯网线

SC/T 4001 渔具基本术语

SC/T 4005 主要渔具制作 网片缝合与装配

SC/T 4022 渔网 网线断裂强力和结节断裂强力的测定（ISO 1805:1973,IDT）

SC/T 4024 浮绳式网箱

SC/T 4025 养殖网箱浮架 高密度聚乙烯管

SC/T 4027 渔用聚乙烯编织线

SC/T 4028 渔网 网线直径和线密度的测定

SC/T 4066 渔用聚酰胺经编网片通用技术要求

SC/T 4067—2017 浮式金属框架网箱通用技术要求

SC/T 5001 渔具材料基本术语

SC/T 5003 塑料浮子试验方法 硬质泡沫

SC/T 5006 聚酰胺网线

SC/T 5007 聚乙烯网线

SC/T 5021 聚乙烯网片 经编型

SC/T 5022 超高分子量聚乙烯网片 经编型

203

SC/T 5031　聚乙烯网片　绞捻型
SC/T 6049　水产养殖网箱名词术语

3　术语和定义

SC/T 4001、SC/T 4025、SC/T 4067、SC/T 5001 和 SC/T 6049 界定的以及下列术语和定义适用于本文件。为了便于使用,以下重复列出了 SC/T 4025、SC/T 4067 和 SC/T 6049 中的一些术语和定义。

3.1

普通海水网箱　traditional sea cage
传统近岸网箱　traditional inshore cage
放置在沿海近岸、内湾或岛屿附近,水深不超过 15 m 的中小型网箱。

3.2

框架　frame
支撑网箱整体的刚性构件,既能使网箱箱体张开并保持一定形状,又能作为平台进行相关养殖操作。
[SC/T 4067—2017,定义 3.2]

3.3

支架　bracket
由底座、立柱等组成,用于连接浮管与扶手管的支撑架。
注:改写 SC/T4025—2016,定义 3.2。

3.4

箱体　cage body;net bag
亦称网体、网袋。由网衣构成的蓄养水产动物的空间。
[SC/T 6049—2011,定义 4.1]

3.5

高密度聚乙烯框架普通海水网箱　HDPE traditional sea cage
框架主要采用高密度聚乙烯管材的普通海水网箱。

3.6

金属框架普通海水网箱　metal traditional sea cage
框架主要采用无缝钢管等金属材料的普通海水网箱。

3.7

木质框架普通海水网箱　wooden traditional sea cage
框架主要采用木质材料的普通海水网箱。

4　标记

4.1　完整标记与简便标记

4.1.1　完整标记

海水普通网箱标记应至少包含下列内容[若网箱中不安装防跳网,则标记中不包含 e)项;若网箱作业方式为浮式高密度聚乙烯(HDPE)框架网箱以外的其他作业方式,则标记中不包含 g)项]:

    a)　网箱框架材质:HDPE 框架、金属框架、木质框架和其他框架分别用 HDPE、MENTAL、
       WOODEN 和 OTHER 代号表示;
    b)　箱体用(主要)网衣材质:聚乙烯网衣箱体、聚酰胺网衣箱体、聚酯网衣箱体、超高分子量网衣箱

体、金属网衣箱体和其他网衣箱体分别用 PEN、PAN、PETN、UHMWPEN、MENTALN 和 OTHERN 代号表示；

- c) 网箱作业方式与形状：浮式方形网箱、浮式圆形网箱和其他形状浮式网箱分别使用 FS、FC 和 FO 代号表示；升降式方形网箱、升降式圆形网箱和其他形状升降式网箱分别使用 SSS、SSC 和 SSO 代号表示；沉式方形网箱、沉式圆形网箱和其他形状沉式网箱分别使用 SGS、SGC 和 SGO 代号表示；移动式方形网箱、移动式圆形网箱和其他形状移动式网箱分别使用 MS、MC 和 MO 代号表示；其他作业方式与形状网箱用 OMOT 代号表示；
- d) 网箱尺寸：使用"框架周长×箱体高度"或"框架长度×框架宽度×箱体高度"等网箱主体尺寸表示，单位为米（m）；
- e) 网箱防跳网高度：箱体上部用于防止养殖对象跳出水面逃跑的网衣或网墙高度，单位为米（m）；
- f) 网箱箱体网衣规格：按 GB/T 3939.2 的规定，箱体网衣规格应包含网片材料代号、织网用单丝或纤维线密度、网片（名义）股数、网目长度和结型代号；
- g) 浮式 HDPE 框架网箱浮管的总浮力：网箱浮管的总浮力单位为千牛（kN）；
- h) 本标准编号。

4.1.2 简便标记

在网箱制图、生产、运输、设计、贸易和技术交流中，可采用简便标记。简便标记按次序至少应包括 4.1.1 中的 c)、d)2 项[若网箱中安装防跳网，则简便标记中还应包含 e)项内容]，可省略 4.1.1 中的 a)、b)、f)、g)和 h)5 项。

4.2 标记顺序

海水普通网箱应按下列标记顺序标记：

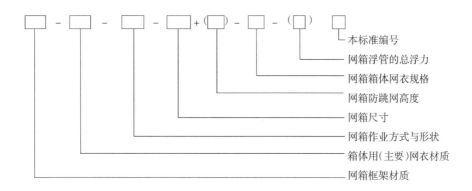

示例 1：

框架长度×框架宽度为 3.5 m×3.5 m、箱体高度 3.0 m、箱体网衣规格为 PE-36 tex×30-35 mm JB 的浮式方形木质框架海水普通网箱的标记为：

WOODEN-PEN-FS-3.5 m×3.5 m×3.0 m-PE-36 tex×30-35 mm JB SC/T 4044

示例 2：

框架长度×框架宽度为 3.5 m×3.5 m、箱体高度 3.0 m、箱体网衣规格为 PE-36 tex×30-35 mm JB 的浮式方形木质框架海水普通网箱的简便标记为：

FS-3.5 m×3.5 m×3.0 m

5 要求

5.1 尺寸偏差率

应符合表 1 的规定。

表 1　尺寸偏差率

序号	项　　目		网箱尺寸偏差率,%
1	网箱周长ᵃ		±3.0
2	网箱框架长度ᵃ		±3.0
3	网箱框架宽度ᵃ		±3.0
4	箱体高度ᵇ	≤2 m	±6.0
		>2 m	±4.5
5	防跳网高度ᵇ		±9.0
ᵃ HDPE框架普通海水网箱周长、框架长度与框架宽度均指内侧主浮管的中心线长度;金属框架普通海水网箱与木质框架海水普通网箱周长、长度和宽度均指框架的内框尺寸。			
ᵇ HDPE框架普通海水网箱箱体高度不包括防跳网高度;金属框架普通海水网箱的箱体高度包括防跳网高度。			

5.2　网箱框架材料

HDPE框架用高密度聚乙烯管材与支架材料应符合SC/T 4025的规定。金属框架用无缝钢管材料应符合SC/T 4067—2017中5.3的规定。木质框架用木板宜采用不易腐朽的硬木加工制作,其厚度不小于30 mm。木板表面须平整、无变形开裂;木板制作木质框架前应经干燥与防腐处理。

5.3　网箱箱体

应符合表2的规定。

表 2　网箱箱体要求

序号	名　　称		要　　求	项　　目
1	箱体网衣	外观	GB/T 18673 或 SC/T 5021	网目长度偏差率 网目断裂强力或 网片纵向断裂强力或 网目连接点断裂强力
		聚乙烯经编型网片		
		聚乙烯单线单死结型网片		
		聚酰胺单线单死结型网片		
		聚酰胺经编型网片	SC/T 4066	
		超高分子量聚乙烯经编型网片	SC/T 5022	
		聚乙烯绞捻型网片	SC/T 5031	
2	箱体纲绳	聚乙烯绳索	GB/T 18674	最低断裂强力
		聚酰胺绳索		
		聚丙烯-聚乙烯绳索		
		聚丙烯绳索	GB/T 8050	
		聚酯绳索	GB/T 11787	
		超高分子量聚乙烯绳索	GB/T 30668	
3	箱体装配缝合线	聚酰胺网线	SC/T 5006	断裂强力 单线结强力 综合线密度
		聚乙烯网线	SC/T 5007	
		渔用聚乙烯编织线	SC/T 4027	
		超高分子量聚乙烯网线	FZ/T 63028	

5.4　网箱锚泊用合成纤维绳索与锚链材料

5.4.1　合成纤维绳索

聚丙烯绳索、聚酯绳索和超高分子量聚乙烯绳索最低断裂强力应分别符合GB/T 8050、GB/T 11787、GB/T 30668的规定;聚乙烯绳索、聚酰胺绳索和聚丙烯-聚乙烯绳索最低断裂强力应符合GB/T 18674的规定。

5.4.2　锚链

破断载荷和拉力载荷应符合GB/T 549的规定。

5.5　浮式 HDPE 框架网箱主浮管的浮力

浮式 HDPE 框架网箱主浮管的浮力与重量的差值应不小于 5 kN。

5.6　网箱装配要求

5.6.1 框架装配要求

5.6.1.1 HDPE 框架装配要求

应符合 SC/T 4025 的规定。

5.6.1.2 金属框架装配要求

应符合 SC/T 4067 的规定。

5.6.1.3 木质框架装配要求

5.6.1.3.1 按照网箱设计要求完成木质框架用木板的切割下料、钻孔等装配前处理工序。

5.6.1.3.2 如果木质框架装配需要连接件、连接铸件及 U 形螺栓等零部件,则需对上述零部件进行防腐蚀措施处理,且零部件质量需符合相关产品标准或合同规定。

5.6.1.3.3 框架系统由木质框架与浮筒或泡沫浮子等浮体组合安装而成。

5.6.1.3.4 框架系统装配时宜用柔性合成纤维绳索将浮体固定在木质框架上。

5.6.2 箱体装配要求

5.6.2.1 网衣间的装配要求

按 SC/T 4005 和 SC/T 4024 的规定执行。

5.6.2.2 纲绳在箱体上的装配要求

用缝合线将纲绳缝合在箱体网衣上,缝合距离宜不大于 15 cm,其他装配要求按 SC/T 4024 的规定执行。

5.6.3 框架与箱体的连接要求

先将箱体侧纲上端与框架连接固定,然后再用柔性合成纤维绳索将箱体上纲捆扎在框架上,捆扎间距以 20 cm~50 cm 为宜。

6 检验方法

6.1 尺寸偏差率

6.1.1 用卷尺等工具分别测量网箱周长(或网箱框架长度和宽度等网箱主体尺寸)、箱体高度、防跳网高度,每个试样重复测试 2 次,取其算术平均值,单位为米(m),数据取一位小数。

6.1.2 尺寸偏差率按式(1)计算。

$$\Delta x = \frac{x - x_1}{x_1} \times 100 \quad\cdots\cdots\cdots\cdots\cdots\cdots\cdots\cdots\cdots\cdots\cdots\cdots\cdots \quad (1)$$

式中:

Δx ——网箱尺寸偏差率,单位为百分率(%);

x ——网箱的实测尺寸,单位为米(m);

x_1 ——网箱的公称尺寸,单位为米(m)。

6.2 网箱箱体

按表 3 的规定执行。

表 3 网箱箱体检验方法

序号	名 称	项 目	单位样品测试次数	检验方法
1	箱体网衣	外观	5	GB/T 6964
		网目长度	5	GB/T 18673
		网目长度偏差率	5	GB/T 18673
		网片纵向断裂强力	10	GB/T 4925
		网目断裂强力	20	GB/T 21292
		网目连接点断裂强力	5	SC/T 5031

表 3（续）

序号	名 称	项 目	单位样品测试次数	检验方法
2	箱体纲绳	最低断裂强力	3	GB/T 8834
3	箱体装配缝合线	断裂强力	5	SC/T 4022
		单线结强力	5	SC/T 4022
		综合线密度	5	SC/T 4028

6.3 网箱框架材料

6.3.1 HDPE 框架网箱用高密度聚乙烯管材与支架材料

按 SC/T 4025 的规定执行。

6.3.2 金属框架网箱用无缝钢管材料

按 SC/T 4067—2017 中 6.3 的规定执行。

6.3.3 木质框架网箱用木板材料

在自然光线下，通过目测进行木板材料的外观检验。用游标卡尺等工具测量木板厚度，每个试样重复测试 2 次，取其算术平均值，单位为毫米（mm），数据取整数。

6.4 网箱锚泊用合成纤维绳索与锚链材料

6.4.1 合成纤维绳索

按 GB/T 8834 的规定执行。

6.4.2 锚链

按 GB/T 228 的规定执行。

6.5 浮式 HDPE 框架网箱主浮管的浮力

浮式 HDPE 框架网箱主浮管的浮力可选用检测法或理论计算法。选用检测法时，先在浮式 HDPE 框架网箱加工用主浮管上截取 3 段长度为（0.2±0.005）m 的浮管，再将两端封闭后按 SC/T 5003 的规定进行检验，测试试样浮力的算术平均值；最后按式（2）计算浮式 HDPE 框架网箱浮管的浮力，单位为千牛（kN），数据取整数。

$$F = \overline{F}_l \times \frac{L}{l} \quad\quad\quad\quad\quad\quad (2)$$

式中：

F ——浮式 HDPE 框架网箱主浮管的浮力，单位为千牛（kN）；

$\overline{F}_l$ ——试样浮力的算术平均值，单位为千牛（kN）；

L ——浮式 HDPE 框架网箱主浮管的长度，单位为米（m）；

l ——试样长度，单位为米（m）。

选用理论计算法时，根据浮式 HDPE 框架网箱主浮管公称外径和总长度，按式（3）计算浮式 HDPE 框架网箱主浮管的浮力，单位为千牛（kN），数据取整数。

$$F = 7.706 \times \rho \times d_n{}^2 \times L \times 10^{-9} \quad\quad\quad\quad\quad\quad (3)$$

式中：

ρ ——水的密度，单位为千克每立方米（kg/m³）；

d_n ——主浮管公称外径，单位为毫米（mm）。

6.6 网箱装配要求

在自然光线下，通过目测或卷尺等工具进行网箱装配要求检验。

7 检验规则

7.1 出厂检验

7.1.1 每批产品需经厂检验部门进行出厂检验,合格后并附有合格证方可出厂。

7.1.2 出厂检验项目为5.1、5.3中规定项目。网箱周长、网箱框架长度和网箱框架宽度为现场检验。

7.2 型式检验

7.2.1 检验周期和检验项目

7.2.1.1 型式检验每半年至少进行一次,有下列情况之一时亦应进行型式检验:
a) 产品试制定型鉴定时或转厂生产时;
b) 原材料和工艺有重大改变,可能影响产品性能时;
c) 质量技术管理部门提出型式检验要求时。

7.2.1.2 型式检验项目为第5章的全部项目。

7.2.2 抽样

7.2.2.1 在相同工艺条件下,按3个月生产同一品种、同一规格的网箱为一批。

7.2.2.2 当每批网箱产量不少于50台(套)时,从每批网箱中随机抽取不少于4%的网箱作为样品进行检验;当每批网箱产量小于50台(套)时,从每批网箱中随机抽取2台(套)网箱作为样品进行检验。

7.2.2.3 在抽样时,网箱尺寸偏差率(5.1)和网箱装配(5.5)项目可以在现场检验。

7.2.3 判定

按下列规定进行判定:
a) 在检验结果中,若所有样品的全部检验项目符合第5章的要求时,则判该批产品合格;
b) 在检验结果中,若有1个项目不符合第5章的要求时,则判该批产品为不合格。

8 标志、标签、包装、运输及储存

8.1 标志、标签

每个网箱应附有产品合格证明作为标签,标签上至少应包含下列内容:
a) 产品名称;
b) 产品规格;
c) 生产企业名称与地址;
d) 检验合格证;
e) 生产批号或生产日期;
f) 执行标准。

8.2 包装

框架材料、箱体材料、锚泊用合成纤维绳索与锚链材料应用帆布、彩条布、绳索、编织袋或木箱等合适材料包装或捆扎,外包装上应标明材料名称、规格及数量。

8.3 运输

产品在运输过程中应避免抛摔、拖曳、磕碰、摩擦、油污和化学品的污染,切勿用锋利工具钩挂。

8.4 储存

框架材料、箱体材料、锚泊用合成纤维绳索与锚链材料应存放在清洁、干燥的库房内,远离热源3m以上;室外存放应有适当的遮盖,避免阳光照射、风吹雨淋和化学腐蚀。若框架材料、箱体材料、锚泊用合成纤维绳索与锚链材料(从生产之日起)储存期超过2年,则应经复检,合格后方可出厂。

ICS 65.150
B 56

中华人民共和国水产行业标准

SC/T 4045—2018

水产养殖网箱浮筒通用技术要求

General technical specifications for aquaculture cage float

2018-12-19 发布

2019-06-01 实施

中华人民共和国农业农村部 发布

SC/T 4045—2018

前　言

本标准按照 GB/T 1.1—2009 给出的规则起草。

请注意本文件的某些内容可能涉及专利。本文件的发布机构不承担识别这些专利的责任。

本标准由农业农村部渔业渔政管理局提出。

本标准由全国水产标准化技术委员会渔具及渔具材料分技术委员会(SAC/TC 156/SC 4)归口。

本标准起草单位:三沙美济渔业开发有限公司、中国水产科学研究院东海水产研究所、海安中余渔具有限公司、山东鲁普科技有限公司、宁波英特琳滚塑科技有限公司、青岛奥海海洋工程研究院有限公司、三沙蓝海海洋工程有限公司、鲁普耐特集团有限公司、中天海洋系统有限公司、农业农村部绳索网具产品质量监督检验测试中心。

本标准主要起草人:石建高、孟祥君、冯长志、沈明、赵绍德、瞿鹰、吕呈涛、吴勇、余雯雯、曹文英、陈晓雪。

水产养殖网箱浮筒通用技术要求

1 范围

本标准规定了水产养殖网箱浮筒的术语和定义、标记、要求、检验方法、检验规则、标志、标签、包装、运输及储存要求。

本标准适用于经发泡成型或滚塑成型等加工而成、用于水表面的水产养殖浮式网箱浮筒,其他水产养殖网箱浮筒可参照执行。

2 规范性引用文件

下列文件对于本文件的应用是必不可少的。凡是注日期的引用文件,仅注日期的版本适用于本文件。凡是不注日期的引用文件,其最新版本(包括所有的修改单)适用于本文件。

GB/T 8050 纤维绳索 聚丙烯裂膜、单丝、复丝(PP2)和高强复丝(PP3)3、4、8、12 股绳索(ISO 1346:2012,IDT)

GB/T 8834 纤维绳索 有关物理和机械性能的测定(ISO 2307:2005,IDT)

GB/T 11787 纤维绳索 聚酯 3 股、4 股、8 股和 12 股绳索(ISO 1141:2012,IDT)

GB/T 18674 渔用绳索通用技术条件

GB/T 30668 超高分子量聚乙烯纤维 8 股、12 股编绳和复编绳索(ISO 10325:2009,NEQ)

SC/T 4001 渔具基本术语

SC/T 5001 渔具材料基本术语

SC/T 6049 水产养殖网箱名词术语

3 术语和定义

SC/T 4001、SC/T 5001 和 SC/T 6049 界定的以及下列术语和定义适用本文件。为了便于使用,以下重复列出了 SC/T 6049 中的一些术语和定义。

3.1

水产养殖网箱 aquaculture cage

用适宜材料制成的箱状水产动物养殖设施。

注:改写 SC/T 6049—2011,定义 2.1。

3.2

水产养殖网箱浮筒 aquaculture cage float

在水中具有浮力,且形状和结构适合装配在养殖网箱设施上的属具。

3.3

水产养殖网箱泡沫浮筒 aquaculture cage foaming molding float

经发泡成型的水产养殖网箱浮筒。

3.4

水产养殖网箱滚塑浮筒 aquaculture cage rotational molding float

经滚塑成型的水产养殖网箱浮筒。

3.5

填充型水产养殖网箱滚塑浮筒 filling-type aquaculture cage rotational molding float

浮筒壳体内部填充聚氨酯或聚苯乙烯等发泡材料的水产养殖网箱滚塑浮筒。

3.6

空心型水产养殖网箱滚塑浮筒 hollow-type aquaculture cage rotational molding float

浮筒壳体内部空心的水产养殖网箱滚塑浮筒。

4 标记

4.1 完整标记与简便标记

4.1.1 完整标记

水产养殖网箱浮筒标记应至少包含下列内容:

a) 浮筒名称:泡沫浮筒、滚塑浮筒、填充型滚塑浮筒、空心型滚塑浮筒和其他浮筒分别用 FM-FLOAT、RM-FLOAT、FT-RM-FLOAT、HT-RM-FLOAT 和 OTHER-FLOAT 代号表示;

b) 浮筒外形尺寸:圆柱形浮筒使用"外径×长度",桶形或罐形浮筒使用"最大外形直径(或宽度)×长度",长方体形或正方体形浮筒使用"长度×宽度×厚度(或高度)"表示,其他形状浮筒使用浮筒外形的最大主体尺寸表示,单位为毫米(mm);

c) 浮筒材质:聚苯乙烯泡沫浮筒材质以 PS 代号表示,其他泡沫浮筒材质以 OFMM 代号表示;填充型聚乙烯滚塑浮筒(浮筒内部填充聚苯乙烯)、填充型聚乙烯滚塑浮筒(浮筒内部填充聚氨酯)、空心型聚乙烯滚塑浮筒、其他类型滚塑浮筒材质分别以 PE+FTPS、PE+FTPUR、PE+HT 和 ORMM 代号表示;上述泡沫浮筒与滚塑浮筒之外的其他浮筒以 OMMM 代号表示;

d) 浮筒公称浮力:浮筒的公称浮力单位为十牛(daN);

e) 本标准编号。

4.1.2 简便标记

在浮筒制图、生产、运输、设计、贸易和技术交流中,可采用简便标记。简便标记按次序至少应包括 4.1.1 中的 a)、b)两项,可省略 4.1.1 中的 c)、d)、e)三项。

4.2 标记顺序

水产养殖网箱浮筒应按下列标记顺序标记:

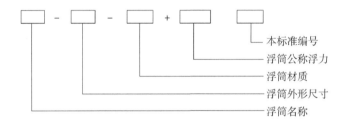

示例 1:

外径×长度为 Φ480 mm×780 mm、公称浮力为 100 daN、以聚苯乙烯为原料发泡成型的网箱养殖用圆柱形聚苯乙烯泡沫浮筒的标记为:

FM-FLOAT-Φ480 mm×780 mm-PS+100 daN   SC/T 4045

示例 2:

外径×长度为 Φ650 mm×1 100 mm、公称浮力为 320 daN,浮筒外壳以聚乙烯为原料滚塑成型、浮筒内部填充聚氨酯的网箱养殖用圆柱形填充型聚乙烯滚塑浮筒的标记为:

RM-FLOAT-Φ650 mm×1 100 mm-PE+FTPUR+320 daN   SC/T 4045

示例 3:

外径×长度为 Φ600 mm×1 050 mm、公称浮力为 260 daN,以聚苯乙烯为原料发泡成型的网箱养殖用圆柱形聚苯乙烯泡沫浮筒的简便标记为:

FM-FLOAT-Φ600 mm×1 050 mm

示例4:

外径×长度为Φ650 mm×1 100 mm、公称浮力为320 daN,浮筒外壳以聚乙烯为原料滚塑成型、浮筒内部填充聚氨酯的网箱养殖用圆柱形填充型聚乙烯滚塑浮筒的简便标记为:

RM-FLOAT-Φ650 mm×1 100 mm

5 要求

5.1 尺寸偏差率

应符合表1的规定。

表1 尺寸偏差率

序号	项 目	浮筒尺寸偏差率,%
1	外径[a]	±2.0
2	长度[b]	±2.0
3	宽度[b]	±2.0
4	厚度或高度[b]	±2.0

[a] 外径指圆柱形浮筒的直径、桶形或罐形浮筒的最大外径。
[b] 长度、宽度、厚度(或高度)指浮筒的(最大外形)长度、宽度和厚度(或高度)。

5.2 性能要求

5.2.1 泡沫浮筒

浮筒材料的密度不小于15 kg/m³。

5.2.2 滚塑浮筒

5.2.2.1 空心型滚塑浮筒

5.2.2.1.1 浮筒外壳无气孔,以免浮筒渗漏。

5.2.2.1.2 浮筒外壳无毛刺,以免浮筒使用过程中损坏浮筒捆扎绳与养殖网箱箱体网衣。

5.2.2.1.3 浮筒外壳壳体壁厚不小于6.0 mm,且其壁厚偏差率不大于±10%。

5.2.2.2 填充型滚塑浮筒

5.2.2.2.1 浮筒外壳无气孔,以免浮筒渗漏。

5.2.2.2.2 浮筒外壳无毛刺,以免浮筒使用过程中损坏浮筒捆扎绳与养殖网箱箱体网衣。

5.2.2.2.3 浮筒外壳壳体壁厚不小于5.0 mm,且其壁厚偏差率不大于±10%。

5.2.2.2.4 浮筒内部填充聚氨酯材料的平均密度不小于30 kg/m³,其他填充材料的平均密度不小于15 kg/m³。

5.3 装配用捆扎绳断裂强力要求

滚筒装配宜用绳索,绳索断裂强力应符合表2的规定。

表2 装配用捆扎绳要求

名 称		要 求	项 目
装配用捆扎绳	聚乙烯绳索	GB/T 18674	最低断裂强力
	聚酰胺绳索		
	聚丙烯-聚乙烯绳索		
	聚丙烯绳索	GB/T 8050	
	聚酯绳索	GB/T 11787	
	超高分子量聚乙烯绳索	GB/T 30668	

5.4 浮力要求

不小于公称浮力。

5.5 装配要求

5.5.1 泡沫浮筒装配要求

以浮筒为养殖网箱框架系统提供浮力时,先将浮筒套在土工布袋或深色网目尺寸小于1.5 cm的小网目网袋等袋中并扎紧,再用捆扎绳将浮筒按设计要求牢固地捆扎在养殖网箱金属框架或木质框架等框架的下方;以浮筒为养殖网箱锚泊系统浮绳框提供浮力或作为锚泊标记时,先将浮筒套在土工布袋或深色网目尺寸小于1.5 cm的小网目网袋等袋中,再用捆扎绳将浮筒与浮绳框或锚绳等连接固定。

5.5.2 滚塑浮筒装配要求

以浮筒为养殖网箱框架系统提供浮力时,用捆扎绳将浮筒按设计要求牢固地捆扎在养殖网箱金属框架或木质框架等框架的下方;以浮筒为养殖网箱锚泊系统浮绳框提供浮力或作为锚泊标记时,用捆扎绳将浮筒与浮绳框或锚绳等连接固定。

6 检验方法

6.1 尺寸偏差率

6.1.1 主体尺寸测量

用卷尺等工具分别测量浮筒外径、长度等浮筒主体尺寸,每个试样重复测试2次,取其算术平均值,单位为毫米(mm),数据取整数。

6.1.2 尺寸偏差率

按式(1)计算。

$$\Delta x = \frac{x - x'}{x'} \times 100 \cdots\cdots (1)$$

式中:

Δx ——尺寸偏差率,单位为百分率(%);

x ——实测尺寸,单位为毫米(mm);

x' ——公称尺寸,单位为毫米(mm)。

6.2 性能要求

6.2.1 泡沫浮筒

测量泡沫浮筒材料的重力,测量泡沫浮筒材料的体积,然后按式(2)计算泡沫浮筒材料的密度。

$$\rho = \frac{G}{g \times V} \cdots\cdots (2)$$

式中:

ρ ——浮筒材料的密度,单位为千克每立方米(kg/m³);

G ——泡沫浮筒材料在空气中的重力,单位为牛顿(N);

g ——9.80 m/s²;

V ——泡沫浮筒的体积,单位为立方米(m³)。

6.2.2 滚塑浮筒

6.2.2.1 空心型滚塑浮筒外壳

6.2.2.1.1 将密闭的浮筒浸没于静水中至少0.5 h,观察无气泡溢出。

6.2.2.1.2 在自然光下,目测浮筒外壳无毛刺。

6.2.2.1.3 先用开孔器在浮筒外壳壳体上的5个不同位置开孔切割取样,再用游标卡尺测量开孔切割获得的浮筒外壳壳体样品厚度,取其算术平均值,单位为毫米(mm),数据取整数;最后按式(3)计算浮筒外壳壳体壁厚的偏差率。

$$\Delta c = \frac{c - c_1}{c_1} \times 100 \cdots\cdots (3)$$

式中：

Δc ——浮筒外壳壳体壁厚偏差率，单位为百分率（％）；

c ——浮筒外壳壳体壁厚的实测尺寸，单位为毫米（mm）；

c_1 ——浮筒外壳壳体壁厚的公称尺寸，单位为毫米（mm）。

6.2.2.2 填充型滚塑浮筒外壳

6.2.2.2.1 将密闭的浮筒浸没于静水中至少 0.5 h，若观察不到水中有气泡溢出，则表明浮筒外壳无气孔。

6.2.2.2.2 在自然光下，通过目测进行浮筒外壳毛刺的外观检验。

6.2.2.2.3 先用开孔器在浮筒外壳壳体上的 5 个不同位置开孔切割取样，再用游标卡尺测量开孔切割获得的浮筒外壳壳体样品厚度，取其算术平均值，单位为毫米（mm），数据取整数；最后按式（3）计算浮筒外壳壳体壁厚的偏差率。

6.2.2.2.4 测量浮筒内部填充材料的重力和体积，然后按式（2）计算浮筒内部填充材料的平均密度。

6.3 装配用捆扎绳断裂强力要求

按 GB/T 8834 的规定执行。

6.4 装配要求

在自然光下，目测。

7 检验规则

7.1 出厂检验

7.1.1 每批产品需经厂检验部门进行出厂检验，合格后并附有合格证方可出厂。

7.1.2 出厂检验项目为 5.1、5.2 中规定项目。

7.2 型式检验

7.2.1 检验周期和检验项目

7.2.1.1 型式检验每半年至少进行一次，有下列情况之一时亦应进行型式检验：

   a) 产品试制定型鉴定时或转厂生产时；

   b) 原材料和工艺有重大改变，可能影响产品性能时；

   c) 质量技术管理部门提出型式检验要求时。

7.2.1.2 型式检验项目为第 5 章的全部项目。

7.2.2 抽样

7.2.2.1 在相同工艺条件下，按 3 个月生产同一品种、同一规格的浮筒为一批。

7.2.2.2 从每批浮筒中随机抽取 2 套浮筒作为样品进行检验。

7.2.2.3 在抽样时，浮筒尺寸偏差率（5.1）和浮筒装配（5.5）项目可以在现场检验。

7.2.3 判定

按下列规定进行判定：

   a) 若所有样品的全部检验项目符合第 5 章要求，则判该批产品合格；

   b) 若浮筒尺寸偏差率、浮筒性能要求中有 1 项不符合要求，则判该批产品为不合格。

8 标志、标签、包装、运输及储存

8.1 标志、标签

每个浮筒应附有产品合格证明作为标签，标签上至少应包含下列内容：

   a) 产品名称；

b)　产品规格；

c)　生产企业名称与地址；

d)　检验合格证；

e)　生产批号或生产日期；

f)　执行标准。

8.2　包装

浮筒应用帆布、彩条布、绳索或编织袋等合适材料包装或捆扎,外包装上应标明材料名称、规格及数量。

8.3　运输

产品在运输过程中应避免抛摔、拖曳、磕碰、摩擦、油污和化学品的污染,切勿用锋利工具钩挂。

8.4　储存

浮筒及其捆扎绳应存放在清洁、干燥的库房内,远离热源 3 m 以上;室外存放应有适当的遮盖,避免阳光照射、风吹雨淋和化学腐蚀。若浮筒及其捆扎绳(从生产之日起)储存期超过 2 年,则应经复检,合格后方可出厂。

———————————

ICS 65.150
B 52

中华人民共和国水产行业标准

SC/T 5706—2018

金鱼分级　草金鱼

Classification of goldfish—Gold crucian

2018-12-19 发布

2019-06-01 实施

中华人民共和国农业农村部 发布

前　言

本标准按照 GB/T 1.1—2009 给出的规则起草。

请注意本文件的某些内容可能涉及专利。本文件的发布机构不承担识别这些专利的责任。

本标准由农业农村部渔业渔政管理局提出。

本标准由全国水产标准化技术委员会观赏鱼分技术委员会(SAC/TC 156/SC 8)归口。

本标准起草单位:中国水产科学研究院珠江水产研究所。

本标准主要起草人:汪学杰、宋红梅、牟希东、刘奕、胡隐昌、刘超、顾党恩、罗渡、杨叶欣、徐猛、韦慧。

金鱼分级　草金鱼

1 范围

本标准规定了金鱼(*Carassius auratus* L. var)中草金鱼类的术语和定义、技术要求、检验方法和等级判定。

本标准适用于草金鱼的分级。

2 规范性引用文件

下列文件对于本文件的应用是必不可少的。凡是注日期的引用文件,仅注日期的版本适用于本文件。凡是不注日期的引用文件,其最新版本(包括所有的修改单)适用于本文件。

GB/T 18654.3　养殖鱼类种质检验　第3部分:性状测量

SC/T 5701　金鱼分级　狮头

SC/T 5702　金鱼分级　琉金

3 术语和定义

GB/T 18654.3、SC/T 5701、SC/T 5702界定的以及下列术语和定义适用于本文件。

3.1

草金鱼　gold crucian
金鲫

具有鲫的基本体形,体色有显著变异的金鱼,代表品种主要包括短尾草金鱼和长尾草金鱼。

4 技术要求

4.1 基本特征

4.1.1 体形

体纺锤形,侧扁。尾鳍单叶,分叉。

4.1.2 体色

体色与鲫不同,可为红、橙、黄、棕、黑、白、银灰等单色或复色。外形特征参见附录A。

4.2 质量要求

全长≥5 cm;身体左右对称;泳姿端正、平衡;各鳍完整无残缺;鳞片有光泽;体表无病症。

4.3 分级指标

4.3.1 短尾草金鱼

分为Ⅰ级、Ⅱ级、Ⅲ级,Ⅰ级为最高质量等级。分级指标见表1。

表1　短尾草金鱼分级指标

指标	等级		
	Ⅰ级	Ⅱ级	Ⅲ级
体高/体长	≥0.39	≥0.35	≥0.30
体宽/体长	≥0.21	≥0.19	≥0.17
尾鳍长/体长	0.25～0.29		0.20～0.24 或 0.30～0.35
头长/体长	≤0.32	≤0.34	>0.34

表 1（续）

指 标	等 级		
	Ⅰ级	Ⅱ级	Ⅲ级
体色	复色且色块大而清晰,或具有闪光鳞的单色	复色但色块较小;银灰色或白色鱼之外的且无闪光鳞的单色	复色但色块不清晰,银灰色或白色的单色
色质	鲜艳、浓郁,或特征性色彩鲜明	色质稍欠浓郁或色质浓淡不匀,或特征性色彩不鲜明	主要颜色色质过淡,或体色杂乱
外观综合表现	各鳍完整,无扭曲、无折痕,偶鳍对称。无再生鳞或掉鳞	各鳍完整,无明显扭曲或折痕,偶鳍对称。无明显再生鳞或掉鳞	鳍有明显损伤或扭曲,或偶鳍存在不对称现象,或明显有再生鳞或掉鳞

4.3.2 长尾草金鱼

分为Ⅰ级、Ⅱ级、Ⅲ级,Ⅰ级为最高质量等级。分级指标见表2。

表 2 长尾草金鱼分级指标

指 标	等 级		
	Ⅰ级	Ⅱ级	Ⅲ级
体高/体长	≥0.38	≥0.35	≥0.30
体宽/体长	≥0.21	≥0.19	≥0.17
尾鳍长/体长	≥0.65	≥0.55	≥0.35
头长/体长	≤0.32	≤0.34	>0.34
体色	双色或2种以上颜色,或具有闪光鳞的单色	银色或白色鱼之外的且无闪光鳞的单色	银色或白色鱼
色质	鲜艳、浓郁,或特征性色彩鲜明	稍欠浓郁或浓淡不匀,且特征性色彩不鲜明	杂乱或主要颜色淡薄
尾鳍形态	宽,能完全展开,上下叶大小一致	较宽,能完全展开,上下叶大小稍有差异	较狭窄,或不能完全展开,或上下叶大小悬殊
外观综合表现	各鳍完整,无扭曲、无折痕,偶鳍均适当延长且相互对称。无再生鳞或掉鳞	各鳍完整,无明显扭曲或折痕,偶鳍相互对称但无明显延长,无明显再生鳞或掉鳞	鳍有明显损伤或扭曲,或偶鳍存在不对称现象,或明显有再生鳞或掉鳞

5 检测方法

可量指标按 GB/T 18654.3 规定的方法执行。

6 等级判定

每尾鱼的最终等级为全部指标中最低指标所处等级。

附　录　A

（资料性附录）

草金鱼形态特征图

A.1　短尾草金鱼形态特征图

见图 A.1。

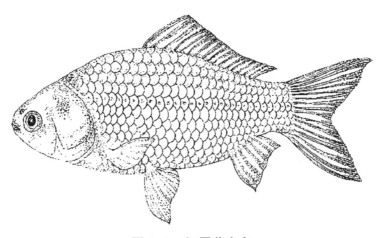

图 A.1　短尾草金鱼

A.2　长尾草金鱼形态特征图

见图 A.2。

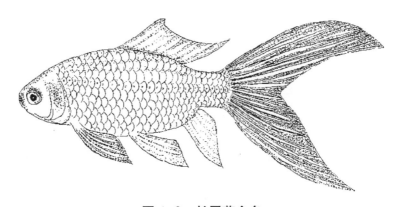

图 A.2　长尾草金鱼

ICS 65.150
B 52

中华人民共和国水产行业标准

SC/T 5707—2018

金鱼分级　和金

Classification of goldfish—Hejin

2018-12-19 发布

2019-06-01 实施

中华人民共和国农业农村部 发布

前　言

本标准按照 GB/T 1.1—2009 给出的规则起草。

请注意本文件的某些内容可能涉及专利。本文件的发布机构不承担识别这些专利的责任。

本标准由农业农村部渔业渔政管理局提出。

本标准由全国水产标准化技术委员会观赏鱼分技术委员会(SAC/TC 156/SC 8)归口。

本标准起草单位:中国水产科学研究院珠江水产研究所。

本标准主要起草人:牟希东、宋红梅、汪学杰、刘奕、刘超、胡隐昌、顾党恩、罗渡、杨叶欣、徐猛、韦慧。

金鱼分级　和金

1　范围

本标准规定了金鱼(*Carassius auratus* L. var)和金(Hejin)品种的术语和定义、技术要求、检测方法和等级判定。

本标准适用于和金的分级。

2　规范性引用文件

下列文件对于本文件的应用是必不可少的。凡是注日期的引用文件,仅注日期的版本适用于本文件。凡是不注日期的引用文件,其最新版本(包括所有的修改单)适用于本文件。

GB/T 18654.3　养殖鱼类种质检验　第3部分:性状测定

SC/T 5701　金鱼分级　狮头

SC/T 5702　金鱼分级　琉金

SC/T 5704　金鱼分级　蝶尾

3　术语和定义

GB/T 18654.3、SC/T 5701、SC/T 5702、SC/T 5704界定的以及下列术语和定义适用于本文件。

3.1

和金　Hejin,wakin

头部和躯干形态与鲫相似,尾鳍为左右两叶的金鱼。

4　技术要求

4.1　基本特征

4.1.1　体形

纺锤形,侧扁。尾鳍左右两叶。外形特征参见附录A。

4.1.2　体色

可为红、橙、黄、棕、黑、白、银、灰等单色或复色。

4.2　质量要求

全长≥5 cm;身体左右对称;泳姿端正、平衡;各鳍完整无残缺;鳞片有光泽;体表无病症。

4.3　分级指标

分为Ⅰ级、Ⅱ级、Ⅲ级,Ⅰ级为最高质量等级。分级指标见表1。

表1　和金分级指标

指标	等级		
	Ⅰ级	Ⅱ级	Ⅲ级
体高/体长	≥0.40	≥0.35	≥0.30
体宽/体长	≥0.21	≥0.19	≥0.17
尾鳍长/体长	≥0.28	≥0.24	≥0.20
头长/体长	≤0.30	≤0.33	>0.33
尾鳍前缘夹角	≥105°	≥90°	≥60°

SC/T 5707—2018

表 1（续）

指 标	等 级		
	Ⅰ 级	Ⅱ 级	Ⅲ 级
体色	2 种或以上颜色,或具有闪光鳞的单色	无闪光鳞的单色(白色除外)	白色
颜色比例(限用于红白双色品种)	红色占 40%～80%,或身体白色,鳍全部为红色	红色所占比例不小于 20%	红色占 20%以下
色质	鲜艳、浓郁,或特征性色彩鲜明	欠佳,且特征性色彩不鲜明	浅淡杂乱
外观综合表现	各鳍完整,无扭曲、无折痕,偶鳍对称。无再生鳞或掉鳞	各鳍完整,无明显扭曲或折痕,偶鳍对称。无明显的再生鳞或掉鳞	鳍有明显损伤或扭曲,或偶鳍存在不对称现象,或明显有再生鳞或掉鳞

5 检测方法

5.1 尾鳍前缘夹角

按 SC/T 5704 的规定执行。

5.2 可量指标的检测

按 GB/T 18654.3 的规定执行。

6 等级判定

每尾鱼的最终等级为全部指标中最低指标所处等级。

附　录　A
（资料性附录）
和金外形特征图

A.1　和金侧视图

见图 A.1。

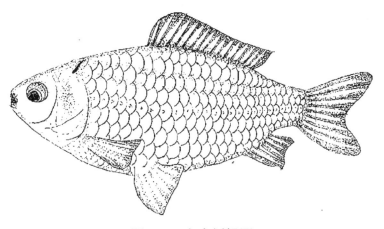

图 A.1　和金侧视图

A.2　和金俯视图

见图 A.2。

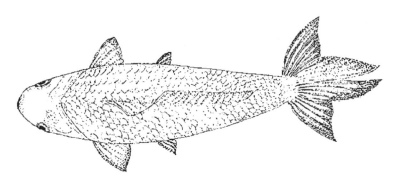

图 A.2　和金俯视图

ICS 65.150
B 94

中华人民共和国水产行业标准

SC/T 6010—2018
代替 SC/T 6010—2001

叶轮式增氧机通用技术条件

General technical conditions for impeller aerator

2018-12-19 发布　　　　　　　　　2019-06-01 实施

中华人民共和国农业农村部 发布

前　言

本标准按照 GB/T 1.1—2009 给出的规则起草。

请注意本文件的某些内容可能涉及专利。本文件的发布机构不承担识别这些专利的责任。

本标准代替 SC/T 6010—2001《叶轮增氧机技术条件》。与 SC/T 6010—2001 相比,除编辑性修改外主要内容变化如下:

——对标准名称进行了修改;

——修改了电动机输入电压波动范围(见 5.2);

——修改了增氧机空运转噪声(声功率级)的要求(见表 1);

——删除了原标准 5.3.3;

——修改了增氧机净浮率的要求(见 5.3.3);

——修改了电动机防护罩的要求(见 5.4.2);

——增加了对产品说明书的要求(见 5.4.5);

——修改了增氧机零部件选用要求(见 5.5.2);

——修改了对电动机的要求(见 5.6.4);

——修改了增氧机空运转试验的方法(见 6.1);

——修改了浮体密封性试验的方法(见 6.14);

——修改了产品型式检验要求(见 7.2.1)。

本标准由农业农村部渔业渔政管理局提出。

本标准由全国水产标准化技术委员会(SAC/TC 156/SC 6)归口。

本标准起草单位:中国水产科学研究院渔业机械仪器研究所、浙江富地机械有限公司。

本标准起草人:钟伟、何雅萍、吴海钧、张祝利、顾海涛、吴姗姗、葛素。

本标准所代替标准的历次版本发布情况为:

—— SC/T 6010—2001。

叶轮式增氧机通用技术条件

1 范围

本标准规定了叶轮式增氧机的型号表示、技术要求、试验方法、检验规则、标志、包装、运输和储存的要求。

本标准适用于叶轮式增氧机。

2 规范性引用文件

下列文件对于本文件的应用是必不可少的。凡是注日期的引用文件,仅注日期的版本适用于本文件。凡是不注日期的引用文件,其最新版本(包括所有的修改单)适用于本文件。

GB 755 旋转电机 定额与性能

GB/T 3768 声学 声压法测定噪声源 声功率级 反射面上方采用包络测量表面的简易法

GB/T 9480 农林拖拉机和机械、草坪和园艺动力机械 使用说明书编写规则

GB/T 13306 标牌

GB/T 13384 机电产品包装通用技术条件

SC/T 6009 增氧机增氧能力试验方法

3 术语和定义

下列术语和定义适用于本文件。

3.1

净浮率 net buoyancy rate

一台增氧机全部浮体所产生的浮力总和与增氧机的总质量的比值。

4 型号表示

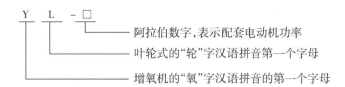

示例:

YL-3.0 表示电动机额定功率为 3.0 kW 的叶轮式增氧机。

5 技术要求

5.1 基本要求

增氧机应符合本标准要求,并按照经规定程序批准的产品图样及技术文件制造。如果用户有特殊要求时,按用户与制造方签订的合同规定制造,并应在该产品说明书中分述特殊要求。

5.2 工况条件

增氧机在下列工况条件下应能正常工作:

a) 环境空气温度为 0℃～40℃;

b) 电动机输入电压波动不超过额定值的±7%。

5.3 性能要求

5.3.1 增氧机空载运行时应平稳,不得有异常声响及振动现象。

5.3.2 增氧机的增氧能力、动力效率、空运转噪声(声功率级)应符合表1要求。表1中未列出的型号规格,应符合制造方的明示标识。

表 1 增氧机增氧能力、动力效率及空运转噪声要求

型 号	配套功率 kW	增氧能力 kg/h	动力效率 kg/(kW·h)	空运转噪声 (声功率级) dB(A)
YL - 0.75	0.75	≥1.2	≥1.4	≤90.0
YL - 1.1	1.1	≥1.6	≥1.4	≤95.0
YL - 1.5	1.5	≥2.3	≥1.5	≤95.0
YL - 2.2	2.2	≥3.4	≥1.5	≤95.0
YL - 3.0	3.0	≥4.5	≥1.5	≤95.0

5.3.3 增氧机的主机与浮体的连接应牢固,增氧机的净浮率应大于1.5。

5.3.4 增氧机应在明显部位标示或在使用说明书中说明叶轮的浸没深度和旋转方向。

5.3.5 在规定的使用条件下,增氧机首次故障前工作时间应不小于1 000 h。

5.4 安全要求

5.4.1 电动机绕组对机壳冷态绝缘电阻应大于1 MΩ,并标有明显的接地标识。

5.4.2 电动机应有防护罩(防护等级IP65的电机除外)。

5.4.3 增氧机减速箱不应有渗漏油。

5.4.4 增氧机的外表涂层应不含有水溶性有毒物质。

5.4.5 产品使用说明书的编写应符合GB/T 9480的规定,至少应包括下列内容:

    a) 使用增氧机之前,必须仔细阅读产品使用说明书;

    b) 增氧机应安全接地,接地应符合电工安全技术操作规程的要求,确保人身安全;

    c) 连接电源应由专业电工按照国家电工安全技术操作规程进行;

    d) 电路中必须安装漏电保护装置,防止线路漏电发生意外。

5.5 材料和外购件要求

5.5.1 制造增氧机的材料应符合有关标准规定的要求,应提供材料质量证明书。如无证明材料时须经制造方质量检验部门检验合格后方可使用。

5.5.2 增氧机如在海水中运行,有关零部件应做防腐处理或选用防腐材料。

5.6 主要零部件要求

5.6.1 铸件表面应经清理,不允许有影响使用性能的裂纹、缩孔、冷隔等缺陷。

5.6.2 焊接件应除净焊渣、氧化皮及溅粒,焊缝应平整、均匀、牢固,不允许有烧穿、裂纹及其他影响使用性能的缺陷。

5.6.3 浮体应满足增氧机的使用要求,不允许有渗漏或影响浮力的缺陷。

5.6.4 电动机应符合GB 755的要求,电动机定子绕组的温升(电阻法)应不超过80 K。

5.7 外观质量

增氧机的金属外露表面,外露的紧固件应做防锈处理;涂层应平整光滑,无露底,不应有气泡、留痕、起皱等缺陷。

6 试验方法

6.1 运转平稳性

将增氧机放在水平地面连续运行30 min,应符合5.3.1的要求。

6.2 增氧能力

按 SC/T 6009 的规定进行试验,其结果应符合 5.3.2 的要求。

6.3 动力效率

按 SC/T 6009 的规定进行试验,其结果应符合 5.3.2 的要求。

6.4 空运转噪声

按 GB/T 3768 的规定进行试验,其结果应符合 5.3.2 的要求。

6.5 冷态绝缘电阻及接地标识

用 500 V 兆欧表测量电动机绕组对机壳的冷态绝缘电阻,并检查电动机是否有接地标识。

6.6 防护装置

检查电动机是否有防护罩。

6.7 渗漏油

增氧机空运转 20 min,检查其减速箱是否渗漏油,并在增氧能力试验后再次检查是否有渗漏油现象。

6.8 涂层要求

由制造方提供涂层无毒证明文件。

6.9 净浮率

测量增氧机浮体的总体积和称出增氧机的总质量,按式(1)计算净浮率。

$$B = \frac{V\rho g}{gm} = \frac{V\rho}{m} \quad \cdots\cdots\cdots\cdots\cdots\cdots\cdots\cdots\cdots\cdots\cdots\cdots \quad (1)$$

式中:

B ——净浮率;

V ——增氧机浮体的总体积,单位为立方米(m^3);

ρ ——水的密度,取 $1 \times 10^3 kg/m^3$;

g ——重力加速度,单位为米每二次方秒(m/s^2);

m ——增氧机的总质量,单位为千克(kg)。

6.10 标记

目测检查增氧机的标记,应符合 5.3.4 的规定。

6.11 铸件质量

目测检查增氧机的铸件,应符合 5.6.1 的规定。

6.12 焊接件质量

目测检查增氧机的焊接件,应符合 5.6.2 的规定。

6.13 外观质量

目测检查增氧机的外观,应符合 5.7 的规定。

6.14 浮体密封性

对于空心浮体,在增氧能力试验后检查是否有渗漏现象;对非空心浮体,检查浮体是否出现影响浮力的情况。

6.15 电动机温升试验

将增氧机置于试验池中,先测量电动机绕组 R_0 和绕组温度 θ_0,开机运行,待电动机温升达到热稳定后,测量电动机绕组 R_f 和冷却介质温度 θ_f,按式(2)计算绕组的温升值 $\Delta\theta$。

$$\Delta\theta = \frac{R_f - R_0}{R_0}(K_a + \theta_0) + \theta_0 - \theta_f \quad \cdots\cdots\cdots\cdots\cdots\cdots\cdots\cdots\cdots\cdots \quad (2)$$

式中:

$\Delta\theta$ ——绕组的温升值,单位为开尔文(K);

R_f——试验结束时的绕组电阻,单位为欧(Ω);

R_0——试验开始时绕组电阻,单位为欧(Ω);

θ_f——试验结束时的冷却介质温度,单位为摄氏度($^\circ\text{C}$);

θ_0——试验开始时的绕组温度,单位为摄氏度($^\circ\text{C}$);

K_a——常数。对铜绕组,为235;对铝绕组,除另有规定外,应采用225。

6.16 首次故障前工作时间

从用户中抽样调查统计(限至少1年以上用户)。

7 检验规则

7.1 出厂检验

每台增氧机都应按5.3.1、5.3.4、5.4.1、5.4.2、5.4.3、5.4.5、5.6.1、5.6.2、5.6.3和5.7的要求进行出厂检验。

7.2 型式检验

7.2.1 有下列情况之一时,应进行型式检验:

a) 新产品或老产品转厂生产的试制定型鉴定;

b) 投产后在产品结构、材料、工艺上有较大改变,可能影响产品性能时;

c) 正常生产时,每2年进行一次;

d) 产品停产1年以上,恢复生产时;

e) 有关质量监督主管部门提出进行型式检验要求时。

7.2.2 型式检验时应对第5章(除5.3.5外)规定的所有项目进行检验。对5.3.5可根据具体情况由确定做型式检验的单位决定是否进行抽样调查。

7.2.3 抽样方法

型式检验在出厂检验合格的产品中随机抽样,除7.2.1e)由有关部门确定外,批量小于等于200台时每次抽取2台,批量大于200台时每次抽取3台。

7.2.4 不合格分类

被检项目不符合本标准技术要求的均称为不合格。按对产品质量特征不符合的严重程度分为A类不合格,B类不合格,C类不合格。不合格分类见表2。

表2 不合格分类

分类	序号	检验项目	技术要求的条款	试验方法的条款
A类	1	增氧能力	5.3.2	6.2
	2	绝缘电阻及接地标识	5.4.1	6.5
	3	渗漏油	5.4.3	6.7
	4	浮体密封性	5.6.3	6.14
B类	1	动力效率	5.3.2	6.3
	2	防护装置	5.4.2	6.6
	3	涂层要求	5.4.4	6.8
	4	净浮率	5.3.3	6.9
	5	空运转噪声	5.3.2	6.4
	6	电动机温升试验	5.6.4	6.15
C类	1	运转稳定性	5.3.1	6.1
	2	标记	5.3.4	6.10
	3	铸件质量	5.6.1	6.11
	4	焊接件质量	5.6.2	6.12
	5	外观质量	5.7	6.13

7.2.5 型式试验判定规则

7.2.5.1 单台不合格判定数如下：

    a) A类不合格的不合格判定数为1项；

    b) B类不合格的不合格判定数为2项；

    c) C类不合格的不合格判定数为3项；

    d) B+C类不合格的不合格判定数为3项。

7.2.5.2 被检验的不合格数项数小于7.2.5.1规定时，则判定该产品为合格；大于或等于7.2.5.1规定时，则判定该台产品为不合格。

7.2.5.3 每次抽样的样品经检测应全部合格则判定该批次产品为合格品，其中有一台不合格则判定该批次产品为不合格。

8 标志、包装、运输和储存

8.1 标志

每台增氧机应在明显部位固定耐久性产品标牌，标牌尺寸和要求应符合GB/T 13306的规定，标牌上至少应有下列内容：

    a) 产品的型号和名称；

    b) 主要技术参数(增氧能力、电压、配套功率和总重量)；

    c) 出厂编号或生产日期；

    d) 制造厂名称；

    e) 执行标准号。

8.2 包装

8.2.1 包装的技术要求应符合GB/T 13384的规定，也可以由用户与制造方协商而定，但制造方应采取必要的防护措施。

8.2.2 每台增氧机出厂时应附有下列技术文件，并装在防水防潮的文件袋内：

    a) 装箱单；

    b) 产品出厂合格证；

    c) 产品使用说明书。

8.3 运输

增氧机在装运过程中不得翻滚和倒置。

8.4 储存

增氧机应存放在干燥、通风且无腐蚀性气体的室内。

————————————

ICS 65.150
B 94

中华人民共和国水产行业标准

SC/T 6076—2018

渔船应急无线电示位标技术要求

Technical requirements for emergency position indicator radio beacon of
fishing vessels

2018-12-19 发布

2019-06-01 实施

中华人民共和国农业农村部 发布

前　言

本标准按照 GB/T 1.1—2009 给出的规则起草。

请注意本文件的某些内容可能涉及专利。本文件的发布机构不承担识别这些专利的责任。

本标准由农业农村部渔业渔政管理局提出。

本标准由全国水产标准化技术委员会渔业机械仪器分技术委员会(SAC/TC 156/SC 6)归口。

本标准起草单位:中国水产科学研究院渔业机械仪器研究所。

本标准起草人:陈寅杰、石瑞、韩梦遐。

渔船应急无线电示位标技术要求

1 范围

本标准规定了渔船应急无线电示位标的技术要求和试验方法。

本标准适用于采用 406 MHz 的渔船应急无线电示位标的设计、制造、检测和验收。

2 规范性引用文件

下列文本对于本文件的应用是必不可少的。凡是注日期的引用文件，仅注日期的版本适用于本文件。凡是不注日期的引用文件，其最新版本（包括所有的修改单）适用于本文件。

GB 14391—2009　卫星紧急无线电示位标性能要求

GB/T 16162　全球海上遇险和安全系统（GMDSS）术语

C/S T.001　全球卫星搜救系统 406MHz 遇险信标规范（SPECIFICATION FOR COSPAS-SARSAT 406 MHz DISTRESS BEACONS）

C/S T.007　406 MHz 遇险示位标型式试验标准（COSPAS-SARSAT 406 MHz DISTRESS BEACON TYPE APPROCAL STANDARD）

C/S T.012　全球卫星搜救系统 406 MHz 频率管理计划（COSPAS-SARSAT 406 MHz FREQUENCY MANAGEMENT PLAN）

IEC 60945-2002　海上导航和无线电通信设备及系统　一般要求　测试方法和要求的测试结果（Maritime navigation and radio communication equipment and systems—General requirements—Methods of testing and required test results）

IEC 61097-2-2008　全球海上遇险和安全系统（GMDSS）　第 2 部分：COSPAS-SARSAT EPIRB　406 MHz 卫星紧急定位无线电信标的操作　操作和性能要求、测试方法和要求的测试结果〔Global maritime distress and safety system (GMDSS)—Part 2：COSPAS-SARSAT EPIRB-Satellite emergency position indicating radio beacon operating on 406 MHz-Operational and performance requirements，methods of testing and required test results〕

IMO A.658(16)　使用和安装救生设备后向反射材料（Use and fitting of retro-reflective materials on life-saving appliances）

3 术语和定义

GB/T 16162 界定的术语和定义适用于本文件。

4 技术要求

4.1 一般要求

4.1.1 外观质量

设备的各个部件，包括自动释放装置、静水压力释放器和应急无线电示位标主机不应有凹坑、裂纹、锈蚀、毛刺等明显缺陷。线缆应固定牢靠、无损伤。

4.1.2 功能要求

应满足以下功能要求：

a)　设备应能够在 406 MHz 带宽发送遇险报警信号给 COSPAS-SARSAT 卫星系统；

b)　设备应能够手动释放，并且便于携带进入救生筏内；

c) 设备应该配有自由浮离释放装置,并且该装置能够在极端条件下可靠地运行。

4.1.3 结构要求

示位标至少应由发射机、电源、天线三部件组成,并装于同一壳体内。

4.2 示位标操作要求

4.2.1 防止误触发

示位标应满足以下要求:

a) 有防止设备误触发和解除误触发的措施;

b) 当水泼至设备的自由浮离释放装置上,示位标不应该触发。

4.2.2 浸没、漂浮和落水试验

示位标应满足以下要求:

a) 应能够在 10 m 水深处,保持至少 5 min,且无水进入壳体内部;

b) 应能够在平静的水面上直立漂浮,姿态平稳;在任何海洋环境下均应有足够的浮力;

c) 从 20 m 高处跌落至水体后,应没有任何损坏。

4.2.3 触发信号

示位标应满足以下要求:

a) 自由漂浮在水面后,应能够自动触发信号;

b) 应能够重复地手动触发和手动解除信号,当示位标的自由浮离其释放机构或漂浮在水面时,手动关闭不应妨碍自动激活;

c) 应该配有低占空比的闪光白灯,白灯最低发光强度至少为 0.75 cd,上半球光强的算术平均值应至少为 0.5 cd,闪烁频率应为每分钟 20 次～30 次,闪烁持续时间应为 10^{-6} s～10^{-1} s;

d) 示位标被手动触发后,白灯应在 2 s 内开始闪烁;遇险信号应在 47 s 到 5 min 之间启动首次发射;

e) 应有指示信号正在发射的装置;

f) 应提供 121.5 MHz 的寻位信号;

g) 406 MHz 触发信号最大连续发射时间不应超过 45 s。

4.2.4 自检模式

示位标应满足 GB 14391—2009 中 6.4.1.1 和 6.4.1.2 的规定。

4.2.5 外壳颜色和反光材料

示位标应满足以下要求:

a) 外壳颜色应该为黄色或橙色,并且配有反光材料;

b) 反光材料在水平面以上的面积不应低于 25 cm^2,反光材料宽度至少为 25 mm;在任何观测角度情况下,应至少有 5 cm^2 的水平观测面积;

c) 反光材料应满足 IMO A.658(16)中附件 2 的性能要求。

4.2.6 挂绳

示位标应配备一根有浮力的挂绳,该挂绳能够牢固地固定在设备主机上。该挂绳不应阻碍示位标自由浮离船舶。挂绳长度应在 5 m～8 m 范围内,挂绳及其紧固位置应至少具有 25 kg 的拉断强度。

4.2.7 人体学适用性

穿着救生服的试验人员应该能够完成将示位标从自由浮离释放装置中取出、手动触发、解除信号和布置挂绳操作。

4.2.8 已启用提示

应配有指示示位标已经启用过的装置,该装置应为一次性结构,即无法被用户还原。自检不能启动该装置。

4.3 遇险功能

4.3.1 手动遇险报警功能只能通过专用的装置指示进行信号触发,并且需要至少2个独立的步骤才能激活。该专用装置应符合以下要求:

a) 便于识别;

b) 有防止误触发的保护装置。

4.3.2 手动触发遇险报警信号应至少包括2个独立的步骤,该步骤不能包括以下方式:

a) 撕开封条或者类似于4.2.8的装置;

b) 从自由浮离释放装置内取出;

c) 倒置示位标。

4.3.3 手动将示位标从自由浮离释放装置内取出后,示位标报警信号不应自动触发。

4.4 自由浮离释放装置要求

4.4.1 一般要求

应满足以下要求:

a) 装置从任何方向浸入水体,到达4 m水深之前,主机应能自动释放并浮离;

b) 结构应具有防止水冲刷后,示位标脱离自由浮离释放装置;

c) 应由防腐蚀材料构成。

4.4.2 外部供电和数据连接

装置应不影响示位标的自动释放和信号触发。

4.4.3 核查自动释放能力要求

除静水压力释放器外,应可以通过简单的方法评估自由浮离释放装置功能的正常与否,而不需要释放示位标。

4.4.4 手动释放

示位标应能够在不使用任何工具情况下从自由浮离释放装置上手动释放。

4.5 环境适应性要求

4.5.1 示位标

4.5.1.1 工作温度要求

工作温度范围定义如下:

a) 一级示位标:−40℃～55℃;

b) 二级示位标:−20℃～55℃。

工作温度范围应永久地标记在示位标上。

4.5.1.2 存储要求

一级示位标应能够在−40℃～70℃环境温度下存储,二级示位标应能够在−30℃～70℃环境温度下存储。

4.5.1.3 耐振动和碰撞

在振动试验和碰撞试验后,应对样品进行性能检查及性能测试。

4.5.1.4 耐太阳辐射

应急无线电示位标及其标签均应耐太阳辐射。

4.5.1.5 耐油

应急无线电示位标及其标签均应耐油。

4.5.1.6 耐腐蚀

应急无线电示位标及其标签均应耐盐雾腐蚀。

4.5.2 自由浮离释放装置

环境试验应满足以下要求：

a) 应能够在-30℃~65℃温度范围内正常工作；

b) 应能够耐振动和碰撞；

c) 对于所有级别的示位标，在经历-30℃~65℃温度存储后，装置不应有受损迹象；

d) 装置及其标签均应能够耐太阳辐射、耐油及耐腐蚀。

4.6 电磁兼容要求

应采取措施保证设备抗干扰能力和抑制干扰其他无线电设备的能力。

4.7 设备手册

应包括以下信息：

a) COSPAS-SARSAT 系统概况；

b) 完整的操作说明书和自检方法；

c) 警告和建议防止错误报警；

d) 注册、许可、更新注册以及说明正确注册的重要性说明；

e) 电池信息，包括替换电池说明、电池类型、电池使用和处理的安全信息；

f) 电池更换条件；

g) 最低工作时间和工作存储温度；

h) 系绳用途和防止系绳缠住船舶的警告；

i) 避免安装在上方有遮蔽物地方的建议；

j) 静水压力释放器的更换说明；

k) 周期性功能测试的相关说明，诸如电池更换；

l) 示位标应该以原始状态进行归位的提示；

m) 示位标的说明书应容易被获得的提示；

n) 保修信息；

o) 示位标除在紧急情况下不允许被操作的警告；

p) 不能够将示位标放置在强磁场区域附近的警告；

q) 有将示位标安装在高处的建议；

r) 建议自测次数限制在必要的最低限度，保留充足电量保障示位标运行。

4.8 标签

4.8.1 示位标标签

示位标应有标签，标签上的信息应清晰可见，标签应包含以下信息：

a) 制造商名称、型号、产品出厂编号和出厂日期信息；

b) 操作说明，包括手动触发信号、解除信号和自检方法；

c) 示位标除在紧急情况下不允许被操作的警告；

d) 示位标等级、电池型号和电池有效期；

e) 船舶名称和示位标识别码，包含如下信息：

    1) 编入卫星应急无线电示位标发射机内的16进制识别码，包括呼叫号或者船舶的 MMSI 码；

    2) 国家代码；

    3) 注册信息。

f) 如果示位标的内部具有 GNSS 接收机或者具有外接 GNSS 接收机的接口，应该进行说明，包括使用方法。

4.8.2 自由浮离释放装置标签

自由浮离释放装置应有标签,标签上的信息应清晰可见,标签应包含以下信息:

a) 手动释放的操作说明;

b) 设备型号;

c) 示位标等级;

d) 释放装置的维护或更换周期(如有)。

4.9 性能要求

4.9.1 发射频率

应急无线电示位标的发射频率应在 C/S T.012 规定的 406 MHz 带宽范围内。

4.9.2 信号与信息格式

信号与数据格式应满足 C/S T.001 规定的要求。

4.9.3 示位标识别码

具有唯一的示位标识别码,包括 3 位国家代码,在国家代码后面应由以下 3 种代码之一组成:

a) 6 位船站识别码,该识别码应满足有关规定;

b) 唯一的序列号;

c) 呼叫号。

4.9.4 121.5 MHz 寻位信号

应满足以下要求:

a) 在 406 MHz 信号发射期间,除最长 2 s 时间的中断以外,应该具有连续的工作周期;

b) 除扫描方向外,寻位信号应该满足相关技术要求,扫描方式应该为向下或者向上。

4.10 电源

4.10.1 一般要求

示位标的电源容量应能够维持相应等级的示位标在极端环境条件下连续发送 48 h。在漏电情况下,电池不应对示位标的电子部件产生损坏。

4.10.2 电池寿命和有效期

电池寿命应至少 3 年。

电池的有效期应为电池生产日期加上不超过电池使用寿命的一半期限。

电池的使用寿命定义:考虑到电池损耗后,仍然能够满足示位标在恶劣环境下连续工作 48 h。

为了能够定义电池的使用寿命,以下电池损耗试验应该在(20±5)℃温度条件下进行:

a) 设备自检(频率依据主管部门自己定义);

b) 电池自放电;

c) 待机负荷。

4.10.3 有效期指示

示位标应清晰、耐久地标注电池的有效期。

4.10.4 反极性保护

示位标应具有电池的反极性保护措施。

5 试验方法

5.1 试验要求

5.1.1 型式试验项目

技术要求及对应的试验方法汇总见表 1。

表 1　型式试验项目技术要求及对应的试验方法汇总

序号	检验项目			要求条款	试验方法及条款
1	示位标	一般要求	外观质量	4.1.1	目测
			功能要求	4.1.2	5.2
			结构	4.1.3	目测
		操作要求	防止误触发	4.2.1	目测及 5.5.1.1
			浸没、漂浮和落水试验	4.2.2	5.3.1、5.6.4、5.6.5
			触发信号	4.2.3	5.3.2
			自检模式	4.2.4	5.3.3
			外壳颜色和反光材料	4.2.5	5.3.4
			挂绳	4.2.6	5.3.5
			人体学适用性	4.2.7	5.3.6
			已启用提示	4.2.8	5.3.7
2	遇险功能			4.3	5.4
3	自由浮离释放装置要求		一般要求	4.4.1	5.5.1
			外部供电和数据连接	4.4.2	5.5.2
			核查自动释放能力要求	4.4.3	5.5.3
			手动释放	4.4.4	5.5.4
4	环境适应性要求		示位标环境适应性	4.5.1	5.6.1、5.6.2、5.6.3、5.6.4、5.6.5、5.6.6、5.6.7、5.6.8、5.6.9、5.6.10
			自由浮离释放装置环境适应性	4.5.2	5.6.1、5.6.2、5.6.3、5.6.4、5.6.5、5.6.6、5.6.8、5.6.9、5.6.10
5	电磁兼容试验			4.6	5.8
6	设备手册			4.7	目测
7	标签		示位标标签	4.8.1	目测
			自由浮离释放装置标签	4.8.2	目测
8	性能要求		发射频率	4.9.1	5.2
			信号与信息格式	4.9.2	
			示位标识别码	4.9.3	
			121.5 MHz 寻位信号	4.9.4	
9	电源		一般要求	4.10.1	目测
			电池寿命及有效期	4.10.2	目测
			有效期指示	4.10.3	目测
			反极性保护	4.10.4	目测

5.1.2　试验条件

测试条件分为常温测试条件和极端温度测试条件：

a)　常温测试条件：

　　1)　温度:15℃～35℃；

　　2)　相对湿度:20%～75%。

b)　极端温度测试条件：

　　1)　1 级示位标:−40℃～55℃；

　　2)　2 级示位标:−20℃～55℃；

　　3)　自由浮离释放装置:−30℃～65℃。

5.1.3　试验准备

5.1.3.1　样品电池数量

在测试前,生产企业应提供足够的配套测试样品的电池,推荐提供 3 整套电池。

5.1.3.2　预热

在依据 C/S T.001 对设备进行测试前应进行不超过 15 min 的预热。

5.1.4 性能检查

在第一个环境试验开始前和每个环境试验结束后都应对示位标进行检查,性能检查可以用手持式示位标测试仪来进行,检查的发射频率(单次触发)和数字信息技术参数应满足 C/S T.007 规定的要求。

5.1.5 性能测试

包括以下项目:

a) 发射功率;

b) 数字信息;

c) 调制;

d) 发射频率;

e) 杂散发射。

5.1.6 测试顺序

按 IEC 61097-2-2008 中附录 A 的规定执行。

5.2 通用要求

应满足下列要求:

a) 应通过目测核实示位标能够便于个人携带进入救生筏内;

b) 示位标的结构和测试前的配备状态应能够满足所有的测试项目;

c) 示位标应是独立单元,只有使用特定工具才能够对内部的部件进行拆卸。

5.3 操作测试

5.3.1 浸没、漂浮和落水试验

5.3.1.1 浸没试验

该试验应在常温下和温度冲击试验之后进行。示位标应在 10 m 水深或者对示位标施加 100 kPa 的水压下,保持 5 min。试验后,打开示位标的外壳,检查内部是否有漏水现象。

5.3.1.2 漂浮试验

天线应处于正常的安装位置。当示位标被水平地刚好浸没在水面以下,释放后,应该在 2 s 内恢复到正浮稳态。

在静水中,示位标应垂直地漂浮于水面上,并且天线的最低点应该至少在水平面上 40 mm。

5.3.1.3 落水试验

仅针对应急无线电示位标进行试验。试验前,应对样品进行性能检查。跌落试验应进行 3 次,跌落姿态应分别为天线朝上、朝下和水平。拆卸应急无线电示位标外壳,检查内部进水情况可以在所有试验完成后进行。

5.3.2 触发试验

5.3.2.1 海水触发试验

当示位标处于任何状态,均应在浓度为 0.1% 的盐溶液中正常触发。

试验所用的盐应当是高品质的氯化钠。干燥下,碘化钠的含量不应超过 0.1%,杂质的总含量不超过 0.03%。盐溶液的质量浓度应为 (0.1 ± 0.01)%。

5.3.2.2 手动触发、解除信号测试

应急无线电示位标应具有手动触发和手动解除触发的功能。

5.3.2.3 低占空比灯测试

示位标灯有效的发光强度,闪光持续时间、闪光频率应在常温下进行测试。有效的发光强度应该按照式(1)计算。

$$I = \frac{\int_{t1}^{t2} i \times dt}{0.2 + (t_2 - t_1)} \quad \cdots\cdots\cdots\cdots\cdots\cdots\cdots\cdots \quad (1)$$

其中：

I ——有效发光强度，单位为坎德拉(cd)；

i ——瞬时发光强度，单位为坎德拉(cd)；

t ——积分时间，单位为秒(s)；

0.2 ——Blondel-Rey 常数；

t_2、t_1——积分时限，单位为秒(s)。

在整个上半球有效发光强度的算术平均值应至少为 0.5 cd。闪光频率应为 20/min～30/min。闪烁持续时间应为 10^{-6} s～10^{-1} s。

有效的发光强度测试应在示位标的上半球测量 49 个点。示位标应漂浮在容器中以确定示位标的水平线，并且在示位标的壳体上标记水平线，这条线就是示位标的 0°仰角线，按照表 2 对各个点依次进行测量。49 个点所测得的发光强度的算术平均值不应低于 0.5 cd，任何点有效的发光强度均应大于 0.2 cd。

表 2 有效发光强度测量表

单位为度

方位角	仰角								
	10	20	30	40	50	60	70	80	90
0									
45									
90									
135									
180									
225									
270									
315									

注：黑色区域的角度不需要测量。

5.3.2.4 信号(灯)触发时间

通过目测对示位标的起始闪烁时间和信号的起始发送时间进行确认，时间应满足 4.2.3 d)的要求。

5.3.3 自检模式

触发自检模式，通过专用测试设备检测自检模式下信号的帧同步字符串，该字符串应满足 4.2.4 的要求。

5.3.4 外壳颜色及反光材料

应满足 4.2.5 的要求。

5.3.5 挂绳

应满足 4.2.6 的要求。

5.3.6 人体学适用性

目测确认生产商所提供的示位标满足 4.2.7 的要求。

5.3.7 已启用提示

目测确认生产商所提供的示位标满足 4.2.8 的要求。

5.4 遇险功能

目测确认生产商所提供的示位标满足 4.3 的要求。

5.5 自由浮离释放装置

5.5.1 一般要求

5.5.1.1 浸没释放

卫星应急无线电示位标自由浮离释放装置的所有测试应在常温下进行,试验时应将该装置浸没在水体中,同时记录水体温度。

常温下对静水压力释放器进行 6 次测试,将其以下列各种情况浸入水下:

a) 正常安装位置(根据设备的安装手册定义);

b) 旋转 90°至右舷;

c) 旋转 90°至左舷;

d) 向船艏倾倒 90°;

e) 向船艉倾倒 90°;

f) 颠倒位置。

无论从以上任何角度且尚未到达 4m 水深前,应急无线电示位标应能自动释放和浮离。

注:该试验也可以使用等效的水压进行,即 40 kPa。

5.5.1.2 冲水试验

应急无线电示位标应以设备手册上描述的安装状态固定在类似的支架上,然后进行冲水试验。冲水要求:冲水管喷嘴距离应急无线电示位标 3.5 m 远、1.5 m 高的地方,通过直径为 63.5 mm 带有喷嘴的软管,以 2 300 L/min 的流速对准样品及其周围冲水 5 min。为了能够让水流冲刷样品的角度至少为180°,在试验过程中应移动喷嘴或者被测样品。

冲水试验结束后,应急无线电示位标不应自动脱离自由浮离释放装置,也不应自动激活示位标。

5.5.1.3 材料

生产商提供的自由浮离释放装置应按照 IEC 60945-2002 中 8.12 的规定进行盐雾试验。生产商提供的贴于自由释放浮离装置上标签应分别按照 IEC 60945-2002 中 8.11、8.12 和 8.10 的规定进行耐油、耐盐雾和耐光照试验。

5.5.2 外部供电和数据连接

在 5.5.1 试验进行时,通过目测观察样品是否满足要求。

5.5.3 核查自动释放的能力

通过目测进行。

5.5.4 手动释放

通过目测进行。

5.6 环境适应性测试

按照 IEC 60945-2002 规定的方法进行以下试验。其中,除跌落、阳光辐照、耐油和盐雾试验外,所有试验均应将示位标安装于自由浮离释放装置内进行。

5.6.1 干热试验

试验前,应对样品进行性能检查。按照 IEC 60945-2002 中 8.2 的规定进行试验。试验后,应对样品进行性能测试。

5.6.2 湿热试验

试验前,应对样品进行性能检查。按照 IEC 60945-2002 中 8.3 的规定进行试验。试验后,应对样品进行性能测试。

5.6.3 低温循环试验

一级示位标应在(-40±3)℃环境温度下保持 10 h,二级示位标应在(-30±3)℃环境温度下保持10 h。试验后,应对样品进行性能测试。该试验可与电池试验同时进行,以确保电池能够使得示位标连续运行至少 48 h。

5.6.4 温度冲击试验

将示位标以关机状态置于正常的工作温度条件下,待稳定后将其放入温差在30℃环境中并开机,允许示位标稳定最长不超过15 min,并开始测试其发射频率、发射输出功率及数据格式。测试结果应满足4.11的规定。

5.6.5 振动试验

与自由浮离释放装置一同按照IEC 60945-2002中8.7的规定进行试验。试验完成后,对样品进行外观和性能检查。

5.6.6 碰撞试验

与自由浮离释放装置一同按照以下方法进行碰撞试验:

a) 峰值加速度:(98 ± 9.8) m/s²;

b) 脉冲持续时间:(16 ± 1.6) ms 或 (20 ± 2.0) ms;

c) 波形:半周期正弦波;

d) 测试轴:垂直;

e) 碰撞次数:4 000次;

f) 碰撞试验后,对样品进行外观和性能检查。

5.6.7 浸没试验

卫星应急无线电示位标应进行浸没试验。按照IE 60945-2002中8.9.2的规定进行。拆卸应急无线电示位标外壳,检查内部进水情况可以在所有试验完成后进行。

5.6.8 太阳辐射试验

应急无线电示位标的主机和自由浮离释放装置应分开独立进行该项试验。如果制造商能够拿出证明证实应急无线电示位标及其释放机构所用的部件、材料和饰面满足该试验检测项目,则可以免除该项目检测。按照IEC 60945-2002中8.10的规定进行。

5.6.9 耐油试验

应急无线电示位标的主机和自由浮离释放装置应分开独立进行该项试验。如果制造商能够拿出证明证实应急无线电示位标及其释放机构所用的部件、材料和饰面满足该试验检测项目,则可以免除该项目检测。按照IEC 60945-2002中8.11的规定进行。

5.6.10 盐雾试验

应急无线电示位标的主机和自由浮离释放装置应该分开独立进行该项试验。如果制造商能够拿出证明证实应急无线电示位标及其释放机构所用的部件、材料和饰面满足该试验检测项目,则可以免除该项目检测。按照IEC 60945-2002中8.12的规定进行。

5.7 性能要求

按照C/S T.007的规定进行试验。

5.8 电磁兼容试验

5.8.1 抗干扰试验

除了静电放电抗扰度测试项目外,其他测试项目均应将应急无线电示位标安装在释放机构内部进行试验。

应对设备进行抗辐射干扰试验和抗静电放电试验。试验按照IEC 60945-2002的规定进行。所有测试项目均应至少达到判定准则B的要求。

注:准则B即在试验完成后,被测设备应能继续运行。不允许出现性能退化或功能丧失,应符合有关设备标准以及制造商公布的技术规格的规定。在试验过程中,允许能自行恢复的功能或性能退化或丧失,但不允许改变实际运行状态或所存储的数据。

5.8.2 干扰试验

该测试项目应将应急无线电示位标安装在释放机构内进行试验。如果应急无线电示位标或释放机构上有供电线缆连接在船舶供电系统上,设备应按照 IEC 60945-2002 的规定进行试验。

5.8.3 杂散发射

将应急无线电示位标的发射机输出端通过 50 Ω 的同轴线缆连接至接收机或频谱分析仪,频谱分析仪的带宽设置在 100 kHz 和 120 kHz 之间,在下列频段进行扫频:

    a) 108 MHz~121 MHz;

    b) 122 MHz~137 MHz;

    c) 156 MHz~162 MHz;

    d) 1 525 MHz~1 610 MHz。

所有的信号电平均应在 25 μW 以下。该试验替代 IEC 60945-2002 中规定的辐射发射试验。

5.8.4 罗经安全距离

该测试项目应将应急无线电示位标安装在释放机构内进行试验。测试应按照 IEC 60945-2002 的规定进行,在测试过程中应急无线电示位标不应该激活。

ICS 65.150
B 94

中华人民共和国水产行业标准

SC/T 7002.8—2018
代替 SC/T 7002.8—1992

渔船用电子设备环境试验条件和方法
正弦振动

Fishery electronic equipment environmental test and methods—
Sinusoidal vibration

2018-12-19 发布
2019-06-01 实施

中华人民共和国农业农村部 发布

前　言

SC/T 7002《渔船用电子设备环境试验条件和方法》分为14部分：
——SC/T 7002.1　渔船用电子设备环境试验条件和方法　总则；
——SC/T 7002.2　渔船用电子设备环境试验条件和方法　高温；
——SC/T 7002.3　渔船用电子设备环境试验条件和方法　低温；
——SC/T 7002.4　渔船用电子设备环境试验条件和方法　交变湿热（Db）；
——SC/T 7002.5　渔船用电子设备环境试验条件和方法　恒定湿热（Ca）；
——SC/T 7002.6　渔船用电子设备环境试验条件和方法　盐雾（Ka）；
——SC/T 7002.7　渔船用电子设备环境试验条件和方法　交变盐雾（Kb）；
——SC/T 7002.8　渔船用电子设备环境试验条件和方法　正弦振动；
——SC/T 7002.9　渔船用电子设备环境试验条件和方法　碰撞；
——SC/T 7002.10　渔船用电子设备环境试验条件和方法　外壳防护；
——SC/T 7002.11　渔船用电子设备环境试验条件和方法　倾斜、摇摆；
——SC/T 7002.12　渔船用电子设备环境试验条件和方法　长霉；
——SC/T 7002.13　渔船用电子设备环境试验条件和方法　风压；
——SC/T 7002.14　渔船用电子设备环境试验条件和方法　电磁兼容。
本部分为SC/T 7002的第8部分。
本部分按照GB/T 1.1—2009给出的规则起草。
本部分代替SC/T 7002.8—1992《船用电子设备环境试验条件和方法　正弦振动》。与SC/T 7002.8—1992相比，除编辑性修改外主要技术变化如下：
——增加了"术语和定义"；
——修改了"初始检测"中的部分内容；
——修改了"试验方向"中的部分内容；
——修改了"试验样品的安装"中的部分内容，并增加了"安装夹具"；
——修改了"振动响应检查"中的部分内容。
本部分由农业农村部渔业渔政管理局提出。
本部分由全国水产标准化技术委员会渔业机械仪器分技术委员会（SAC/TC 156/SC 6）归口。
本部分起草单位：中国水产科学研究院渔业机械仪器研究所。
本部分主要起草人：胡欣、石瑞、何雅萍、陈寅杰、吴姗姗、钟伟。
本部分所代替标准的历次版本发布情况为：
——SC/T 7002.8—1992。

渔船用电子设备环境试验条件和方法　正弦振动

1　范围

本部分规定了渔船用电子设备正弦振动的试验设备、试验条件、试验方法以及相关规范应包括的内容。
本部分适用于渔船用电子设备在渔船正弦振动环境条件下的试验。

2　规范性引用文件

下列文件对于本文件的应用是必不可少的。凡是注日期的引用文件,仅注日期的版本适用于本文件。凡是不注日期的引用文件,其最新版本(包括所有的修改单)适用于本文件。

GB/T 2423.10—2008　电工电子产品环境试验　第2部分:试验方法　试验FC:振动(正弦)
CB 1146.9—1996　船舶设备环境试验与工程导则　振动(正弦)

3　术语和定义

GB 2423.10—2008界定的术语和定义适用于本文件。

4　试验设备

振动试验台的特性应符合GB 2423.10—2008中第4章的有关规定。

5　试验条件

5.1　通信、航行设备的试验条件

见表1。

表 1　通信、航行设备试验条件

频率,Hz	位移幅值,mm	加速度幅值,m/s²
1~12.5	±1.6	—
12.5~25	±0.38	9.8
25~50	±0.10	

在表1中每个频率范围内,持续振动时间不得低于15 min。如果不使用定位移幅值进行试验,则12.5 Hz~25 Hz和25 Hz~50 Hz频率范围内的振动试验可用12.5 Hz~25 Hz频率范围,以9.8 m/s²加速度持续扫频30 min取代。

5.2　自动化设备和其他设备的试验条件

见表2。

表 2　自动化设备和其他设备试验条件

安装部位	频率,Hz	位移幅值,mm	加速度幅值,m/s²
一般舱室	2.0~13.2	±1.0	—
	13.2~100	—	±6.86
往复式机械	2~25	±1.6	—
	25~100	—	±39.2

表2中对安装在一般舱室的设备如其质量$m \geqslant 100$ kg,则振动加速度幅值允许为$\pm \dfrac{686}{m}$m/s²,但至

少为±3.43 m/s²。

对安装在往复式机械的设备,如其质量 $m>10$ kg,则振动加速度幅值允许为 $\pm\frac{392}{m}$ m/s²,但至少为 ±6.86 m/s²。

5.3 非影响船舶操纵、安全的其他设备的试验条件
同表1。

6 试验方法

6.1 初始检测
振动试验前应按产品标准的有关规定对试验样品进行外观、电性能、机械性能检测,若不满足要求,应停止后面的试验。

6.2 试验方向
试验样品应在3个相互垂直的轴线上依次振动,其中一个方向应与样品的正常安装位置相垂直,且轴线应选择最可能暴露故障的方向。

6.3 试验样品的安装
6.3.1 安装状态
试验样品应刚性地固定在振动台上,且安装状态和方式应与正常安装在船上的状态和方式一致。当试验样品有数种安装状态时,一般应选择最不利的安装状态。

不能直接安装在振动台上的样品需采用夹具安装。

带减震器的样品应连同减震器一起固定在振动试验台上试验,并应在产品标准中作出规定。

试验样品的连接物,如电缆、导管等对样品的约束应和实际状态相类似。

6.3.2 安装夹具
安装夹具应有足够的刚度,以保证振动参数的传递,其固有频率应高于试验的上限频率,且夹具的固有频率最低也应高于试验样品共振频率的3倍以上。

6.4 条件试验
6.4.1 通信、航行设备
6.4.1.1 振动响应检查

6.4.1.1.1 样品通电工作,按表1所规定的频率和振幅以每分钟1倍频程的速率由低到高再由高到低往复扫频,每一频率范围扫频时间不得少于15 min,在扫频过程中应进行振动响应检查,检查有无危险频率出现。

6.4.1.1.2 试验样品应按6.2规定在3个相互垂直的轴向方向依次振动。对结构完全对称的试验样品允许省去1个对称方向的试验,即只进行2个方向的试验。

6.4.1.1.3 在扫频过程中出现危险频率则应记录频率、所施加的振幅值及试验样品性能变化情况。一般允许采取措施尽量消除危险频率或减小机械共振振幅放大因数Q值并应重新进行扫频试验。

6.4.1.2 耐振试验
若振动响应检查中出现危险频率并无法消除时,试验样品应按产品标准所规定的工作状态,在认为能引起样品失败的频率上按表1所规定的幅值进行不少于2 h的耐振试验,并检查样品有无异常受损情况。若在振动响应检查中无危险频率出现,则试验样品应在30 Hz频率上进行不小于90 min耐振试验。

6.4.1.3 中间检测
在振动试验的过程中按CB 1146.9—1996中第8章规定进行检测及判定是否合格。

6.4.2 自动化设备和其他设备

6.4.2.1 振动响应检查

6.4.2.1.1 样品通电工作,按表2规定的频率和振幅以每分钟1倍频程的速率由低到高再由高到低扫频,检查有无危险频率。

6.4.2.1.2 试验样品应按6.2规定在3个相互垂直的轴向方向依次振动。对结构完全对称的试验样品允许省去1个对称方向的试验,即只进行2个方向的试验。

6.4.2.1.3 振动响应检查期间应检查试验样品的主结构及内部局部结构的振动响应。当试验样品出现故障、性能下降、机械共振或其他不正常响应时,应记录频率、所施加的振幅值及机械共振振幅放大因数Q值,允许采取措施消除危险频率或降低机械共振振幅放大因数Q值,但样品应重新进行振动响应检查。

6.4.2.2 耐振试验

若振动响应检查中出现危险频率或机械共振振幅放大因数Q值大于2并无法消除或降低,则试验样品应在认为能引起产品失效的频率上,按表2的规定进行不少于90 min耐振试验。若在振动响应检查中无危险频率出现,则试验样品应在30 Hz频率上进行不小于90 min耐振试验;试验样品应在产品标准所规定的正常工作状态下进行耐振试验,如产品有多种工作状态,耐振时间按不同工作状态均匀分配。

6.4.2.3 中间检测

在振动试验的过程中按CB 1146.9—1996中第8章规定进行检测及判定是否合格。

6.4.3 非影响船舶操纵、安全的其他设备

6.4.3.1 振动响应检查

6.4.3.1.1 样品通电工作,按表1规定的频率和振幅以每分钟1倍频程的速率由低到高再由高到低扫频,检查有无危险频率。

6.4.3.1.2 试验样品应按6.2规定在3个相互垂直的轴向方向依次振动。对结构完全对称的试验样品允许省去1个对称方向的试验,即只进行2个方向的试验。

6.4.3.1.3 振动响应检查期间应检查试验样品的主结构及内部局部结构的振动响应。当试验样品出现故障、性能下降、机械共振或其他响应时,应记录频率、所施加的振幅值及机械共振振幅放大因数Q值,允许采取措施消除危险频率或降低机械共振振幅放大因数Q值,但样品应重新进行振动响应检查。

6.4.3.2 耐振试验

若振动响应检查中出现危险频率并无法消除时,试验样品应按产品标准所规定的工作状态,在认为能引起样品失败的频率上按表1所规定的幅值进行不少于2 h的耐振试验,并检查样品有无异常受损情况。若在振动响应检查中无危险频率出现,则试验样品应在30 Hz频率上进行不小于90 min耐振试验。

6.4.3.3 中间检测

在振动试验的过程中按CB 1146.9—1996中第8章规定进行检测及判定是否合格。

6.5 恢复

在某些情况下,允许在试验后有恢复时间,以便使试验样品在这段恢复时间内恢复到与初始检测时相同的条件。

6.6 最后检测

按有关标准的规定,对试验样品进行外观检查、机械和电性能检测。

ICS 65.150
B 94

中华人民共和国水产行业标准

SC/T 7002.10—2018
代替 SC/T 7002.10—1992

渔船用电子设备环境试验条件和方法
外壳防护

Fishery electronic equipment environmental test and methods—
Protection provided by enclosures

2018-12-19 发布
2019-06-01 实施

中华人民共和国农业农村部 发布

SC/T 7002.10—2018

前　言

SC/T 7002《渔船用电子设备环境试验条件和方法》分为 14 部分：

——SC/T 7002.1　渔船用电子设备环境试验条件和方法　总则；

——SC/T 7002.2　渔船用电子设备环境试验条件和方法　高温；

——SC/T 7002.3　渔船用电子设备环境试验条件和方法　低温；

——SC/T 7002.4　渔船用电子设备环境试验条件和方法　交变湿热（Db）；

——SC/T 7002.5　渔船用电子设备环境试验条件和方法　恒定湿热（Ca）；

——SC/T 7002.6　渔船用电子设备环境试验条件和方法　盐雾（Ka）；

——SC/T 7002.7　渔船用电子设备环境试验条件和方法　交变盐雾（Kb）；

——SC/T 7002.8　渔船用电子设备环境试验条件和方法　正弦振动；

——SC/T 7002.9　渔船用电子设备环境试验条件和方法　碰撞；

——SC/T 7002.10　渔船用电子设备环境试验条件和方法　外壳防护；

——SC/T 7002.11　渔船用电子设备环境试验条件和方法　倾斜、摇摆；

——SC/T 7002.12　渔船用电子设备环境试验条件和方法　长霉；

——SC/T 7002.13　渔船用电子设备环境试验条件和方法　风压；

——SC/T 7002.14　渔船用电子设备环境试验条件和方法　电磁兼容。

本部分为 SC/T 7002 的第 10 部分。

本部分按照 GB/T 1.1—2009 给出的规则起草。

本部分代替 SC/T 7002.10—1992《船用电子设备环境试验条件和方法　外壳防护》。与 SC/T 7002.10—1992 相比，除编辑性修改外主要技术变化如下：

——"IP 防护等级分级及其含义"中增加了附加字母和补充字母（见 5.3 和 5.4）；

——"试验方法"中，增加了预处理方法及空外壳检测（见 6.1 和 6.2）；

——防水试验等级 3 和 4，增加了摆管试验装置对应的试验方法（见 6.4）。

本部分由农业农村部渔业渔政管理局提出。

本部分由全国水产标准化技术委员会渔业机械仪器分技术委员会（SAC/TC 156/SC 6）归口。

本部分起草单位：中国水产科学研究院渔业机械仪器研究所。

本部分主要起草人：陈寅杰、石瑞、韩梦遐。

本部分所代替标准的历次版本发布情况为：

——SC/T 7002.10—1992。

渔船用电子设备环境试验条件和方法 外壳防护

1 范围

本部分规定了渔船用电子设备外壳防护试验等级防护型式分类和标志方法、IP防护等级分级及其含义、试验方法、产品防护等级标志和有关标准应包括的内容。

本部分适用于考核渔船用电子设备外壳防护性能。

2 规范性引用文件

下列文件对于本文件的应用是必不可少的。凡是注日期的引用文件,仅注日期的版本适用于本文件。凡是不注日期的引用文件,其最新版本(包括所有的修改单)适用于本文件。

GB 2423.37 电工电子产品环境试验 第2部分:试验方法 试验L:沙尘试验

GB 4208 外壳防护等级(IP代码)

3 术语和定义

GB 4208 界定的术语和定义适用于本文件。

4 防护型式分类和标志方法

4.1 防护型式分类

第一种防护型式:防止人体接近壳内危险部件;

第二种防护型式:防止固体异物进入壳内设备;

第三种防护型式:防止由于水进入壳内对设备造成有害影响。

4.2 外壳防护代码标志方法

外壳提供的防护等级用IP代码以下述方式表示:

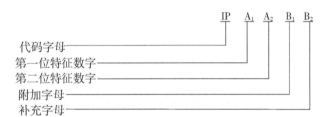

其中,附加字母和补充字母均为可选字母,即IP防护等级可以不标识这两个字母。

附加字母仅用于:

——接近危险部件的实际防护高于第一位特征数字代表的防护等级;

——第一位特征数字用"X"代替,仅需表示对接近危险部件的防护等级。

示例:

IP23CS的含义:"2"为防止人用手指接近危险部件;"3"为防止淋水对外壳内设备的有害影响;"C"为防止人手持直径不小于2.5 mm,长度不超过100 mm的工具接近危险部件(工具应全部穿过外壳,直至工具护板的挡盘);"S"为防止进水造成有害影响的试验是在所有设备部件静止时进行。

5 IP防护等级分级及其含义

5.1 第一位特征数字

该数字表示防止接近危险部件和防止固体异物进入的防护等级,等级分为7级,见表1。

表1 第一位特征数字所表示对接近危险部件和防止固体异物进入的防护等级

第一位特征数字	防护等级	
	简要说明	含义
0	无防护	—
1	防止手背接近危险部件或防止直径不小于50 mm的固体异物	直径50 mm球形试具应与危险部件有足够的间隙或直径50 mm的球形试具不得完全进入壳内
2	防止手指接近危险部件或防止直径不小于12.5 mm的固体异物	直径12 mm、长80 mm的铰接试指应与危险部件有足够的间隙或直径12.5 mm的球形试具不得完全进入壳内
3	防止工具接近危险部件或防止直径不小于2.5 mm的固体异物	直径2.5 mm的试具不得进入壳内或直径2.5 mm的物体试具不得完全进入壳内
4	防止金属线接近危险部件或防止直径不小于1.0 mm的固体异物	直径1.0 mm的试具不得进入壳内或直径1.0 mm的物体试具不得完全进入壳内
5	防尘	不能完全防止尘埃进入,但进入的灰尘量不得影响设备的正常运行,不得影响安全。
6	尘密	无灰尘进入
注:"不得完全进入"即球的直径部分不得通过外壳开口。		

5.2 第二位特征数字

该数字表示防止水进入的防护等级,等级分为9级,见表2。

表2 第二位特征数字所表示防止水进入的防护等级

第二位特征数字	防护等级	
	简要说明	含义
0	无防护	—
1	防滴	垂直方向滴水应无有害影响
2	15°防滴	当外壳的各垂直面在15°范围内倾斜时,垂直滴水应无有害影响
3	防淋水	各垂直面在60°范围内淋水,无有害影响
4	防溅水	向外壳各方向溅水无有害影响
5	防喷水	向外壳各个方向喷水无有害影响
6	防猛烈海浪	向外壳各个方向强烈喷水无有害影响
7	防浸水	浸入规定压力的水中经规定时间后外壳进水量不致达有害程度
8	防潜水	按生产厂和用户双方同意的条件(应比特征数字为7时严酷)持续潜水后外壳进水量不致达有害程度

5.3 附加字母

该字母表示对人接近危险部件的防护等级。

表3 附加字母所表示的防护等级

附加字母	防护等级	
	简要说明	含义
A	防止手背接近	直径50 mm球形试具应与危险部件有足够的间隙
B	防止手指接近	直径12 mm、长80 mm的铰接试指应与危险部件有足够的间隙
C	防止工具接近	直径2.5 mm、长100 mm的试具与危险部件必须保持足够的间隙
D	防止金属线接近	直径1.0 mm、长100 mm的试具与危险部件必须保持足够的间隙

5.4 补充字母

该补充内容的标识字母及含义见表4。

表4 补充字母的含义

补充字母	含 义
H	高压设备
M	防水试验在设备的可动部件(如雷达天线)运动时进行
S	防水试验在设备的可动部件(如雷达天线)静止时进行
W	提供附加保护或处理以适用于规定的气候条件

6 试验方法

6.1 预处理

除去试验样品表面的灰尘及油污,然后在温度15℃~35℃、相对湿度45%~75%的条件下放置8 h。根据产品相关标准或制造厂说明书确认样品试验时是否需要带电,是否有运转部件,然后进行试验。

6.2 空外壳

被测样品外壳内部无任何功能性元器件,外壳的制造厂应在说明书中详细说明危险部件或者会因异物或水进入而造成影响的部件所在的位置及预留的空间,以用于试验结果的评价。

6.3 试验设备

试验过程中所采用的各项试验设备参见附录A。

6.4 防护等级试验方法

防危险部件和防固体异物试验方法见表5,防水试验方法见表6和表7。

表5 防危险部件和防固体异物试验方法

防护等级	试验方法
0	无须试验
1	用直径为50 mm的刚性球,对外壳的各孔隙做试验,在球上施加(50±5)N的力,球的整体不能进入壳内,进入壳内的球冠部分应不能触及带电或运动部位。对高压部位(额定电压超过1 000 V),进入壳内的球冠部分与带电部位之间应保留合适间距ª
2	a) 试球试验:用直径为12 mm的刚性球,对外壳各孔隙做试验。在球上施加(30±3)N的力,球不应进入壳内 b) 试指试验: 1) 用图A.1所示金属试指插入外壳的各孔隙做试验。施加于试指上的力为(10±1)N,如试指插入,应将试指任意活动至各个可能到达的位置。试指不应触及内部带电部位或运动部位 2) 为检查试指是否与带电部位接触,可在试具与壳内危险部件之间串接一个指示灯,并供以40 V~50 V之间的低电压。对仅用漆膜或氧化层或类似方法保护的导电部分以及高压绝缘绕组,则试验时包覆一层金属箔,并与带电部位作电联结。试验时,壳内运动部件应做缓慢运动 对高压部分,球或试指与带电部位之间应保留合适间距ª
3	用直径为2.5 mm的光滑钢棒试具做插入外壳各孔隙试验,施加于钢棒上的力为(3±0.3)N,钢棒应不插入壳内。如果检查是否与带电部位接触,则参考防护等级2的试验方法
4	用直径为1 mm的光滑钢线试具做插入外壳各孔隙试验,施加于钢线试具上的力为(1±0.1)N,钢线应不插入壳内。如果检查是否与带电部位接触,则参考防护等级2的试验方法
5ᵇ	试验应在防尘箱中进行,其结构如图A.2所示。借气流使滑石粉悬浮在箱内,所用的滑石粉应用方孔筛筛过。筛的线径为50 μm,筛孔尺寸为75 μm。滑石粉用量为每立方米试验箱容积2kg,试验用尘使用次数不应超过20次,应注意维持干燥以保持粉尘细度,粉尘应满足GB 2423.37的规定。试验时,真空泵接样品外壳并抽气,使壳内的气压低于大气压。抽气孔可专为试验设置,也可为电缆入口,但孔应紧靠在易损部件位置 试验目的是利用压差把箱内空气抽入被试设备内,抽气量为80倍被试样品外壳容积,抽气速度每小时不超过60倍外壳容积,压差不大于2 kPa。如果抽气速度为每小时40倍~60倍外壳容积,则试验进行2 h。如果最大压差为2 kPa,而抽气速度低于每小时40倍外壳容积,则应连续抽满80倍容积或抽满8 h为止 壳内带电部分之间,或带电对地部分,或运动部分之间所沉积的灰尘应不影响样品的正常工作

表 5（续）

防护等级	试验方法
6	试验方法与等级 5 相同 试验结束后,壳内应无肉眼可见的灰尘

a "合适间距"是指试球或试指置于最不利的位置时,该设备应能承受规定的绝缘电阻或介电强度试验(耐电压试验)的最小间距。

b 如样品不能整个置于试验箱内,则可以用容易引起粉尘进入的部件,试验时这些部件应安装就位。

表 6　防水进入壳内试验方法

防护等级	试验方法
0	无须试验
1a	用图 A.3 a)所示设备做试验,调节滴水量为 1 mm/min,外壳置于转速为 1 r/min 的转台上,偏心距大约为 100 mm。外壳在滴水箱下面置于正常工作位置,滴水箱底部应大于样品,试验时间为 10 min
2a	用图 A.3 b)所示设备做试验,调节滴水量为 3 mm/min,依次试验被试样品的前、后、左、右 4 个方向倾斜至与正常工作位置成 15°角,试验时间为每个位置 2.5min
3	试验用图 A.4 或图 A.5 示意的两种试验设备之一进行: a)　摆管设备:水量按表调节。摆管中心两边各 60°弧段内布有喷水孔。被试外壳放在摆管半圆中心,摆管沿垂线两边各摆动 60°,共 120°,摆动周期约为 4 s,试验持续时间 5 min。然后把外壳沿水平防线旋转 90°,再试验 5 min。摆管半径可按被试样品外壳尺寸调节,但最大半径为 1 600 mm。若外壳所有部分不能全部淋湿,可上下调整外壳支承物或使用手持试验设备(淋水喷头)或优先选用淋水喷头设备进行试验 b)　淋水喷头设备:试验时应安装带平衡重物的挡板,调节水压使水量约为 10 L/min,所需压力在 50 kPa～150 kPa 的范围,试验期间压力恒定。试验时间按外壳表面积计算,每平方米 1 min,最少 5 min
4	试验用图 A.4 或图 A.5 示意的两种试验设备之一进行: a)　摆管设备:喷水孔布满于摆管半圆 180°内。按表规定调节水量。摆管沿垂线两边各摆动 180°,共约 360°,摆动周期约 12 s,试验进行 10 min。若外壳所有部分不能全部淋湿,可上下调整外壳支承物或使用手持试验设备(淋水喷头)或优先选用淋水喷头设备进行试验 b)　淋水喷头设备:试验时去除平衡重物的挡板,使外壳在各个方向都受到溅水。水流速度和单位面积的溅水如等级 3。试验时,被试外壳的支承物应开孔,以免成为挡水板
5	用图 A.7 所示标准试验喷嘴。喷嘴内径为 6.3 mm,水流量为 12.5 L/min,主水流的中心距喷嘴 2.5 m 处直径约为 40 mm 的圆,外壳表面每平方米喷水试验约 1 min,试验时间最少 3 min,喷嘴至外壳表面距离 2.5 m～3 m
6	用图 A.7 所示标准试验喷嘴。喷嘴内径为 12.5 mm,水流量为 100 L/min,主水流的中心距喷嘴 2.5 m 处直径约为 120 mm 的圆,外壳表面每平方米喷水试验约 1 min,试验时间最少 3 min,喷嘴至外壳表面距离 2.5 m～3 m
7	被试外壳全部浸入水中,高度<850 mm 的外壳最低点,应低于水面 1 000 mm;高度≥850 mm 的外壳最高点,应低于水面 150 mm;试验持续时间 30 min,水温与被试样品温差≤5℃
8	试验方法由有关标准规定,但严酷程度不应低于等级 7 的规定

a 防护等级 1 或 2 试验时,如果试验设备底部比被试样外壳小,被试外壳可分为几部分,每部分外壳表面的大小应能使滴水设备足以将其覆盖。

表 7　按 IPX3 和 IPX4 试验条件的开孔数和总水流量

管半径 R mm	IPX3		IPX4	
	开孔数	总水流量 L/min	开孔数	总水流量 L/min
200	8	0.56	12	0.84
400	16	1.1	25	1.8
600	25	1.8	37	2.6

表 7（续）

管半径 R mm	IPX3		IPX4	
	开孔数	总水流量 L/min	开孔数	总水流量 L/min
800	33	2.3	50	3.5
1 000	41	2.9	62	4.3
1 200	50	3.5	75	5.3
1 400	58	4.1	87	6.1
1 600	67	4.7	100	7.0

7 产品防护等级标志

防护等级标志应在产品的铭牌或外壳明显的位置上永久性标明,如整个产品的各部分外壳不属于同一防护等级,则应按其中最低防护等级标志或分别进行标志。

8 有关标准应包括的内容

当有关标准采用本试验时,应给出以下细则:
a) 样品的试验方法;
b) 危险运动部件的防护等级;
c) 外壳短时间浸水或连续潜水应用范围;
d) 样品的安装、定位、预处理、是否带电、是否有运动部件;
e) 有排水孔和通风孔时可接受条件;
f) IPX3 和 IPX4 试验装置的选择;
g) 持续潜水条件;
h) 防水试验之后的接受条件,特别是允许进水量和耐电压试验细节。

附 录 A
（资料性附录）
外壳防护试验设备

A.1 铰链试指

见图 A.1。

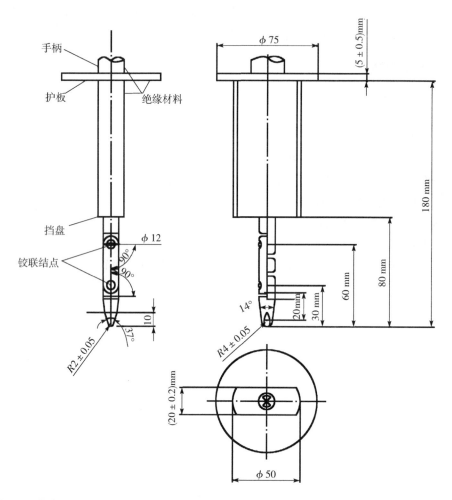

注：材料为金属；角度误差为 -10°~0°；直线尺寸 25 mm 以下的误差为 -0.05 mm~0 mm，25 mm 以上的误差为 ±0.2 mm；试指的两个联结点可在 90°~（90°+10°）范围内弯曲，但只能向同一个方向弯曲。

图 A.1 铰链试指

A.2 防尘试验装置

见图 A.2。

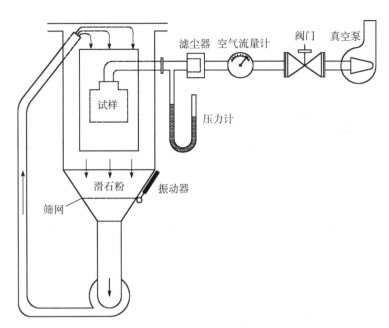

图 A.2　防尘试验装置

A.3　防水试验装置

见图 A.3。

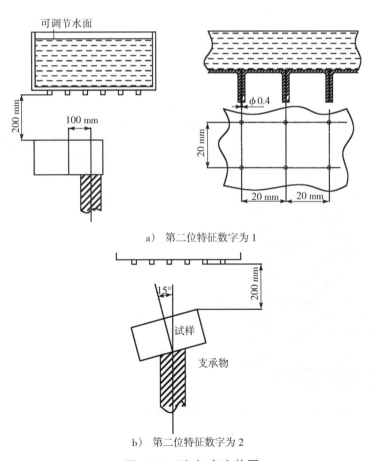

a)　第二位特征数字为 1

b)　第二位特征数字为 2

图 A.3　防水试验装置

A.4 防淋水和溅水试验装置(摆管方式)

见图 A.4。

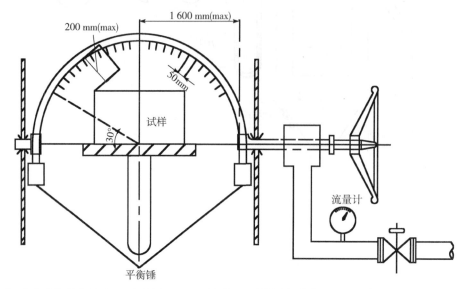

注:喷水孔的分布见表 7。如果为 IPX4,则摆管 180°范围内淋水孔均匀分布。

图 A.4 防淋水和溅水试验装置(摆管方式)

A.5 防淋水和溅水手持式试验装置(淋水喷头方式)

见图 A.5。

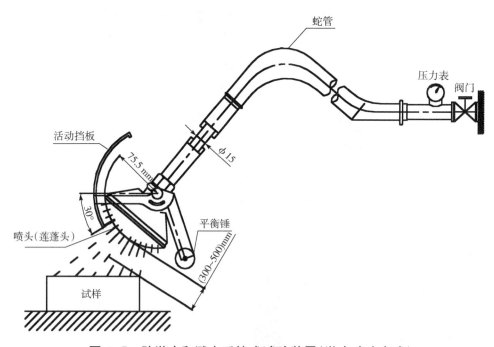

图 A.5 防淋水和溅水手持式试验装置(淋水喷头方式)

A.6 淋水喷头示意图

见图 A.6。

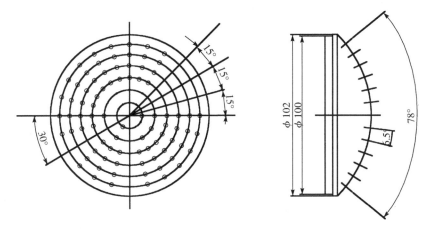

注:φ0.5 的孔共 121 个,其中一个在中央。里面 2 圈共 12 个孔,间距 30°;外面 4 圈共 24 个孔,间距 15°,活动
挡板材料为铝,喷头材料为黄铜。

图 A.6　淋水喷头示意图

A.7　防喷水试验装置(软管喷嘴)

见图 A.7。

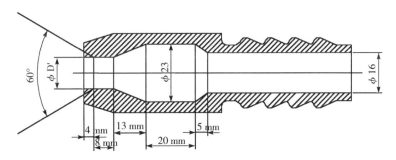

注:D′=6.3(第二位特征数字为 5),D′=12.5(第二位特征数字为 6)。

图 A.7　防喷水试验装置(软管喷嘴)

ICS 47.020.50
U 27

中华人民共和国水产行业标准

SC/T 8030—2018
代替 SC/T 8030—1997

渔船气胀救生筏筏架

The frames of pneumatic life raft of fishing vessel

2018-05-07 发布

2018-09-01 实施

中华人民共和国农业农村部 发布

前　言

本标准按照 GB/T 1.1—2009 给出的规则起草。

本标准代替 SC/T 8030—1997《渔船气胀救生筏筏架》。与 SC/T 8030—1997 相比,除编辑性修改外主要技术变化如下:

——对原标准范围进行了修改,增加了标志、包装、运输、储存等要求;

——对原标准引用标准进行了修改,删除了修订后未引用的标准;

——将原标准 3"产品分类"修改为"筏架类型";

——修改了型号表示方法(见 3.3);

——对原标准 4.1 的要求进行了修改(见 4.1);

——对原标准 4.2 的要求进行了修改(见 4.2);

——删除了原标准 4.3 中的部分要求(见 4.3);

——对原标准 4.4 中的要求进行了修改(见 4.4);

——对原标准 4.6 中的要求进行了修改(见 4.6);

——对原标准 4.7 中的要求进行了修改(见 4.7);

——删除了原标准 4.8;

——增加了滑落式筏架增加防脱杆的要求(见 4.8)

——对原标准 4.9 中的要求进行了修改(见 4.9);

——删除了原标准 4.11;

——删除了原标准 4.12;

——删除了原标准 4.13;

——增加了试验方法(见 5);

——修改了检验规则(见 6);

——修改了标志、包装、运输要求,增加了储存要求(见 7);

——修改了附录 A 的内容(见附录 A);

——修改了附录 B 的内容(见附录 B);

——修改了附录 C 的内容(见附录 C)。

本标准由农业农村部渔业渔政管理局提出。

本标准由全国渔船标准化技术委员会(SAC/TC 157)归口。

本标准起草单位:中国水产科学研究院渔业机械仪器研究所、江苏渔业船舶检验局、浙江渔业船舶检验局台州检验处。

本标准主要起草人:顾海涛、荆柯、张吕法、曹建军、何雅萍、王逸清、吴姗姗。

渔船气胀救生筏筏架

1 范围

本标准给出了渔船气胀救生筏筏架(以下简称筏架)的类型,要求,试验方法,检验规则,标志、包装、运输和储存等要求。

本标准适用于A型、Y型气胀救生筏筏架的设计、制造、检验、安装及储运。

2 规范性引用文件

下列文件对于本文件的应用是必不可少的。凡是注日期的引用文件,仅注日期的版本适用于本文件。凡是不注日期的引用文件,其最新版本(包括所有的修改单)适用于本文件。

GB/T 13384 机电产品包装通用技术条件

3 类型

3.1 分类

筏架分为滑抛式和手抛式2种型式,滑抛式筏架的型式代号为FJH,手抛式筏架的型式代号为FSH。筏架的基本结构见图1和图2。

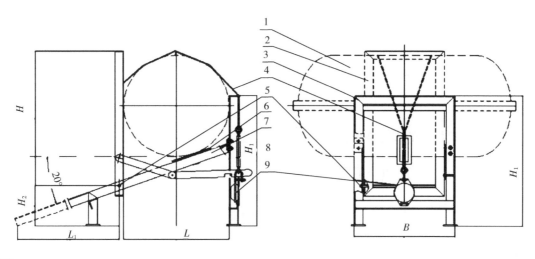

说明:

1——救生筏;
2——翻转滑道;
3——竖架;
4——钢丝绳及花篮螺丝;
5——转轴;
6——软性衬垫;
7——支托;
8——防脱杆;
9——静水压力释放器。

图1 滑抛式筏架

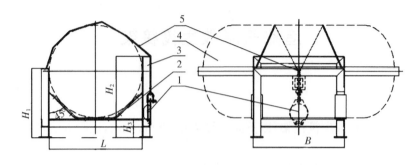

说明:

1——静水压力释放器;
2——支托及软性衬垫;
3——竖架;

4——救生筏;
5——钢丝绳及花篮螺丝。

图 2 手抛式筏架

3.2 基本尺寸

筏架的基本尺寸见表 1。筏架的型式对应适用的气胀救生筏规格参见附录 A;图 1 中 H 值宜根据实际情况加长,参见附录 B。

表 1 基本尺寸

单位为毫米

型式	规格	L	H_1	H_2	B	H_3
FJH	600	600	770	200	440	
	660	660	800		580	
	700	700	830		650	
	750	750	865		750	
FJS	600	600	460	560	440	140

3.3 产品标识

3.3.1 型号表示方法

筏架型号用汉语拼音的大写字母表示型式,阿拉伯数字表示规格。表示方法如下:

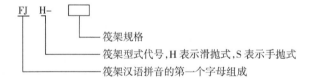

FJ H-☐

☐—筏架规格
H—筏架型式代号,H 表示滑抛式,S 表示手抛式
FJ—筏架汉语拼音的第一个字母组成

3.3.2 标记示例

规格为 580 的滑抛式筏架标记示例为:FJH - 580。

4 要求

4.1 筏架的焊接应牢固可靠,内外满焊,表面应平滑无焊渣。

4.2 筏架的竖架和翻转滑道材质宜采用普通碳钢,表面应进行防锈处理。

4.3 筏架的支托与救生筏之间应为面接触,每个支托的接触面沿轴向的宽度应不小于 50 mm,接触面应尽量靠近存放筒的加强筋。

4.4 筏架支托与救生筏接触面应衬有橡胶垫,橡胶垫的长度应不小于 150 mm,厚度不小于 5 mm,宽度应不小于支托宽度。

4.5 筏架及筏架的捆扎系统应保证救生筏的固定,不应产生轴向窜动和横向滚动。

4.6 筏架的翻转滑道与固定部件之间以及转轴与轴孔之间应有适当间隙,不能有阻碍或卡滞等现象。

4.7 筏架的转轴、固定部件和捆扎系统应采用不锈钢材料,钢丝绳应包塑料外套,钢丝绳直径不小于6 mm。

4.8 滑抛式筏架应设置防脱杆,其结构型式参见附录 C。

4.9 筏架应能安装经渔船检验部门认可的静水压力释放器。

4.10 筏架应标明适用救生筏的型号,每种规格筏架的首制筏架都应做相应救生筏的滑落试验,救生筏应能滑落水中并充气成型。

5 试验方法

5.1 用目视的方法检查筏架的焊接部位,其结果应符合4.1 的要求。

5.2 用目视的方法检查筏架的竖架和翻转滑道,其结果应符合4.2 的要求。

5.3 用目视的方法检查筏架的支托与救生筏之间的接触面,用常规量具测量接触面沿轴向的宽度,其结果应符合4.3 的要求。

5.4 用目视的方法检查筏架支托与救生筏接触面的橡胶垫,用常规量具测量橡胶垫的长度和厚度,其结果应符合4.4 的要求。

5.5 将筏架适用的各型号救生筏分别安装在筏架上,由 1 名体格强壮的成年人对筏架上安装就位的救生筏从各个方向施加推力,其结果应符合4.5 的要求。

5.6 用目视的方法检查筏架各转动部件的间隙,其结果应符合4.6 的要求。

5.7 用检查材质证书的方法检查转轴、固定部件和捆扎系统材质,用常规量具测量钢丝绳直径,其结果应符合4.7 的要求。

5.8 用目视的方法检查筏架结构,其结果应符合4.8 的要求。

5.9 用目视的方法检查筏架结构,并采用经渔船检验部门认可的静水压力释放器进行安装验证,其结果应符合4.9 的要求。

5.10 滑落试验

滑落试验按下列步骤进行,其结果应符合4.10 的要求:
    a) 选取渔业船舶,选定的渔业船舶核定人员数应不少于筏架适合救生筏核载人数;
    b) 将筏架安装在选定的渔业船舶上,筏架安装位置应符合相关渔业法规的要求;
    c) 将适合该型号筏架的救生筏安装就位;
    d) 采用人工释放的方式释放救生筏。

6 检验规则

6.1 检验分类

筏架的检验分为出厂检验和型式检验。

6.2 型式检验

6.2.1 检验时机

    a) 新产品鉴定时;
    b) 正常生产后,在结构、材料、工艺上有较大变化,可能影响产品性能时;
    c) 正常生产后每间隔 4 年时;
    d) 产品停产 2 年恢复生产时;
    e) 有关产品质量监督部门提出要求时。

6.2.2 检验项目及顺序

筏架型式检验的检验项目及顺序见表2。

表2 检验项目及顺序

序号	检验项目	型式检验	出厂检验	要求章条号	检验方法章条号
1	焊接质量	●	●	4.1	5.1
2	材质及表面处理	●	●	4.2	5.2
3	支托与救生筏之间接触	●	●	4.3	5.3
4	衬垫	●	●	4.4	5.4
5	救生筏的固定	●	●	4.5	5.5
6	转动部件灵活性	●	●	4.6	5.6
7	转轴、固定部件和捆扎系统材料	●	●	4.7	5.7
8	防脱杆	●	●	4.8	5.8
9	静水压力释放器安装位置	●	●	4.9	5.9
10	滑落试验	●	—	4.10	5.10
注：●为必检项目；—为不检项目。					

6.2.3 检验样品数量

筏架型式检验样品为2套。

6.2.4 判定规则

筏架型式检验的全部项目符合要求,则判定筏架型式检验合格;若有不符合要求的项目,允许加倍取样进行复检;若复检符合要求,仍判定筏架型式检验合格;若复检仍有不符合要求的项目,则判定筏架型式检验不合格。

6.3 出厂检验

6.3.1 检验数量

每套筏架均应进行出厂检验。

6.3.2 检验项目及顺序

筏架的出厂检验项目及顺序见表2。

6.3.3 判定规则

筏架出厂检验的全部项目符合要求,则判定筏架出厂检验合格;若有不符合要求的项目,允许采取纠正措施后进行复检,复检只允许1次;若复检符合要求,仍判定该筏架出厂检验合格;若复检仍有不符合要求的项目,则判定该筏架出厂检验不合格。

7 标志、包装、运输和储存

7.1 标志

7.1.1 每具筏架都应该有铭牌,铭牌应固定在筏架明显的位置,铭牌应标识的内容如下:

    a) 产品名称及型号;

    b) 制造厂名称;

    c) 适用救生筏型号;

    d) 制造日期;

    e) 执行的标准号。

7.1.2 铭牌的材料及铭牌上数据的刻印方法应能保证其字迹在整个使用期内不易磨灭。

7.2 包装

7.2.1 筏架的包装应符合 GB/T 13384 的规定,也可以由用户与制造方协商约定。

7.2.2 每副筏架出厂时应附有下列文件,并装在防雨防潮的文件袋内:

    a) 装箱清单;

b) 产品合格证；

c) 使用说明书；

d) 安装示意图。

7.3 运输

筏架的运输方式由供需双方协商确定。

7.4 储存

筏架在存放时应防止损坏和锈蚀。

附　录　A
（资料性附录）
筏架的型式对应适用的气胀救生筏型号

表 A.1 中给出了筏架的型式对应适用的气胀救生筏型号。

表 A.1　筏架的型式对应适用的气胀救生筏型号

型式	型号	规格 mm	适用的气胀救生筏型号
滑抛式	FJH	600	Y6、Y8
		660	A6、Y10、Y12、Y15、A8、A10
		700	A12、A15、Y20、Y25
		750	A20、A25
手抛式	FJS	600	Y6、Y8

附　录　B

（资料性附录）

筏架翻转滑道有效长度

表B.1中给出了筏架翻转滑道有效长度参考尺寸。

表B.1　筏架翻转滑道有效长度参考尺寸

单位为毫米

L_1	500	600	700	800	900	1 000	1 100	1 200	1 300	1 400	1 500
H	1 100	1 150	1 250	1 350	1 450	1 550	1 650	1 750	1 850	1 950	2 000

注1：H——筏架置于第一层甲板室甲板时，翻转滑道的有效长度。

注2：L_1——筏架转轴中心至同侧舷墙外缘的水平距离。

注3：当气胀救生筏放置于罗经甲板上，H值应适当增加。

注4：H值大于1 550 mm时，翻转滑道应设计成重叠式或折叠式。

注5：当L_1小于300 mm时，H值由设计部门确定，应考虑当靠船及靠码头时的避碰。

附　录　C

（资料性附录）

防脱杆结构型式示意图

防脱杆结构型式示意图见图 C.1。

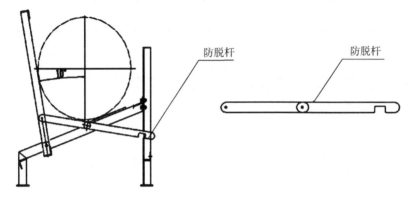

注:防脱杆有效长度应能保证救生筏未固定时翻转滑道角度≤10°。

图 C.1　防脱杆结构型式示意图

ICS 47.020.99
U 15

中华人民共和国水产行业标准

SC/T 8144—2018

渔船鱼舱玻璃纤维增强塑料
内胆制作技术要求

The manufacture technical requirements for the GFRP
inner tank of fish hold for fishing vessel

2018-05-07 发布   2018-09-01 实施

中华人民共和国农业农村部 发布

前　言

本标准按照 GB/T 1.1—2009 给出的规则起草。

本标准由农业农村部渔业渔政管理局提出。

本标准由全国渔船标准化技术委员会(SAC/TC 157)归口。

本标准起草单位:威海西港游艇有限公司。

本标准主要起草人:李新华、苗华升、陈书虎。

渔船鱼舱玻璃纤维增强塑料内胆制作技术要求

1 范围

本标准规定了渔业船舶玻璃纤维增强塑料内胆制作的材料、施工环境、施工工艺及水密试验的技术要求。

本标准适用于新建及改造渔业船舶玻璃纤维增强塑料内胆制作。

2 规范性引用文件

下列文件对于本文件的应用是必不可少的。凡是注日期的引用文件,仅注日期的版本适用于本文件。凡是不注日期的引用文件,其最新版本(包括所有的修改单)适用于本文件。

GB 13115 食品容器及包装材料用不饱和聚酯树脂及其玻璃钢制品卫生标准

GB/T 17470 玻璃纤维短切原丝毡和连续原丝毡

GB/T 18370 玻璃纤维无捻粗纱布

SC/T 8059 渔船隔热层发泡操作规程

SC/T 8063 玻璃钢渔船用不饱和聚酯树脂和玻璃纤维制品

3 术语和定义

下列术语和定义适用于本文件。

3.1

鱼舱玻璃纤维增强塑料内胆 inner tank of fish hold by GFRP

在渔船鱼舱内以不饱和聚酯树脂为基体材料,以玻璃纤维为增强材料,按照一定工艺复合而成的与船体结构连为一体的用以装载渔获物的水密结构。

4 材料

4.1 食品级树脂

应符合 GB 13115 的要求。

4.2 不饱和聚酯树脂

应符合 SC/T 8063 的要求。

4.3 玻璃纤维无捻粗纱布

应符合 GB/T 18370 以及 SC/T 8063 的要求。

4.4 玻璃纤维短切原丝毡

应符合 GB/T 17470 的要求。

4.5 聚氨酯泡沫

应符合 SC/T 8059 的要求。

5 施工环境

5.1 施工现场应清洁无污染。

5.2 施工现场的温度应控制在15℃～32℃范围内,相对湿度应不大于85%。

SC/T 8144—2018

6 施工工艺

6.1 糊制结构层

6.1.1 用聚氨酯现场发泡或用预制的聚氨酯泡沫板将鱼舱骨架间空隙填满至与骨架等高。

6.1.2 将泡沫修平,用树脂泥子将缺陷处填补平整,泥子固化后打磨平整。

6.1.3 施工面应清理干净,达到无污染、干燥后,糊制结构层,结构层的力学性能应满足表1的有关要求。

表1 结构层的力学性能指标

项 目	玻璃纤维增强材料 (短切毡与无捻粗纱正交布交替)
拉伸强度,MPa	126
拉伸模量,MPa	7 000
弯曲强度,MPa	175
弯曲模量,MPa	7 000
压缩强度,MPa	119
压缩模量,MPa	7 000
平行于经线的剪切强度,MPa	63
平行于经线的剪切弹性模量,MPa	3 150
层间剪切强度,MPa	19
不饱和聚酯树脂含量,%(质量)	35~65
巴氏硬度,HBa	≥40
湿态弯曲强度保留率(2 h沸水浸泡后的),%	≥80

6.2 糊制防水层

6.2.1 在结构层固化至少24 h以后打磨清理,确保施工面清洁无污染。

6.2.2 角隅处用树脂泥子填补成不小于R15的半圆角以便于纤维过渡。

6.2.3 防水层的糊制应采用食品级树脂、短切原丝毡,积层厚度应不小于2 mm。

6.2.4 防水层固化完毕后,应将其表面打磨平整、清理干净,然后涂刷一层加有蜡液的食品级树脂,厚度为(0.5±0.1)mm。

7 水密试验

7.1 试验条件

7.1.1 内胆全部完工固化后,巴氏硬度应不小于40 HBa。

7.1.2 在船台上进行静水压力试验时,应根据实际情况在船底适当位置增加支撑,以防止注水后船体变形。

7.2 试验方法

舱内胆清扫干净后,向舱内注水至水面高出主甲板200 mm,并在舱口围壁上做好标记。放置24 h后,如水位无变化,判定合格。

注:多个鱼舱试验时,相邻舱不应同时进行试验。

284

ICS 47.020.99
U 15

中华人民共和国水产行业标准

SC/T 8154—2018

玻璃纤维增强塑料渔船真空导入成型工艺技术要求

Technical requirements on vacuum infusion molding
process of GFRP fishing vessel

2018-05-07 发布

2018-09-01 实施

中华人民共和国农业农村部 发布

SC/T 8154—2018

前　言

本标准按照 GB/T 1.1—2009 给出的规则起草。

本标准由农业农村部渔业渔政管理局提出。

本标准由全国渔船标准化技术委员会(SAC/TC 157)归口。

本标准起草单位:威海中复西港船艇有限公司。

本标准主要起草人:吴忠友、苗会文、李林、冉高华。

玻璃纤维增强塑料渔船真空导入成型工艺技术要求

1 范围

本标准规定了采用真空导入成型工艺建造玻璃纤维增强塑料渔船操作过程中的工艺技术要求。

本标准适用于以玻璃纤维为增强材料、不饱和聚酯树脂为基体材料的玻璃纤维增强塑料渔业船舶的真空导入成型工艺技术。

2 规范性引用文件

下列文件对于本文件的应用是必不可少的。凡是注日期的引用文件,仅注日期的版本适用于本文件。凡是不注日期的引用文件,其最新版本(包括所有的修改单)适用于本文件。

GB/T 3961　纤维增强塑料术语

3 术语和定义

GB/T 3961 界定的以及下列术语和定义适用于本文件。

3.1

真空袋　vacuum bag

在复合材料制造过程中使用的外罩,密封后可将被罩内侧抽成真空并保持气密的袋子。

3.2

凝胶　gel

树脂固化过程中出现胶状的现象。

4 工艺技术要求

4.1 施工环境

施工环境的温度应保持在15℃～32℃范围内,相对湿度应在85％以下。

4.2 模具

模具宜采用玻璃纤维增强塑料阴模。若采用木质阴模,应在胶衣喷涂完成后至少手糊2层300 g/m²的玻璃纤维短切毡,树脂质量占铺层总质量的70％～75％。模具边缘应设不小于100 mm的翻边,以便固定螺旋管及真空袋。

4.3 材料

4.3.1 树脂,在操作温度环境下的黏度应在200 cP以下。

4.3.2 增强材料应为无碱玻璃纤维织物。

4.3.3 导流网、树脂管、螺旋管、脱模布、三通及密封胶、喷胶、真空袋等辅助材料应满足工艺操作要求。

4.4 前期准备

4.4.1 树脂配兑前应做凝胶试验及流速试验,引发剂和促进剂的加入量应根据成型环境温度和湿度进行调整,称量应准确,保证每一个角落浸渍均匀。同时,应根据相关试验结果制订相应的工艺文件。

4.4.2 配料时,引发剂及促进剂等添加剂应搅拌均匀。

4.5 手糊铺层

胶衣开始凝胶后,手糊2层300 g/m²玻璃纤维短切毡,不应有气泡,树脂质量占铺层总质量的70％～75％。

4.6 铺纤维

手糊铺层凝胶后,修整毛刺缺陷,然后铺纤维增强材料,纤维应纵向连续铺设。铺层之间的搭接宽度应不小于 50 mm,接缝之间任何方向应不小于 150 mm 间距,且 5 层接缝不应在同一位置。层与层之间喷胶应喷涂均匀、压实,使层与层紧密贴合,防止铺层脱落。

4.7 铺脱模布

脱模布的铺设应遍及整个船体内,且超过舷边约 30 mm。脱模布应采用搭接方式,搭接宽度应不小于 50 mm。脱模布与纤维层间喷涂喷胶,并压实使两者紧密贴合。

4.8 铺导流布

导流布铺设平整,容易出现滑落或不易贴附处采用喷涂喷胶固定,应采用搭接方式,搭接宽度应不小于 100 mm。导流布应铺设至模具边缘约 150 mm 处。

4.9 真空泵及铺设空气管

4.9.1 沿模具四周铺设螺旋管,并在船首尾位置螺旋管上安装可连接空气管至真空泵的三通管。

4.9.2 空气管总长 20m 以下时,首尾各设 1 台真空泵,空气管总长 20 m 以上时,按每增加 10 m 增设 1 台真空泵和 1 个三通管,真空泵的总流量应能保证 1 h～1.5 h 内将真空袋内空气压强抽至 −0.09 MPa 以下。

4.10 铺设树脂管和螺旋管

螺旋管按纵向铺设,铺设横向间距不大于 500 mm。螺旋管上每隔 1.5 m 处装设三通接至树脂管,相邻螺旋管之间该树脂管应正好相互错开。

4.11 铺设真空袋

真空袋面积应为船体表面积的 1.2 倍～1.6 倍,真空袋铺设时在折角处等船体形状较为复杂处应留有足够余量,一般应不小于 2 倍表面积。真空袋用密封胶条固定于模具翻边上,应覆盖抽真空的螺旋管,保证真空袋内真空度。

4.12 接空气管及树脂管

4.12.1 模具四周供抽空气用的螺旋管上由三通引出,用空气管连接至真空泵,三通穿过真空膜用密封胶条密封。

4.12.2 在导流树脂用螺旋管三通位置,将三通穿过真空膜用密封胶条密封,然后连接树脂管,树脂管长度应能延伸至就近的树脂桶内。树脂管连接完成后,末端全部封闭。

4.13 抽真空

空气管通过回收罐与真空泵连接完毕后开始抽真空,应保证真空袋内压强达到 −0.09 MPa。关闭真空泵,观察 30 min 后,若压强能保持在 −0.08 MPa 以下,则可以重新启动真空泵进行下一步的工作,若不能保证则需检漏补漏。

4.14 导入树脂

4.14.1 将调兑好的树脂倒入预先设置好的树脂桶内,开始将树脂逐步导入船体,观察树脂浸润情况,直至树脂浸透整个船体,关闭树脂管口。

4.14.2 当因局部漏气而导致树脂无法浸透船体之处时,应立即实施检漏补漏措施,并使树脂完全浸透纤维。如补漏后仍无法浸透纤维,应采用注射器注射树脂的方式使树脂完全浸透纤维。

4.15 保压固化

导入树脂并使树脂完全浸透船体纤维后,封闭所有树脂管口,并保持真空泵至少继续工作 3 h,使树脂自然固化。

4.16 脱模

树脂固化后巴氏硬度达到 40 HBa 以上时,方可撕去脱模布并完成脱模。

ICS 47.020.99
U 15

中华人民共和国水产行业标准

SC/T 8155—2018

玻璃纤维增强塑料渔船船体脱模
操作要求

Operatioral requirements of glass fiber reinforced plastics
fishing vessel hull mold unloading

2018-05-07 发布

2018-09-01 实施

中华人民共和国农业农村部 发布

SC/T 8155—2018

前　言

本标准按照 GB/T 1.1—2009 给出的规则起草。

本标准由农业农村部渔业渔政管理局提出。

本标准由全国渔船标准化技术委员会(SAC/TC 157)归口。

本标准起草单位:中国渔船渔机渔具行业协会、珠海市琛龙船厂有限公司。

本标准主要起草人:梁明森、包盛清、苏亮、叶建宇、钱忠敏、宁康华、高霞。

玻璃纤维增强塑料渔船船体脱模操作要求

1 范围

本标准规定了玻璃纤维增强塑料渔船船体脱模的操作步骤和程序,对脱模前的准备工作、脱模过程中的重要事项,给出了有关技术参数和具体的操作要求。

本标准适用于船长 24 m 以上的玻璃纤维增强塑料渔船船体脱模操作。

2 规范性引用文件

下列文件对于本文件的应用是必不可少的。凡是注日期的引用文件,仅注日期的版本适用于本文件。凡是不注日期的引用文件,其最新版本(包括所有的修改单)适用本文件。

GB/T 5974.1—1986 索具套环

GB/T 5976—1986 钢丝绳夹

JB/T 8112—1999 索具卸扣

SC/T 8112—2000 玻璃钢渔船建造检验要求

国渔检法〔2008〕78 号 玻璃纤维增强塑料渔业船舶建造规范(2008)

3 术语和定义

下列术语和定义适用于本文件。

3.1

吊点 lifting point

起重设备起吊船体时,吊索与船体的连接点。

4 脱模前的准备

4.1 当选择空气分离式脱离,制作船体模具时应在模具适当位置布设压缩空气注入口。

4.2 在制作船体模具时,应对需拆除的模板采用活动分模块组合的形式连接固定。

4.3 脱模前,船体应完成龙骨压载、旁龙骨、纵横骨架、横向隔舱壁等施工作业并达到固化状态,符合国渔检法〔2008〕78 号"第二章 材料"和"第三章 成型工艺"的有关规定要求,满足 SC/T 8112—2000 第 5章的有关规定要求。

4.4 脱模作业起吊时所使用的吊索、吊环等,应满足 GB/T 5974.1—1986 第 1 章、第 2 章的有关技术要求,脱模作业起吊时所使用的钢丝绳夹应满足 GB/T 5976—1986 第 1 章、第 2 章、附录 A 的有关规定要求。脱模作业起吊时所使用的索具卸扣应满足 JB/T 8112—1999 第 4 章的有关技术要求。

4.5 吊点分布和预制

4.5.1 吊点的分布

船体脱模吊点的分布应结合船体的尺寸、重心位置和结构确定吊点的数量和位置,应满足吊力分散和均布的要求,在船体施工图纸中予以确定。船体脱模起吊时,按照吊力分散和均布的原则,每台主吊机的吊点应不少于 4 个,每台辅助吊机的吊点应不少于 2 个,各吊点应对称分布。

4.5.2 吊点预制

4.5.2.1 夹紧式吊点预制

夹紧式吊点,是采用长型铁夹(由上往下)在吊点位置插入夹住与模具分离的船体两舷侧板或舱壁,并压紧固定。对被夹住的船板吊点位置,应根据承受吊力的大小,增加该位置的糊制层数,提高其受力强度。

4.5.2.2 预埋管式吊点预制

在船体的船底板纵向旁龙骨施工时,将穿索钢管横向预埋在已确定的各分吊点位置的旁龙骨底部(钢管选择标准的镀锌管,内径约为起吊钢缆直径的 1.5 倍,内孔口应倒角),在预埋钢管两侧的旁龙骨前后各不小于 250 mm 的区域加强,积层厚度要求大于 20 mm。积层搭接和一次积层厚度工艺应符合国渔检法〔2008〕78 号"第三章成型工艺","第四章连接"的"第 1 节通则"和"第 2 节胶接"的有关规定要求。如图 1 所示。

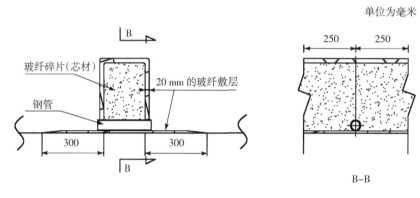

说明:
B、B-B——表示剖示面。

图 1　预埋管式吊点预制

5　脱模操作要求

5.1　吊力配置

脱模时起重设备的吊力不低于出模船体总重的 1.5 倍。

5.2　吊点连接

每个吊点的吊索要有足够长度,同侧吊点的吊索采用滑扣相互连接,再接主吊索。主吊索间的夹角应≤40°,如图 2 所示。

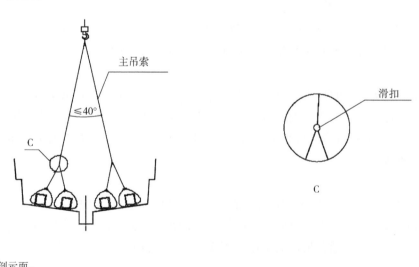

说明:
C——表示剖示面。

图 2　吊点连接

5.3　船体与模具分离

5.3.1 初步分离

5.3.1.1 向船体与模板之间的空气口注入气体或用其他方式使船体与模具初步分离。对船体四周侧板未能分离的粘结点,可采用外力使其剥离。

5.3.1.2 拆除艉封板、艉段部分、箱型龙骨及球鼻艏等活动模具。

5.3.2 二次分离

5.3.2.1 起吊前检查和加强船体模具与船台的连接状况,防止起吊时船体模具移位。

5.3.2.2 各起重设备拉紧全部起吊点吊索,检查各吊点正常后,同时开始起吊船体,船体完全受力后起吊力暂停,保持静止。观察船体与模具分离情况,若船体与模具仍有粘连,可借助楔形物等方法,使船体与模具完全分离。

5.4 船体纵向后移出模

5.4.1 使用的起重设备是桥式起重机或是汽车起重机,船体和模具分离后的移动方式有所不同,但无论是何种起重设备,操作时都要做到几台起重设备同步平稳起吊,当船体完全脱离模具,达到适宜平移的高度后再后移出模,直至将整个船体移离模具,平稳放置于滑道排车上。船体两侧用船体支架或墩木垫好,保持船体稳定。

5.4.2 桥式起重机起吊出模

用一台或数台桥式起重机同时平稳起吊船体,船体与模具完全分离后,后移出模时要控制船体匀速向艉部方向移动,直至将整个船体移离模具。

5.4.3 汽车起重机起吊出模(或与桥式起重机共同抬吊)

汽车起重机起吊(或与桥式起重机共同抬吊),因汽车吊臂的长度所限,船体后移出模过程中,有数次下降临时搁放更换吊点、或移动汽车起重机位置的步骤,重新起吊后移的操作要做到以下几点:

a) 用于支撑船体的支架或墩木要尽量与船体的线性相符;

b) 保证船体在出模过程中放下、起吊和后移时不伤及模具;

c) 再次起吊前要检查吊钩、吊点、吊索等有无损伤和是否牢靠连接。

————————

ICS 47.020.99
U 15

中华人民共和国水产行业标准

SC/T 8156—2018

玻璃钢渔船水密舱壁制作技术要求

The manufacture technical requirements of watertight bulkhead for
GFRP fishing vessel

2018-05-07 发布

2018-09-01 实施

中华人民共和国农业农村部 发布

前　言

本标准按照 GB/T 1.1—2009 给出的规则起草。

本标准由农业农村部渔业渔政管理局提出。

本标准由全国渔船标准化技术委员会(SAC/TC 157)归口。

本标准起草单位:常州玻璃钢造船厂有限公司。

本标准主要起草人:臧瑞斌、苏生。

玻璃钢渔船水密舱壁制作技术要求

1 范围

本标准规定了玻璃钢渔船水密舱壁制作的施工环境、材料、舱壁部位的结构准备、采用预制成型和现场成型法制作水密舱壁、甲板纵向构件过水密舱壁的制作及密性试验要求。

本标准适用于各类玻璃钢渔船水密舱壁制作。

2 规范性引用文件

下列文件对于本文件的应用是必不可少的。凡是注日期的引用文件，仅注日期的版本适用于本文件。凡是不注日期的引用文件，其最新版本（包括所有的修改单）适用于本文件。

GB/T 3961　纤维增强塑料术语

SC/T 8063　玻璃钢渔船用不饱和聚酯树脂和玻璃纤维制品

SC/T 8064　玻璃钢渔船施工环境及防护要求

SC/T 8111—2000　玻璃钢渔船船体手糊工艺规程

SC/T 8112　玻璃钢渔船建造检验要求

3 术语和定义

GB/T 3961界定的以及下列术语和定义适用于本文件。为了便于使用，以下重复列出了GB/T 3961中的某些术语和定义。

3.1

不饱和聚酯树脂　unsaturated polyester resin

分子链上含有碳-碳不饱和双键的，能与不饱和单体或预聚体发生交联的一类聚酯树脂。

3.2

玻璃纤维　glass fibre

一般指硅酸盐熔体制成的玻璃态纤维或丝状物。

3.3

夹层结构　sandwich construction

以面板（蒙皮）与轻质芯材组成的一种层状复合结构。按其芯材形式或材料的不同，通常有蜂窝、波纹和泡沫夹层结构等。

3.4

芯子　core

夹层结构中夹在两面板（蒙皮）之间的轻质材料。

3.5

内水密隔板　internal watertight baffle

骨材内部的隔断，能有效阻止液体在骨材内部流动。

4 施工环境

玻璃钢渔船水密舱壁制作应符合SC/T 8064的要求。

5 材料

5.1 水密舱壁应选用无碱玻璃纤维织物作为增强材料,不饱和聚酯树脂为基体材料,所有材料应为船检部门认可的材料。玻璃纤维的技术指标应符合 SC/T 8063 的要求,对有防火要求的舱壁应采用阻燃树脂。

5.2 夹层结构舱壁的芯子应采用与基体树脂胶接良好的闭孔结构的硬质泡沫板、胶合板等材料,如用木材应充分干燥,含水率应不大于18%,使用前应按 SC/T 8112 的要求提交芯子质量报告。

5.3 采用其他材料时应提供试验报告,并经验船部门认可后方可使用。

6 舱壁部位的结构准备

6.1 穿舱骨材制作

为保证水密舱壁的水密完整性,所有穿过水密舱壁的骨材在摆放芯材时应制作内水密隔板,内水密隔板宜向舱壁两侧延伸100 mm,糊制厚度不小于2 mm,节点见图1,然后再整体糊制穿舱骨材结构。

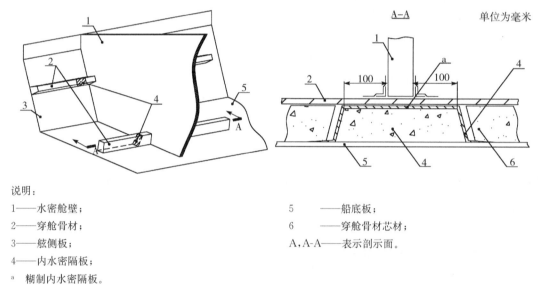

说明:
1——水密舱壁;
2——穿舱骨材;
3——舷侧板;
4——内水密隔板;
a 糊制内水密隔板。
5——船底板;
6——穿舱骨材芯材;
A,A-A——表示剖示面。

图 1 穿舱骨材内水密隔板制作

6.2 水密舱壁底座制作

6.2.1 为便于舱壁制作,宜在船体水密舱壁边缘糊制舱壁底座,该舱壁底座应采用不小于船体强肋位构件尺寸的帽形结构。

6.2.2 制作完成后,对舱壁底座表面应进行打磨和清洁。

7 预制成型法制作水密舱壁

7.1 放样

通过放样获得水密舱壁样板。

7.2 水密舱壁成型

7.2.1 根据舱壁样板在平板模具上制作水密舱壁和扶强材。采用手糊成型时,应按 SC/T 8111—2000 中第6章的规定操作,制作完成后按舱壁样板进行切割。

7.2.2 水密舱壁板最后一层应糊制玻璃纤维短切毡,以提高防水能力和二次胶接时的黏结力。

7.3 固化与脱模

水密舱壁脱模时,其巴氏硬度应不小于40 HBa;脱模后,应有可靠的支撑物支撑,以免发生变形。

7.4 水密舱壁安装

7.4.1 水密舱壁板安装时,应与舱壁底座的一侧腹板对齐,安装缝隙应采用聚酯泥子填满,并在两侧用泥子刮成弧度。

7.4.2 在水密舱壁两侧边缘进行二次胶接加强时,胶接处应打磨清洁,胶接宽度应不小于100 mm;对设有舱壁底座的部位,二次接加强层应超过底座结构搭接边缘50 mm,厚度不小于水密舱壁板厚度(见图2)。

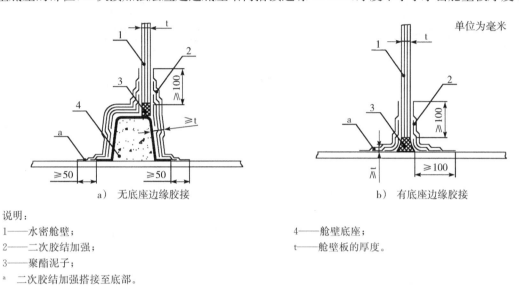

a)无底座边缘胶接　　　　　b)有底座边缘胶接

说明:
1——水密舱壁;
2——二次胶结加强;
3——聚酯泥子;
ᵃ 二次胶结加强搭接至底部。

4——舱壁底座;
t——舱壁板的厚度。

图2　水密舱壁安装

8 现场成型法制作水密舱壁

8.1 制作靠模

用擦蜡后的光板制作舱壁板靠模,靠模应与舱壁底座结构的一侧腹板对齐,无舱壁底座处靠模直接与壳板接触,边缘处用聚酯泥子修补平整(见图3)。

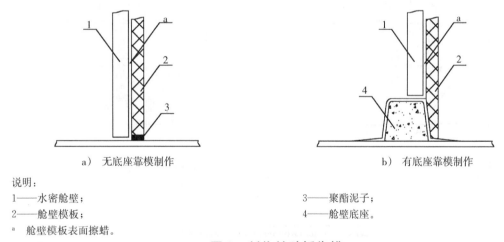

a)无底座靠模制作　　　　　b)有底座靠模制作

说明:
1——水密舱壁;
2——舱壁模板;
ᵃ 舱壁模板表面擦蜡。

3——聚酯泥子;
4——舱壁底座。

图3　制作舱壁板靠模

8.2 现场糊制

在靠模上糊制水密舱壁板,手糊成型应按SC/T 8111—2000中第6章的规定操作。胶接宽度不小于100 mm,与船体壳板的搭接应超过底座结构搭接边缘50 mm,舱壁表面糊制玻璃纤维短切毡。待水密舱壁板固化完全后移除舱壁靠模,用树脂泥子将水密舱壁边缘的缝隙填充平整,打磨、清洁后再糊制二次胶结加强,加强厚度不小于水密舱壁板厚度(见图4)。

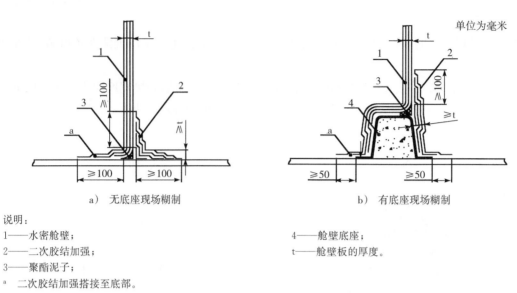

说明：
1——水密舱壁；
2——二次胶结加强；
3——聚酯泥子；
a　二次胶结加强搭接至底部。

4——舱壁底座；
t——舱壁板的厚度。

a) 无底座现场糊制

b) 有底座现场糊制

图 4　糊制舱壁板及二次胶结加强

8.3　扶强材糊制

扶强材芯材一般为木质或泡沫塑料,用树脂泥子黏附在水密舱壁板上,禁用钉子固定。

扶强材的成型应按 SC/T 8111—2000 中第 7 章的规定制作。

9　甲板纵向构件过水密舱壁的制作

9.1　通过预合拢和放样,在水密舱壁上开孔使纵向构件通过,合拢后用短切玻璃纤维和聚酯泥子填充。

9.2　合拢后,在开孔处用封板封闭。封板宽度宜为开孔宽度的 2 倍,高度宜为开孔高度的 1.5 倍。

9.3　对胶接区域打磨清洁后,用玻璃纤维毡布将水密舱壁、甲板板和纵向构件胶接在一起(见图 5)。

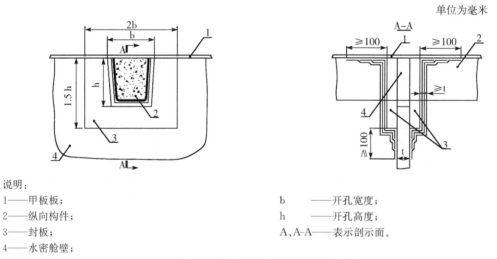

说明：
1——甲板板；
2——纵向构件；
3——封板；
4——水密舱壁；

b　　——开孔宽度；
h　　——开孔高度；
A、A-A 表示剖示面。

图 5　甲板纵向构件过水密舱壁

10　密性试验

水密舱壁制作安装完成后,应按 SC/T 8112 的规定进行密性试验。检验合格后在水密舱壁表面涂刷胶衣防水层保护。

ICS 47.020.99
U 15

中华人民共和国水产行业标准

SC/T 8161—2018

渔业船舶铝合金上层建筑施工技术要求

Construction technology requirements of aluminum alloy superstructure
for fishing vessel

2018-05-07 发布

2018-09-01 实施

中华人民共和国农业农村部 发布

前　言

本标准按照 GB/T 1.1—2009 给出的规则起草。

本标准由农业农村部渔业渔政管理局提出。

本标准由全国渔船标准化技术委员会(SAC/TC 157)归口。

本标准起草单位：山东丛林凯瓦铝合金船舶有限公司、大连渔轮公司、山东交通学院、蓬莱中柏京鲁船业有限公司、辽宁渔业船舶检验局、山东诺维科轻量化装备有限公司。

本标准主要起草人：祝伟忠、于利民、黄永强、杜志强、孙继光、高伟、牟庆涛、姜德金。

渔业船舶铝合金上层建筑施工技术要求

1 范围

本标准规定了渔业船舶铝合金上层建筑的材料、材料搬运与储存、材料加工、装配及焊接要求。

本标准适用于渔业船舶铝合金上层建筑的施工。

2 规范性引用文件

下列文件对于本文件的应用是必不可少的。凡是注日期的引用文件,仅注日期的版本适用于本文件。凡是不注日期的引用文件,其最新版本(包括所有的修改单)适用于本文件。

GB/T 985.3 铝及铝合金气体保护焊的推荐坡口

GB/T 4842 氩

GB/T 4844 纯氦

GB/T 10858 铝及铝合金焊丝

GB/T 22641 船用铝合金板材

GB/T 26006 船用铝合金挤压管、棒、型材

CB/Z 230 船舶上层建筑整体吊装技术要求

CB/Z 258—2013 船用铝合金焊接工艺要求

CB 1343 铝-钢过渡接头规范

CB/T 3747 船用铝合金焊接接头质量要求

CB/T 3748 船用铝合金焊接工艺评定

CB/T 3761 船体结构钢焊缝修补技术需求

CB/T 3929 铝合金船体对接接头 X 射线检测及质量分级

CB/T 3953 铝-钛-钢过渡接头焊接技术条件

JB/T 4730.3 承压设备无损检测 第3部分:超声检测

JB/T 4730.5 承压设备无损检测 第5部分:渗透检测

SC/T 8060 钢质渔船船体结构节点

SJ/T 10743 惰性气体保护电弧焊和等离子焊接、切割用钨铈电极

3 材料

3.1 一般要求

渔业船舶上层建筑所采用的铝合金材料应经过渔业船舶检验机构的认可。

3.2 铝合金材料

铝合金板材应符合 GB/T 22641 的规定;铝合金挤压管、棒、型材应符合 GB/T 26006 的规定。

3.3 焊接材料

焊接材料应符合 GB/T 10858 的规定。

4 材料搬运与储存

4.1 铝合金材料

4.1.1 铝合金材料在搬运、运输过程中,应轻拿轻放,严防磕碰造成表面碰伤。

4.1.2 铝合金材料在搬运与储存时应防止雨、水、雪的侵入。

4.1.3 铝合金材料在储存过程中,不应与化学材料和其他潮湿性材料一同存放,应保持储存环境干燥、明亮,通风良好,并在材料的底部用垫木、毛毡或其他等效物件均匀支撑,保证铝合金材料离地面的高度不低于100 mm。

4.2 焊接材料

4.2.1 铝合金焊丝应按相关标准或供应商推荐要求,储存在原包装内,置于在各种气候下均能保持干燥的环境中。

4.2.2 在车间和生产现场拆开包装但未使用完的焊接材料应做标识,并做适当包装妥善保管,以免混用、受潮或污染。

5 材料加工

5.1 一般要求

5.1.1 铝合金材料在加工前应采取有效措施防止被划伤、擦伤。表面质量应符合GB/T 22641、GB/T 26006的规定。

5.1.2 铝合金材料在加工完成后,宜采用丙酮、乙醇或其他有机溶剂清洗表面油污。

5.1.3 铝合金上层建筑型材的切斜、开口、肘板连接、型材连接、补板型式应符合SC/T 8060要求或渔业船舶的设计要求。

5.2 边缘加工

5.2.1 剪切加工

5.2.1.1 剪切前,应根据工件的尺寸和边缘特征(直线或曲线)选择合适的剪切机,并保证剪切设备的工作能力能够满足所剪材料的需要,剪切机不宜与剪切钢板的剪切设备混用。

5.2.1.2 剪切时,应使工件的剪切线与下刀口边缘对准。对边缘不另做加工的零件,剪断位置与划线位置的偏差不应超过1 mm,端面的垂直度不应超过5°。

5.2.1.3 剪切后的各种零件应分类整齐放置,或置于相应的托盘内。

5.2.2 切割

5.2.2.1 铝合金材料宜采用铣切、水射流切割、激光切割、等离子弧切割等切割方法,不应采用火焰切割方法。

5.2.2.2 切割偏差应符合表1的规定。

表 1 切割偏差

单位为毫米

分 类	项 目	标准范围	允许极限
尺寸偏差	重要构件	±1.5	±2.0
	一般构件	±2.0	±3.0
边缘直线度	自动焊缝	≤0.4	≤0.5
	半自动及手工焊缝	≤1.0	≤2.0
对角线偏差	重要构件	±3.0	±5.0
	一般构件	±4.0	±6.0
切割表面粗糙度	构件自由边缘	0.5	1.0
	焊缝边缘	0.8	1.5
切割缺口[a]	构件自由边缘[b]	—	<3.0
	焊缝边缘[c]	—	<2.0

[a] 缺口指大于该表面粗糙度3倍的凹口。
[b] 构件自由边缘超过标准范围时修补方法:用砂轮磨平,必要时可采用堆焊法修补,但应避免短焊缝。
[c] 焊缝边缘超过标准范围时修补方法:用砂轮或焊补修整缺口。

5.2.3 刨、铣边加工

5.2.3.1 零件在刨、铣边前,应先经矫平。

5.2.3.2 刨、铣边缘直线度偏差应不超过 1 mm,坡口面角度偏差应不超过±4°。

5.2.3.3 对边缘刨、铣成坡口的零件,坡口形式和尺寸应符合 GB/T 985.3 的要求,坡口的纵边(特别是不带衬垫的单面对接焊坡口)应打磨或倒角处理。

5.3 成形加工

5.3.1 折边加工

5.3.1.1 弯制铝合金零件时,应在零件上、下表面铺垫气垫膜或其他有效措施防止折边压痕。

5.3.1.2 折边构件表面不应产生裂纹。

5.3.1.3 两条折边线相交处应开防裂孔,防裂孔直径应在 6 mm～10 mm 范围内。

5.3.1.4 铝合金板材冷弯加工最小弯曲半径应符合表 2 的规定。

表 2　铝合金板材冷弯加工最小弯曲半径偏差

单位为毫米

材料类型	回火或正火状态		淬火状态	
	弯曲线垂直于轧制方向	弯曲线平行于轧制方向	弯曲线垂直于轧制方向	弯曲线平行于轧制方向
硬化铝	$2.0\,t^{a}$	$3.0\,t$	$3.0\,t$	$4.0\,t$
软硬铝	$1.0\,t$	$1.5\,t$	$1.5\,t$	$2.5\,t$
^{a} t 为折弯板材的厚度。				

5.3.1.5 折边宽度、腹板高度和折边角度见图 1a),折边方向的直线度和腹板方向的直线度见图 1b),加工偏差应符合表 3 的规定。

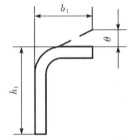

a) 折边宽度、腹板高度和折边角度　　　b) 折边方向的直线度和腹板方向的直线度

说明:
b_1——折边宽度;　　　　　　　　　　　l_1——折边宽度;
h_1——腹板高度;　　　　　　　　　　　f_1——折边方向的直线度;
θ——折边角度;　　　　　　　　　　　f_2——腹板方向的直线度。

图 1　折边成形加工偏差

表 3　折边成形加工偏差

单位为毫米

项　　目		标准范围	允许极限
折边宽度 b_1		±2.0	±3.0
腹板高度 h_1	主要构件	±2.0	±3.0
	次要构件	±3.0	±5.0
折边角度 θ		±2%b_1 且在±2.0 范围内	±3%b_1 且在±4.0 范围内
折边方向的直线度 f_1		±l_1/1 000	±2.5l_1/1 000
腹板方向的直线度 f_2			

5.3.2 型材、桁材弯曲偏差

型材、组合桁材弯曲偏差见图2,弯曲偏差值应符合表4的规定。

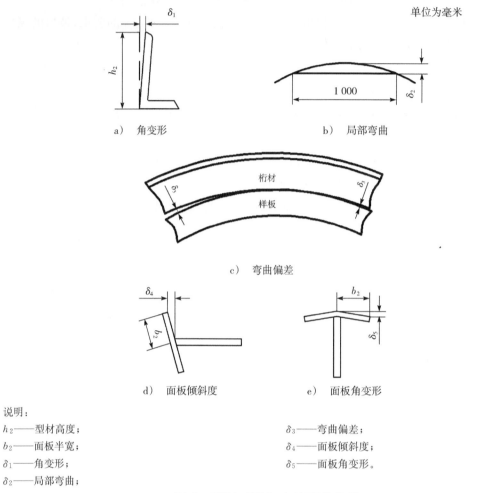

单位为毫米

a) 角变形   b) 局部弯曲

c) 弯曲偏差

d) 面板倾斜度   e) 面板角变形

说明:

h_2——型材高度;

b_2——面板半宽;

δ_1——角变形;

δ_2——局部弯曲;

δ_3——弯曲偏差;

δ_4——面板倾斜度;

δ_5——面板角变形。

图 2 型材、桁材、支柱弯曲偏差

表 4 型材、桁材弯曲偏差

单位为毫米

项 目		标准范围	允许极限
型材	角变形 δ_1^a	±1.5	±2.0
	局部弯曲 δ_2^b	±1	±1.5
组合桁材	弯曲偏差 δ_3^c	±2.0	±4.0
	面板倾斜度 δ_4^d	±1.5	±3.0
	面板角变形 δ_5	≤$1.5+b_2/100$	≤$3+b_2/100$
a 以 $h_2=100$ mm 计。			
b 以 1 m 长计,相对样板。			
c 以 5 m 长计,相对样板。			
d 以 $b_2=100$ mm 计。			

5.3.3 板材弯曲偏差

板材弯曲偏差应符合表5的规定。

表 5　板材弯曲偏差

单位为毫米

项　目		标准范围	允许极限
单曲度板[a]	曲面与样板空隙	≤2.5	≤5.0
	三角样板校验线的直线度	≤2.5	≤5.0
双曲度板[a]	拉线与样板上基准线的偏差	±2.0	±3.0
	肋位方向与样箱的空隙	≤4.0	≤5.0
	长度方向与样箱的空隙	≤3.0	
[a] 指每一肋距内的弯曲偏差。			

6　装配

6.1　划线

6.1.1　铝合金板材和型材折角线不应采用划针划线,不应采用含有腐蚀介质的记号笔在铝合金板材和型材上划线,划线的宽度宜不超过 0.5 mm。

6.1.2　线条的位置偏差应符合表 6 的规定。

表 6　线条的位置偏差

单位为毫米

项　目	标准范围	允许极限
中心线、理论线、对合线、检查线、安装位置线	±0.5	±1.0

6.1.3　零件划线尺寸偏差应符合表 7 的规定。

表 7　零件划线尺寸偏差

单位为毫米

项　目		标准范围	允许极限
长度		±2.0	±3.0
宽度		±1.5	±2.5
对角线[a]		±2.0	±3.0
曲线外形		±1.5	±2.5
直线度[b]	$l_2 ≤ 4$ m	≤1.0	≤1.2
	4 m$< l_2 ≤ 8$ m	≤1.2	≤1.5
	$l_2 > 8$ m	≤2.0	≤2.5
角度偏离[c]		±1.5	±2.0
开孔切口		±1.5	±2.0
[a] 指矩形板。			
[b] 零件的直线边缘,l_2 为划线长度。			
[c] 以每米偏离值计算。			

6.1.4　分段划线尺寸偏差应符合表 8 的规定。

表 8　分段划线尺寸偏差

单位为毫米

项　目	标准范围	允许极限
平面分段划线尺寸与图样尺寸的偏差	±2.5	±3.5
曲面分段划线尺寸与图样尺寸的偏差		
分段上构件划线位置与图样标注位置的偏差		

6.2　打磨

打磨要求应符合表 9 的规定。

表 9 打磨

单位为毫米

项　　目		标准范围	允许极限
构件自由边倒圆角半径 R_0	一般部位	$R_0 = 0.5 \sim 1.5$	—
	特殊部位	$R_0 \geqslant 2.0$	—

6.3 胎架

6.3.1 一般要求

6.3.1.1 胎架结构的强度和刚性应能满足支撑分段重量(包括在胎架上进行分段预舾装的重量)的要求,当需要以胎架控制分段形状和制造过程中的变形时,胎架结构应予以相应的加强。

6.3.1.2 胎架模板或支柱端点的型值,其所形成的工作面应与分段的外形相贴合。

6.3.1.3 胎架上应划出肋骨号、分段中心线(假定中心线)、接缝线、水平线、检验线等必要的标记。

6.3.1.4 胎架制作时,应考虑避免其对上层建筑表面造成划伤。

6.3.2 胎架制作偏差

胎架制作偏差应符合表 10 的规定。

表 10 胎架制作偏差

单位为毫米

项　　目	标准范围	允许极限
胎架型线与样板偏差	±1.0	±2.0
模板位置偏差	±2.0	±3.0
模板垂直度	1/1 000	2/1 000
四角水平偏差	±1.0	±2.0
胎架中心线偏差	±1.0	±1.5

6.4 平面分段与曲面分段装配尺寸偏差

平面分段与曲面分段装配尺寸偏差应符合表 11 的规定。

表 11 平面分段与曲面分段装配尺寸偏差

单位为毫米

项　　目		标准范围	允许极限
分段宽度	平面	±4.0	±6.0
	曲面		±8.0
分段长度	平面		±6.0
	曲面		±8.0
分段方正度 [a]	平面	≤4.0	≤8.0
	曲面		≤15.0
分段扭曲度 [b]		≤10.0	≤20.0
扶强材间距偏差		±2.0	±3.0
中心线偏差(前后端壁/舱壁)		±1.0	±1.5
注:平面分段与曲面分段包括左右侧壁、前后端壁、舱壁、甲板结构。			
[a] 最终划线的对角线偏差。			
[b] 在横梁或桁材面板上测量。			

6.5 立体分段装配尺寸偏差

立体分段装配尺寸偏差应符合表 12 的规定。

表 12　立体分段装配尺寸偏差

单位为毫米

项　目	标准范围	允许极限
反造甲板中心与胎架中心线偏差	±1.0	±2.0
反造甲板与胎架间隙	≤1.0	≤2.0
肋骨间距偏差	±2.0	±3.0
纵横构件接头位置偏差	±1.0	±2.0
纵横构件接头高度偏差	≤2.0	≤3.0
端壁、侧壁、舱壁垂直度 h_3	≤0.10%h_3	≤0.15%h_3
分段长度 l_3 偏差	±0.10%l_3	±0.15%l_3
分段宽度 b_3 偏差	±0.10%b_3	±0.15%b_3
分段高度 h_4 偏差	±0.15%h_4	±0.30%h_4
分段四角水平偏差	±4.0	±5.0

注：立体分段指由前后端壁、左右侧壁、舱壁等平面或曲面分段组成的单层上层建筑,考虑到运输,一般作为交货状态。

6.6　总组装配尺寸偏差

总组装配尺寸偏差应符合表13的规定。

表 13　总组装配尺寸偏差

单位为毫米

项　目	标准范围	允许极限
甲板中心线偏差	±2.0	±3.0
肋位间距偏差	±2.0	±4.0
四角水平偏差	±6.0	±8.0
分段长度 l_4 偏差	±2l_4/1 000,且≤25	±30
分段宽度 b_4 偏差	±2b_4/1 000,且≤20	±25
分段高度 h_5 偏差	±3h_5/2 000,且≤15	±20
分段四角水平偏差	±4.0	±5.0

注：总组装配指各层上层建筑之间的合拢。

6.7　平整度偏差

铝合金上层建筑的所有外表面应光洁,凹凸痕、碰伤、擦伤深度应不超过板材厚度的10%。其平整度偏差(见图3)应符合表14的规定。

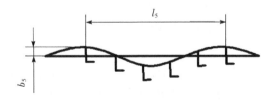

说明：

l_5——检测距离的数值,单位为米(m)；

b_5——平整度偏差的数值,单位为毫米(mm)。

图 3　平整度偏差

表 14　平整度偏差

单位为毫米

项　目		标准范围	允许极限
局部平整度	暴露部位	≤4	≤6
	非暴露部位	≤7	≤9

表 14 (续)

项　　目		标准范围	允许极限
整体平整度	甲板	$\pm 3l_5/1\,000$	$\pm 4l_5/1\,000$
	外围壁	$\pm 2l_5/1\,000$	$\pm 3l_5/1\,000$

7 焊接

7.1 人员

焊工及焊接操作工应经过培训考核,获得资质证书,并持证上岗。

7.2 焊接材料

7.2.1 焊丝

7.2.1.1 焊丝的选用应使焊缝金属的抗拉强度不低于母材(非热处理强化铝合金为退火状态,热处理强化铝合金为指定值)的标准抗拉强度下限值或指定值,并使焊缝金属的塑性和耐蚀性不低于母材,或满足设计图样要求;需要时,焊丝选择还应保证焊缝金属表面颜色与母材表面颜色相匹配。

7.2.1.2 铝合金焊接时可依据母材的牌号选用 CB/Z 258—2013 中表 1 推荐的焊丝,也可以通过焊接试验或工艺评定最终确定焊丝。

7.2.2 保护气体

铝合金焊接用保护气体可采用纯氩、氩-氦混合气或纯氦。交流钨极惰性气体保护焊宜采用纯氩作为保护气体,熔化极惰性气体保护焊在焊接板厚小于 25 mm 时宜采用纯氩作为保护气体,当焊接板厚超过 25 mm 时宜采用氩-氦混合气。纯氩应符合 GB/T 4842 的要求,纯氦应符合 GB/T 4844 的要求。

7.2.3 钨极

7.2.3.1 钨极推荐用钨铈电极,也可选用纯钨或钍钨极,钨极直径根据电流大小选择,钨铈电极应采用符合 SJ/T 10743 要求的产品。

7.2.3.2 采用交流电源气体保护焊焊接时,钨极尖宜呈半球形。

7.3 焊接工艺评定

除另有规定外,焊接工艺评定应按 CB/T 3748 的规定进行定制,也可参考其他标准进行。

7.4 焊前准备

7.4.1 焊接方法和设备

7.4.1.1 宜采用交流钨极惰性气体保护焊、熔化极惰性气体保护焊、搅拌摩擦焊、等离子弧焊等焊接方法。

7.4.1.2 铝及铝合金焊接所采用的设备应定期维护保养,确保其处于正常状态。

7.4.2 接头设计及制备

7.4.2.1 铝合金焊接可采用 GB/T 985.3、CB/Z 258—2013 所推荐的焊接坡口形式和尺寸,也可根据接头型式、母材厚度、焊接位置、焊接方法、有无垫板及使用条件等要求自行设计。

7.4.2.2 坡口宜采用机械方法加工,也可采用等离子、激光、水射流或其他合适的方法加工。加工后的坡口表面应平整、光滑、不应有裂纹、分层、夹渣、毛刺和飞边等。若采用等离子、激光或水射流等方法加工时,还应使用硬质合金磨轮或锉刀将坡口表面打磨出金属光泽。

7.4.2.3 当对接接头板厚有厚度差且厚度差不小于 3 mm 时,厚板应削斜,削斜宽度一般为板厚差的 4 倍。

7.4.2.4 宜采用最小的根部间隙进行焊接。

7.4.3 焊接衬垫

需要时,铝合金焊接可在焊缝背面增加固定式或临时性衬垫。固定衬垫可用同材质铝合金制作;临时衬垫宜采用不锈钢板、铜或陶瓷材料。但应注意防止铜或其他材料黏着或衬垫过热。采用不锈钢做衬垫时,仅允许采用奥氏体不锈钢。对于单面焊双面成形的焊缝宜在垫板正对焊缝处开一个圆弧槽。

7.4.4 焊前清理

7.4.4.1 焊件及焊丝施焊前应清洁,若粘有油污时,需采用清洁的抹布蘸上丙酮、乙醇或其他认可的有机溶剂进行化学方法清洗;若表面有氧化膜时,可采用不锈钢丝刷、锉刀、刮刀等机械方法清理焊缝两侧30 mm~50 mm范围内的氧化膜,直至露出金属光泽,不应采用砂轮或砂布清理。

7.4.4.2 对于包装完好、已经表面处理并满足焊接质量要求的焊丝,可不再进行上述处理。

7.4.4.3 清理后的焊件和焊丝放置时间不宜过长,并严禁接触油污脏物,一般在清理后24 h内施焊,否则应重新清理。

7.4.5 焊接环境

7.4.5.1 铝合金焊接施工场地一般设在室内,室内应少尘、清洁、干燥,焊接时5 m范围内无打磨清理、喷涂、钢质材料焊接等容易影响焊接质量的作业。

7.4.5.2 除采取有效措施外,焊接环境满足如下情况时,方可施焊:
    a) 焊接环境风速不大于0.5 m/s,其中熔化极惰性气体保护焊不大于1 m/s;
    b) 焊接环境相对湿度不大于90%;
    c) 非雨、雪天气时可室外作业;
    d) 焊件温度不低于0℃。

7.5 焊接工艺

7.5.1 一般要求

7.5.1.1 焊工在焊前应明了焊件、焊丝的牌号、被焊工件的工作条件及一般技术要求,严格按焊接工艺要求施焊。

7.5.1.2 主要焊缝宜采用引弧板和引出板。

7.5.1.3 主要对接焊缝宜采用倾角小于20°的位置进行平对接焊。角焊缝宜采用平角焊施焊。

7.5.1.4 弧坑应填满,接弧处应熔合焊透。

7.5.1.5 除另有要求外,一般不进行焊后热处理。

7.5.1.6 多道焊时,不准许焊缝的每一焊道的接头(引弧、熄弧)均在同一个位置。

7.5.1.7 焊接中断后重新引弧前,应在中断处采用机械方法铲除15 mm~20 mm焊缝后继续焊接。

7.5.1.8 单面焊或断续角焊缝的构件,其端部100 mm长度内应采用双面连续焊或符合设计要求。

7.5.1.9 肘板的自由边均应进行包角焊。

7.5.1.10 应采用合理的焊接顺序施焊或对焊件进行刚性固定,以减少焊接变形与焊接残余应力。一般焊接顺序原则为:
    a) 保证铝板和焊接接缝一端有自由收缩的可能性;
    b) 先焊接对其他焊缝不会引起刚性拘束的焊缝;
    c) 在构架和板接缝相交时,既有对接缝也有角接缝的情况下,应先焊对接焊缝,后焊角焊缝;
    d) 当分段、总段焊接时,应尽可能由双数焊工从分段中部逐渐向左右,前后对称的施焊,以保证结构件均匀的收缩。

7.5.2 定位焊

7.5.2.1 装配时,应保持所用夹具及焊接坡口清洁。除特殊要求外,装配错边量不宜超过接头最薄部分公称厚度的10%,且不应超过2 mm,装配间隙应符合施工图样规定及工艺要求。

7.5.2.2 若定位焊缝不构成焊接接头的一部分,则应在焊前或焊接过程中将其完全清除;若定位焊缝熔入接头,则其表面上应无缩孔、弧伤、裂纹、气孔、咬边和可能影响焊接实施的其他缺陷。施焊定位焊应采用与主焊缝相同的焊接材料及焊接工艺进行焊接。若定位焊缝质量不合格,应将其全部清除,且不应在同一部位重新实施定位焊。

7.5.2.3 定位焊宜采用钨极惰性气体保护焊,定位焊的参考尺寸及距离取决于焊件的厚度,可按照表15的规定执行。

表 15 定位焊尺寸

单位为毫米

焊接厚度(t)	定位焊长度	定位焊缝间距	U型坡口焊接定位焊的高度	无坡口接头定位焊高度[a]
$1 < t \leqslant 5$	$10 \sim 15$	$100 \sim 120$	不大于焊缝尺寸	不大于焊缝尺寸
$5 < t \leqslant 10$	$15 \sim 20$	$150 \sim 200$	$\leqslant 0.5t$	
$10 < t \leqslant 20$	$30 \sim 40$	$200 \sim 250$	$\leqslant 0.3t$	
$20 < t \leqslant 30$	$50 \sim 70$	$300 \sim 400$	$\leqslant 7$	—
[a] 无坡口接头定位焊高度间隙不大于 1.5 mm。				

7.5.3 焊前预热

7.5.3.1 凡符合下列情况之一者,可考虑对焊接区域进行预热:

a) 当铝合金材料的厚度大于 8 mm 时;

b) 环境温度低于 0℃时;

c) 环境湿度大于 80%时。

7.5.3.2 铝合金的预热不宜采用氧-乙炔火焰加热的方法。

7.5.3.3 预热时,预热温度宜控制在 40℃～60℃范围内,加热应采用还原性火焰。焊接过程中的层间温度宜控制在 40℃～60℃范围内。

7.5.4 焊接保护系统

保护气体系统的气体导管、阀、减压器、流量计、软管、焊炬和其他有关设备应清洁,每一次开焊前应预先通气,排除焊接保护气体系统残存的空气。

7.5.5 引弧

7.5.5.1 焊接前应在引弧板上试焊,确认无气孔后再正式焊接。

7.5.5.2 应在引入板或坡口内引弧,禁止在非焊接部位引弧,应在引出板上熄弧。防止电线、地线、焊接工具等与焊件打弧。电弧损伤处的弧坑应经打磨,使其均匀过渡至母材表面,若打磨后的母材厚度小于规定值时,则应焊补。

7.5.6 焊接过程中的清理

7.5.6.1 钨极惰性气体保护焊发生触钨时应停止焊接。触钨部分的焊缝金属应采用机械方法铲除。

7.5.6.2 熔化极惰性气体保护焊时,如发生导电嘴、喷嘴、分流套等熔入焊缝时,应采用机械方法将该部位焊缝金属全部铲除后,方可施焊。

7.5.6.3 多层多道焊时,每道焊缝金属表面都应进行检查和处理,以保证焊道表面不存在影响焊缝完整性的缺陷。如有超标氧化、裂纹等缺陷,则应采用机械方法清除缺陷。

7.5.6.4 双面焊和封底焊时,背面焊缝推荐采用铣、刨等机械加工方法清根处理,加工时可采用非油性润滑剂。如果采用打磨方法,砂轮应该为铝合金的专用类型,清根后应保证待焊部位清洁,无缺陷。

7.5.6.5 打底焊宜采用钨极惰性气体保护焊或背面加成形垫板。

7.5.6.6 焊缝通过骨架处应将焊缝余高铲平或在骨架上开通焊孔。

7.5.7 焊接工艺参数

按照焊接工艺评定或相关资料,选择焊接工艺参数,也可以参照 CB/Z 258—2013 推荐的工艺参数。宜采用最小热输入量的焊接规范。

7.5.8 焊缝质量检验

7.5.8.1 焊缝可按 CB/T 3747 的要求或设计要求的其他检验标准进行焊接接头的表面质量检验。

7.5.8.2 焊缝可按 JB/T 4730.5 的要求或设计要求的其他检验标准进行渗透探伤检验。

7.5.8.3 焊缝可按 CB/T 3929 的要求或设计要求的其他检验标准进行射线探伤检验。

7.5.8.4 焊缝可按 JB/T 4730.3 的要求或设计要求的其他检验标准进行超声探伤检验。

7.5.8.5 铝合金上层建筑和钢质主船体合拢后,铝-钢过渡接头焊缝应按 JB/T 4730.5 的规定进行渗透检测,检测焊缝长度不应小于焊缝总长度的 5%。

7.5.9 焊接缺陷的修补

7.5.9.1 当发现焊缝上有不准许的缺陷时,应进行补焊,补焊工艺可按 CB/T 3761 的规定执行。补焊应得到主管焊接工程师的同意,同时应制定焊缝补焊工艺,并符合本标准的要求。

7.5.9.2 焊缝的同一部位补焊次数一般不应超过 2 次,补焊次数超过 2 次时由供需双方协商解决。

7.5.9.3 当从两面对焊接接头进行返修较有利于保证返修质量时,允许从两面连续对该接头进行返修,且算作一次返修。

7.6 变形矫正

7.6.1 铝合金焊接后的变形可采用锤击法、水火矫正法或其他等效方法。

7.6.2 采用锤击法矫正时,宜用木锤或铝锤,不应用铁锤。

7.6.3 采用水火矫正法时,火工的温度一般控制在 260℃～425℃ 的范围内。

7.7 上层建筑与主船体连接

7.7.1 铝合金上层建筑和铝质主船体可采用焊接、螺栓连接形式,若采用螺栓连接形式,螺栓宜采用不锈钢材质,并采取有效措施防止电化学腐蚀。

7.7.2 铝合金上层建筑和钢质主船体宜采用铝-钢过渡接头连接,也可采用螺栓连接形式。若采用铝-钢过渡接头连接形式,铝-钢过渡接头应符合 CB 1343 的规定,其焊接技术条件应符合 CB/T 3953 的相关规定。若采用螺栓连接形式,螺栓宜采用不锈钢材质,并采取有效措施防止电化学腐蚀。

7.7.3 铝合金上层建筑和玻璃钢主船体可采用螺栓连接形式,螺栓宜采用不锈钢材质。

7.7.4 铝合金上层建筑整体吊装应符合 CB/Z 230 的规定。

ICS 47.020.99
U 33

中华人民共和国水产行业标准

SC/T 8165—2018

渔船 LED 水上集鱼灯装置技术要求

Technical requirement for overwater LED fish gathering
lamp on fishing vessels

2018-05-07 发布

2018-09-01 实施

中华人民共和国农业农村部 发布

前　言

本标准按照 GB/T 1.1—2009 给出的规则起草。

本标准由农业农村部渔业渔政管理局提出。

本标准由全国渔船标准化技术委员会(SAC/TC 157)归口。

本标准起草单位:中国水产有限公司、北京佰能光电技术有限公司。

本标准主要起草人:周杰、马腾、刘波、曾国柱、韩辉、王兴华、吕昊元、李宪文。

渔船 LED 水上集鱼灯装置技术要求

1 范围

本标准规定了渔船 LED 水上集鱼灯装置的要求和试验方法等。

本标准适用于输入电压不高于 480 V，频率为 50 Hz 或 60 Hz 的渔船 LED 水上集鱼灯装置，可作为该类装置研制、生产和检验的依据，也可作为应用选型的依据。

2 规范性引用文件

下列文件对于本文件的应用是必不可少的。凡是注日期的引用文件，仅注日期的版本适用于本文件。凡是不注日期的引用文件，其最新版本（包括所有的修改单）适用于本文件。

GB/T 2423.1　电工电子产品环境试验　第 2 部分：试验方法　试验 A：低温

GB/T 2423.2　电工电子产品环境试验　第 2 部分：试验方法　试验 B：高温

GB/T 2423.3　电子电工产品环境试验　第 2 部分：试验方法　试验 Cab：恒定湿热试验

GB/T 2423.4　电工电子产品环境试验　第 2 部分：试验方法　试验 Db：交变湿热（12 h＋12 h 循环）

GB/T 2423.10　电工电子产品环境试验　第 2 部分：试验方法　试验 Fc：振动（正弦）

GB/T 2423.17　电工电子产品环境试验　第 2 部分：试验方法　试验 Ka：盐雾

GB/T 2423.18　环境试验　第 2 部分：试验方法　试验 Kb：盐雾，交变（氯化钠溶液）

GB 4208　外壳防护等级（IP 代码）

GB 7000.1　灯具　第 1 部分：一般安全要求与试验

GB 17625.1　电磁兼容　限值　谐波电流发射限值（设备每相输入电流≤16 A）

GB 17743　电气照明和类似设备的无线电骚扰特性的限值和测量方法

GB/T 18595　一般照明用设备电磁兼容抗扰度要求

GB 24819　普通照明用 LED 模块　安全要求

GB/T 24823　普通照明用 LED 模块　性能要求

GB/T 24824　普通照明用 LED 模块测试方法

GB/T 24826　普通照明用 LED 和 LED 模块术语和定义

3 术语和定义

GB/T 24823 和 GB/T 24826 界定的以及下列术语和定义适用于本文件。

3.1

LED 水上集鱼灯装置　overwater LED fish gathering lamp

一种应用于灯光诱捕、使鱼类集聚利于捕捞的 LED 水上照明装置。该装置包含 LED 光源、散热部件、驱动电源、安装部件和其他部件。

4 性能

4.1 安全

LED 水上集鱼灯装置的安全要求应符合 GB 7000.1 和 GB 24819 的要求。

4.2 电源适应性

在输入电压波动范围为额定输入电压的−10％～20％、频率波动范围为额定输入频率的−5％～5％时，LED 水上集鱼灯装置应能够正常点亮和工作。

4.3 发光效率

LED 水上集鱼灯装置的初始发光效率可由制造商标称,其实测值应不低于标称值的 90%。

4.4 功率

LED 水上集鱼灯装置在额定工作电压和额定工作频率下工作时,其实际消耗的功率与标称功率之差应在标称功率的±10%范围内。

4.5 功率因数

LED 水上集鱼灯装置在额定工作电压和额定工作频率下工作时,其功率因数实测值不应低于制造商或销售商标称值的 5%。

4.6 寿命

LED 水上集鱼灯装置在累计工作 6 000 h 时,其光通量维持率应不低于初始值的 93.1%,其平均使用寿命不得低于 10 000 h。在寿命测试过程中,当 LED 水上集鱼灯装置的光通量维持率低于 70% 时,为寿命终了。

5 环境适应性要求

5.1 绝缘电阻

LED 水上集鱼灯装置的绝缘电阻应该在交变湿热试验、恒定湿热试验、盐雾 Kb 和耐电压试验的试验前后进行测量。试验前 LED 水上集鱼灯装置的冷态绝缘电阻应不低于 100 MΩ,试验后其热态绝缘电阻应不低于 10 MΩ。

5.2 振动

在通电情况下,LED 水上集鱼灯装置应按照 6.9 的规定进行振动试验,试验后能正常工作。

5.3 防护等级

LED 水上集鱼灯装置灯体的防护等级应达到 IP66。

5.4 低温

LED 水上集鱼灯装置在温度为(-25±3)℃的环境下应能正常工作。

5.5 高温

LED 水上集鱼灯装置在温度为(55±2)℃的环境下应能正常工作。

5.6 交变湿热

LED 水上集鱼灯装置在温度为(55±2)℃、相对湿度为 90%~95% 的环境下应能正常工作。

5.7 恒定湿热

LED 水上集鱼灯装置在温度为(40±2)℃、相对湿度为 90%~95% 的环境下应能正常工作。

5.8 盐雾 Ka

LED 水上集鱼灯装置在持续的盐雾环境影响下应能正常工作,其零配件不应产生目视可观察到的明显腐蚀。

5.9 盐雾 Kb

LED 水上集鱼灯装置在交变的盐雾环境影响下应能正常工作,其零配件不应产生目视可观察到的明显腐蚀。

5.10 耐电压

LED 水上集鱼灯装置的各个独立电路之间和所有电路相对于机壳之间应有良好的绝缘,在耐电压试验时应不被击穿或出现闪烁现象。

5.11 电磁兼容性

5.11.1 无线电骚扰特性

LED水上集鱼灯装置的无线电骚扰特性应符合 GB 17743 的要求。

5.11.2 输入电流谐波

LED水上集鱼灯装置的输入电流谐波应符合 GB 17625.1 的要求。

5.11.3 电磁兼容抗扰度

LED水上集鱼灯装置的电磁兼容抗扰度应符合 GB/T 18595 的要求。

6 试验方法

6.1 试验的一般要求

6.1.1 环境温湿度

除另有规定项目外,全部试验应在温度为(25±3)℃、相对湿度最大为65%的无对流风的环境下进行。

6.1.2 电源电压

在测量前,电源电压误差值应保持在±0.5%的范围之内;在测量时,应保持在±0.2%的范围之内。

6.1.3 电源谐波要求

电源电压的总谐波含量应不超过3%。

6.2 安全要求

LED水上集鱼灯装置的安全要求试验按照 GB 7000.1 和 GB 24819 规定的方法进行。

6.3 电源适应性

将受试LED水上集鱼灯装置通过配套的驱动电源及受控箱接入具有调压和变频功能的交流电源。按表1的4种组合进行测试,每项测试时间为 60 min。

表 1 电源输入波动

组合编号	输入电压波动,%	输入频率波动,%
1	+20	+5
2	+20	-5
3	-10	+5
4	-10	-5

6.4 发光效率

LED水上集鱼灯装置的发光效率的试验按照 GB/T 24824 规定的方法进行。

6.5 功率

LED水上集鱼灯装置的功率试验按照 GB/T 24824 规定的方法进行。

6.6 功率因数

LED水上集鱼灯装置的功率因数试验按照 GB/T 24824 规定的方法进行。

6.7 寿命

LED水上集鱼灯装置的寿命试验按照 GB/T 24824 规定的方法进行。

6.8 绝缘电阻

LED水上集鱼灯装置绝缘电阻的测试电压应为 500 V,应测量受测试 LED 水上集鱼灯装置的所有电路与地之间的绝缘电阻,包括电源输入、电源输出、光源输入和控制接口等。

6.9 振动

LED水上集鱼灯装置的振动试验按下述方法进行:

a) 将受试 LED 水上集鱼灯装置按实际使用状态安装在振动台上并通电工作;

b) 按照表2规定的频率范围和振幅,以不超过 1 oct/min 的扫描速率扫描,检查有无共振现象。

如无明显共振点,则应在 30 Hz 下做 90 min 耐振试验;

c) 试验应在 3 个互相垂直的轴上进行,试验过程中的其他条件应符合 GB/T 2423.10 的要求;

d) 试验中,如测得的几个共振频率较为接近,则耐振试验可采用扫频试验,持续时间为 120 min。

表 2　振动试验参数

测试参数	频率,Hz	振幅,mm	加速度,m/s²
1	2~25	±1.6	—
2	25~100	—	±39(4.0 g)

6.10　防护等级

LED 水上集鱼灯装置的防护等级试验按照 GB 4208 的相关规定进行。

6.11　低温

将受试 LED 水上集鱼灯装置放入温度为(−25±3)℃的试验箱,并保持 4 h,在试验结束后,待受试 LED 水上集鱼装置灯恢复室温后,进行发光效率测试。试验过程中的其他条件应符合 GB/T 2423.1 的要求。

6.12　高温

将 LED 水上集鱼灯装置放入温度为室温的试验箱,然后通电工作,将试验箱的温度升高至(55±2)℃,在此条件下保持 20 h,在测试结束后,待受试 LED 水上集鱼灯装置恢复室温后,进行发光效率测试。试验过程中的其他条件应符合 GB/T 2423.2 的要求。

6.13　交变湿热

LED 水上集鱼灯装置的交变湿热试验按下述方法进行:

a) 在试验前应按 6.8 的有关规定,测量受试 LED 水上集鱼灯装置的冷态绝缘电阻;

b) 将受试 LED 水上集鱼灯装置放置到温度为(25±3)℃,相对湿度为 45%~75% 的试验箱内进行预处理,使受试 LED 水上集鱼灯装置的温度达到稳定;

c) 预处理完毕后,按图 1 所示的周期进行循环试验 2 次。第 1 周期中受试 LED 水上集鱼灯装置应处于通电工作状态,第 2 周期中除进行点亮测试外应切断电源。在第 1 周期高温高湿阶段的前 2 h 和第 2 周期高温高湿阶段的最后 2 h 应进行点亮测试;

d) 试验周期结束后,从试验箱中取出受试 LED 水上集鱼灯装置,在标准大气条件下进行恢复。

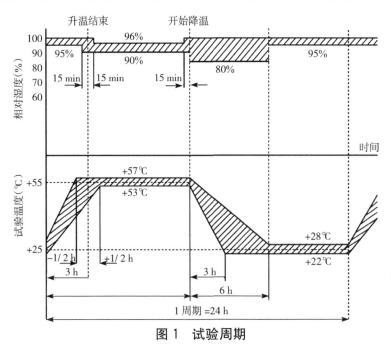

图 1　试验周期

允许用手将受试 LED 水上集鱼灯装置上所有能接触到的表面和部件上的水渍抹去;

e) 应按照6.8的有关规定,待受试 LED 水上集鱼灯装置恢复室温后,测量其热态绝缘电阻;

f) 试验过程中的其他条件应符合 GB/T 2423.4 的要求。

6.14 恒定湿热

LED 水上集鱼灯装置的恒定湿热试验按下述方法进行:

a) 在试验前应按照6.8的有关规定,测量受试 LED 水上集鱼灯装置的冷态绝缘电阻;

b) 将受试 LED 水上集鱼灯装置放入试验箱的有效空间内,先在不加湿的条件下进行预热,在 2 h 内将温度从室温上升至(40±3)℃,当受试 LED 水上集鱼灯装置温度稳定后将相对湿度加至 90%~95%;

c) 在温度为(40±3)℃、相对湿度为 90%~95%的条件下保持 96 h,然后在 1 h~2 h 内下降至 20℃,并将受试 LED 水上集鱼灯装置取出,在常温条件下恢复;

d) 在试验的第 1 h、第 50 h 和最后 2 h 时进行点亮测试;

e) 应按照6.8的有关规定,待受试 LED 水上集鱼灯装置恢复室温后,测试其热态绝缘电阻并进行点亮测试;

f) 试验过程中的其他条件应符合 GB/T 2423.3 的要求。

6.15 盐雾 Ka

LED 水上集鱼灯装置的盐雾试验 Ka 按下述方法进行:

a) 试验前,应清洁受试 LED 水上集鱼灯装置;

b) 将受试 LED 水上集鱼灯装置放入温度为(35±2)℃的盐雾箱内,使受试面与垂直方向成 30° 角,连续喷雾 48 h;

c) 试验结束后,用流动水轻轻洗去试验样品表面的盐沉淀物,再在蒸馏水中漂洗,洗涤水温应不 超过 35℃,然后将试验样品置于正常大气条件下恢复 1 h~2 h;

d) 试验过程中的其他条件应符合 GB/T 2423.17 的要求。

6.16 盐雾 Kb

LED 水上集鱼灯装置的盐雾试验 Kb 按下述方法进行:

a) 在试验前应按照6.8的规定,测量受试 LED 水上集鱼灯装置的冷态绝缘电阻;

b) 试验分为 4 个周期,每个周期连续喷雾时间 2 h,7 d 湿热储存期;

c) 受试 LED 水上集鱼灯装置按使用状态放入盐雾箱内,在 15℃~35℃温度条件下连续喷雾浓度 为 5%的氯化钠溶液 2 h,喷雾过程结束时,将受试 LED 水上集鱼灯装置按使用状态放入温度 为(40±2)℃,相对湿度为 90%~95%的湿热箱内,历时 7 d;

d) 试验期间受试 LED 水上集鱼灯装置不工作,每个储存周期的第 7 d 进行点亮测试;

e) 试验结束后,将受试 LED 水上集鱼灯装置点亮,待其工作温度稳定后,按照6.8的有关规定, 立即测试其热态绝缘电阻并进行发光效率测试;

f) 试验过程中的其他条件应符合 GB/T 2423.18 的要求。

6.17 耐电压

LED 水上集鱼灯装置的耐电压试验按下述方法进行:

a) 在试验前应按照6.8的有关规定,测量受试 LED 水上集鱼灯装置的冷态绝缘电阻;

b) 应对受试 LED 水上集鱼灯装置的各个独立电路之间和所有电路相对于机壳之间进行耐电压 试验,测试电压频率为 50 Hz,测试时间为 1 min,测试电压按照表 3 的规定选择;

c) 受试 LED 水上集鱼灯装置的电路模块应分开进行试验;

d) 在试验后应按照6.8的有关规定,测量受试 LED 水上集鱼灯装置的热态绝缘电阻。

表 3　耐电压试验电压值

额定电压 U_n, V	试验电压, V
≤60	1 000
61～300	2 000
301～480	2 500

6.18　电磁兼容性

6.18.1　无线电骚扰特性

LED 水上集鱼灯装置的无线电骚扰特性试验按照 GB 17743 的规定执行。

6.18.2　输入电流谐波

LED 水上集鱼灯装置的输入电流谐波试验按照 GB 17625.1 的规定执行。

6.18.3　电磁兼容抗扰度

LED 水上集鱼灯装置的电磁兼容抗扰度试验按照 GB/T 18595 的规定执行。

7　检验规则

本文件规定的检验分为型式检验和出厂检验。

7.1　型式检验

7.1.1　检验时机

有下列情况之一时,应进行型式检验:

a)　新产品或老产品转厂生产的试制定型检验时;

b)　正式生产后,如结构、材料、工艺有较大的改变,可能影响产品质量及性能时;

c)　正式产品正常生产满 1 年时;

d)　产品停产时间超过 1 年,恢复生产时;

e)　本次出厂检验结果与上一次型式检验有较大差异时;

f)　国家质量监督机构提出进行型式检验要求时。

7.1.2　检验项目及顺序

型式检验的项目及顺序应按照表 4 的规定进行。

表 4　检验项目及顺序

序号	检验项目	要求章条号	试验方法章条号
1	电源适应性	4.2	6.3
2	发光效率	4.3	6.4
3	功率	4.4	6.5
4	功率因数	4.5	6.6
5	寿命	4.6	6.7
6	绝缘电阻	5.1	6.8
7	振动	5.2	6.9
8	防护等级	5.3	6.10
9	低温	5.4	6.11
10	高温	5.5	6.12
11	交变湿热	5.6	6.13
12	恒定湿热	5.7	6.14
13	盐雾 Ka	5.8	6.15
14	盐雾 Kb	5.9	6.16
15	耐电压	5.10	6.17
16	电磁兼容性	5.11	6.18

7.1.3 检验样品数量

检验样品数量应不少于2套,应从待检测样本中随机抽取。

7.1.4 合格判定

LED水上集鱼灯装置型式检验的全部项目符合要求,则判定该LED水上集鱼灯装置型式检验合格;若有不符合要求的项目,允许加倍取样进行复验,若复验符合要求,仍判LED水上集鱼灯装置型式检验合格;若复验仍有不符合要求的项目,则判LED水上集鱼灯装置型式检验不合格。

7.2 出厂检验

7.2.1 检验项目、顺序及检验数量

所有出厂的水上集鱼灯装置均应按照表5的规定对LED水上集鱼灯进行出厂检验。

表5 出厂检验的项目及顺序

序号	检验项目	要求章条号	试验方法章条号
1	发光效率	4.3	6.4
2	功率	4.4	6.5
3	功率因数	4.5	6.6
4	绝缘电阻	5.1	6.8
5	防护等级	5.3	6.10

7.2.2 合格判定

LED水上集鱼灯装置出厂检验的全部项目符合要求,则判定该LED水上集鱼灯装置出厂检验合格;若有不符合要求的项目,允许采取纠正措施后进行复验,复验只允许1次,若复验符合要求,仍判定该LED水上集鱼灯装置出厂检验合格;若复验仍有不符合要求的项目,则判该LED水上集鱼灯装置出厂检验不合格。

8 标志、包装、运输和储存

8.1 标志

每只LED水上集鱼灯装置的适当部位应该有清晰而牢固的标志:
a) 制造厂名称或者注册商标;
b) 电源电压和频率;
c) 标称功率或型号;
d) 制造时间。

8.2 包装

8.2.1 LED水上集鱼灯装置用包装箱包装。包装应安全可靠,包装箱内应附有产品合格证或盖有符合要求的合格印章。

8.2.2 合格证上应标明下列事项:
a) 制造厂名称或注册商标;
b) 检验日期;
c) 检验员签章。

8.2.3 包装盒和包装箱上应注明下列事项:
a) 制造商名称;
b) 产品名称和型号;
c) 额定电压和频率;
d) 包装箱内的灯的数量;

　　e)　产品标准号。

8.3　运输

　　LED 水上集鱼灯装置在运输过程中应避免雨雪淋袭和强烈的机械振动。

8.4　储存

　　LED 水上集鱼灯装置应储存在相对湿度不大于 85% 的通风室内。

———————————

ICS 47.020
U 55

中华人民共和国水产行业标准

SC/T 8166—2018

大型渔船冷盐水冻结舱钢质内胆制作技术要求

Technical requirement for fabrication of steel cold brine freezing tank liner
on big fishing vessel

2018-05-07 发布

2018-09-01 实施

中华人民共和国农业农村部 发布

前　言

本标准按照 GB/T 1.1—2009 给出的规则起草。

请注意本文件的某些内容可能涉及专利。本文件的发布机构不承担识别这些专利的责任。

本标准由农业农村部渔业渔政管理局提出。

本标准由全国渔船标准化技术委员会(SAC/TC 157)归口。

本标准起草单位:大连渔轮公司、辽宁渔业船舶检验局、辽宁省渔船互保协会。

本标准主要起草人:刘延民、王孝诚、沈光连、翟奕冰、孙继光、王久良、李红莹、荆久水、孟令奇、王东亮、黄永强。

大型渔船冷盐水冻结舱钢质内胆制作技术要求

1 范围

本标准规定了大型渔船冷盐水冻结舱钢质内胆的材料、制作和检验。

本标准适用于大型渔船冷盐水冻结舱内胆制作。

2 规范性引用文件

下列文件对于本文件的应用是必不可少的。凡是注日期的引用文件，仅注日期的版本适用于本文件。凡是不注日期的引用文件，其最新版本（包括所有的修改单）适用于本文件。

GB 8624 阻燃材料防火等级测试标准

CB/T 257—2001 钢质海船船体密性试验方法

国渔检（法）〔2015〕34 号 钢质海洋渔船建造规范（2015）

3 材料

3.1 制作大型渔船冷盐水冻结舱钢质内胆材料及焊接材料应满足冷盐水冻结舱工作环境温度的要求，满足国渔检（法）〔2015〕34 号第二篇第 1 章船体结构用钢及第八篇第 3 章焊接材料要求。

3.2 支撑件可选用含水率不大于 15％的柳桉木或强度与隔热性能相当的材料。

3.3 内胆固定及支撑材料的定位所选用的紧固件（螺栓和铆钉）应进行防锈蚀处理。

3.4 阻燃材料的选用应满足 GB 8624 中阻燃材料防火等级的要求。

4 制作

4.1 支撑件安装

4.1.1 安装位置

支撑件一般通过紧固件安装在舱内结构（如肋骨、扶强材、横梁等）上。

4.1.2 制作

4.1.2.1 支撑件高度及宽度的大小应根据保温层的厚度及所承载的压力来确定，一般宽度不小于 60 mm，长度可根据材料及线型变化情况分段制作。

4.1.2.2 一般在支撑件的侧面和立面钻孔，侧面孔是用于安装固定支撑件自身的紧固件（螺栓），立面孔是用于安装固定内胆的紧固件（铆钉），见图 1。

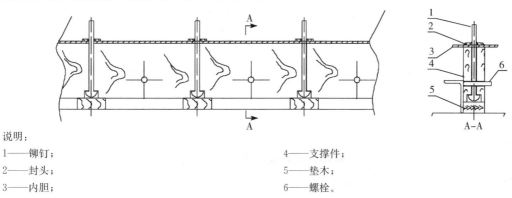

说明：

1——铆钉；
2——封头；
3——内胆；
4——支撑件；
5——垫木；
6——螺栓。

图 1 支撑件安装示意图

SC/T 8166—2018

4.1.2.3 内胆紧固件不应与船体结构直接接触,以免产生冷桥。

4.2 阻燃层的安装

阻燃层碰钉按要求交错焊于的舱室内表面上,见图2。

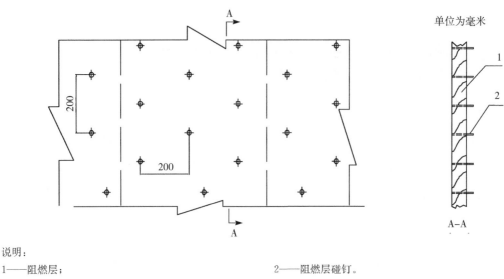

说明:

1——阻燃层;   2——阻燃层碰钉。

图2 阻燃层碰钉安装示意图

将阻燃层穿过阻燃层碰钉平铺于舱室内表面上,并套上压片固定好,将阻燃层碰钉高出压片部分压倒以固定阻燃层。

4.3 内胆板制作

4.3.1 下料

根据各舱室尺寸及形状确定内胆板拼板尺寸,标注固定内胆紧固件(铆钉)开孔位置,舷侧有曲度的内胆板需经加工成型处理。

4.3.2 内胆紧固件(铆钉)开孔

开孔可采用钻孔或气割开孔,孔径应大于紧固件(铆钉)直径2 mm～3 mm。

4.3.3 角隅处理

4.3.3.1 船体带有肘板部位的内胆板角隅部位均采用钝角结构,以减少应力并便于保温层的喷涂,见图3。

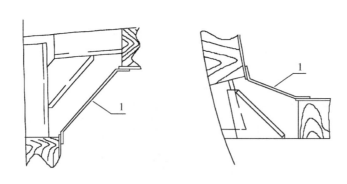

说明:

1——内胆板钝角处理示意。

图3 角隅部位内胆板钝角处理示意图

4.3.3.2 其他 内舱壁部位可采用直角结构。

4.3.3.3 角隅板制作

328

内胆板在角隅处不得直接焊接,应留有一定间距,并使用角隅板连接。

角隅板分为钝角和直角两种。角隅板两侧边缘应制成凹凸型,凹凸间距为 200 mm 左右,深度为 50 mm 左右。角隅板与其他部位的内胆板采用搭接焊,搭接处的宽度不应小于 200 mm,见图 4。

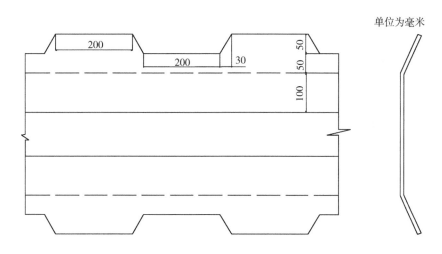

图 4 角隅板制作示意图

4.4 内胆板的安装

将内胆板按各自位置套在紧固件(铆钉)上,拉严靠紧调平后,套上封头,焊接定位。封头为一圆环,其外径不小于 50 mm,材质及厚度与内胆板相同。

4.5 焊接

4.5.1 所有焊接需满足国渔检(法)〔2015〕34 号第八篇焊接相关章节要求。

4.5.2 焊接方法可采取手工电弧焊或半自动二氧化碳气体保护焊。

4.5.3 内胆板的对接焊缝可采用永久衬垫,单面焊,双面成型。

4.5.4 角隅板采用搭接焊。

5 检验

5.1 所有焊缝应进行外观检查。焊缝表面成型均匀,焊缝不应有裂纹、气孔、夹渣、焊瘤、咬边等缺陷。

5.2 内胆舱室全部完工后应对整个舱室进行气密试验,应满足 CB/T 257—2001 中 3.3 的要求。

ICS 47.020.50
U 27

中华人民共和国水产行业标准

SC/T 8169—2018

渔船救生筏安装技术要求

Technical requirment of the assembly for life raft of fishing vessel

2018-05-07 发布
2018-09-01 实施

中华人民共和国农业农村部 发布

前　言

本标准按照 GB/T 1.1—2009 给出的规则起草。

本标准由农业农村部渔业渔政管理局提出。

本标准由全国渔船标准化技术委员会(SAC/TC 157)归口。

本标准起草单位:中国水产科学研究院渔业机械仪器研究所、中华人民共和国江苏渔业船舶检验局。

本标准主要起草人:顾海涛、荆柯、何雅萍、曹建军、钟伟、吴姗姗、董志鹏。

渔船救生筏安装技术要求

1 范围

本标准规定了抛投式气胀救生筏(简称救生筏)在渔业船舶上的安装要求和验收方法。

本标准适用于救生筏在渔业船舶上的安装和验收。

2 规范性引用文件

下列文件对于本文件的应用是必不可少的。凡是注日期的引用文件,仅注日期的版本适用于本文件。凡是不注日期的引用文件,其最新版本(包括所有的修改单)适用于本文件。

GB 8242.4 船体设备术语 救生设备

GB/T 23299 船舶与海上技术 静水压力释放器

CB/T 32 船用卸扣

CB/T 3818 索具螺旋扣

HG/T 2714.1 气胀救生筏 A、D 型筏

HG/T 2714.3 气胀救生筏 Y 型筏

SC/T 8030 渔船气胀救生筏筏架

3 术语和定义

GB 8242.4 界定的以及下列术语和定义适用于本文件。

3.1
捆扎系统 strapping systems
由钢丝绳、卸扣、钢丝绳卡扣和花篮螺丝组成的用于固定救生筏的系统。

3.2
筏架 raft frame
存放救生筏的装置。

3.3
存放筒 storage cylinder
用于存放和保护救生筏的容器。

4 一般要求

4.1 救生筏应符合 HG/T 2714.1 或 HG/T 2714.3 的要求。

4.2 静水压力释放器应符合 GB/T 23299 的要求。

4.3 筏架应符合 SC/T 8030 的要求。

5 技术要求

5.1 安装位置

5.1.1 救生筏应安装在便于船员到达的船舶上层,如驾驶甲板或驾驶室顶甲板两侧等。

5.1.2 救生筏安装周围及通道不应有影响船员通行或救生筏释放的遮挡物。

5.2 安装要求

5.2.1　救生筏通过捆扎系统、静水压力释放器固定在筏架上;安装时,救生筏存放筒上盖应在上。安装方式见图1和图2。

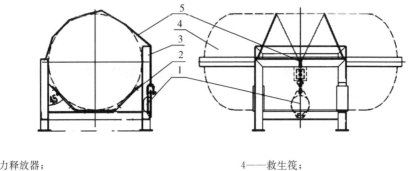

说明:
1——静水压力释放器;
2——支托及橡胶垫;
3——竖架;
4——救生筏;
5——捆扎系统。

图1　手抛式筏架救生筏安装示意图

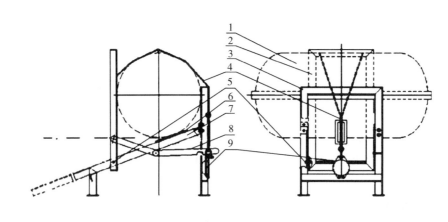

说明:
1——救生筏;
2——翻转滑道;
3——竖架;
4——捆扎系统;
5——转轴;
6——橡胶垫;
7——支托;
8——防脱杆;
9——静水压力释放器。

图2　滑抛式筏架救生筏安装示意图

5.2.2　救生筏与筏架支托之间应为面接触,每个支托的接触面沿轴向的宽度应不小于50 mm,接触面应尽量靠近存放筒加强筋,但存放筒的加强筋不应架在支托上。

5.2.3　救生筏与支托的接触面之间应衬有橡胶垫,橡胶垫的长度应不小于150 mm,厚度不小于5 mm,宽度应不小于支托宽度。

5.2.4　捆扎系统钢丝直径应不小于6 mm,应一端与竖架或翻转滑道连接,另一端通过花篮螺丝与链钩上的大环连接(如使用一次性静水压力释放器时与金属活钩连接)。

5.2.5　捆扎系统应保证救生筏的固定,不应产生轴向窜动和横向滚动。

5.2.6　捆扎系统所用的卸扣应符合CB/T 32的要求,索具螺旋扣应符合CB/T 3818的要求;钢丝绳、钢丝绳卡扣应采用不锈钢材料或进行防腐处理。

5.2.7　静水压力释放器支架板应背向筏架(一次性静水压力释放器金属活钩在上方),成垂直状安装在筏架的竖架上,安装方式见图3、图4。

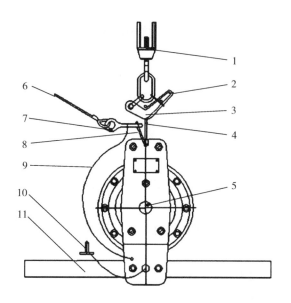

说明：
1——捆扎系统；
2——开口销；
3——链钩；
4——大环；
5——复位孔；
6——艏缆；

7——卸扣；
8——小环；
9——易断绳；
10——顶针；
11——筏架。

图 3　静水压力释放器安装连接示意图

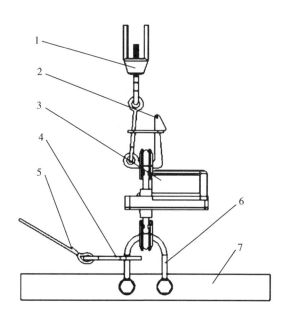

说明：
1——捆扎系统；
2——金属活钩；
3——一次性静水压力释放器；
4——易断环；

5——艏缆；
6——连接装置；
7——筏架。

图 4　一次性静水压力释放器安装连接示意图

5.2.8 易断绳一端应与静水压力释放器的支架板连接,另一端与小环上的卸扣连接。

5.2.9 抽出救生筏艄缆绳 1.4 m～1.6 m,将其连接于静水压力释放器的卸扣上(一次性静水压力释放器连接于易断环上)。

5.2.10 链钩上开口销拉环的安装方向,应便于在人工释放救生筏时向外拉出。

5.2.11 救生筏固定后应剪除存放筒上的打包带(直边存放筒除外)。

6 验收

6.1 证明材料检查

检查救生筏、静水压力释放器证书和筏架质量证明文件,应满足 4.1、4.2 和 4.3 的要求。

6.2 安装位置检查

采用目测方法检查救生筏安装位置,使其符合 5.1 的要求。

6.3 安装检查

6.3.1 采用目测方法检查救生筏整体安装情况,使其符合 5.2.1 的要求。

6.3.2 采用常规量具检查筏架支托,使其符合 5.2.2 的要求。

6.3.3 采用常规量具检查橡胶垫,使其符合 5.2.3 的要求。

6.3.4 采用常规量具检查钢丝直径,并目测捆扎系统与筏架、静水压力释放器的连接,使其符合 5.2.4 的要求。

6.3.5 采用常规方法检查救生筏在筏架上的固定状态,使其符合 5.2.5 的要求。

6.3.6 采用目测方法检查捆扎系统所用材料的材质,使其符合 5.2.6 的要求。

6.3.7 采用目测方法检查静水压力释放器安装情况,使其符合 5.2.7 的要求。

6.3.8 采用目测方法检查易断绳连接,使其符合 5.2.8 的要求。

6.3.9 采用目测方法检查艄缆连接,使其符合 5.2.9 的要求。

6.3.10 采用目测方法检查静水压力释放器开口销拉环安装方向,使其符合 5.2.10 的要求。

6.3.11 采用目测方法检查救生筏包装,使其符合 5.2.11 的要求。

————————————

ICS 65.150
B 50

中华人民共和国水产行业标准

SC/T 9601—2018

水生生物湿地类型划分

Classification of wetland for aquatic organism conservation

2018-05-07 发布

2018-09-01 实施

中华人民共和国农业农村部 发布

SC/T 9601—2018

前　言

本标准按 GB/T 1.1—2009 给出的规则起草。

请注意本文件的某些内容可能涉及专利。本文件的发布机构不承担识别这些专利的责任。

本标准由农业农村部渔业渔政管理局提出。

本标准由全国水产标准化技术委员会渔业资源分技术委员会(SAC/TC 156/SC 10)归口。

本标准起草单位:中国水产科学研究院、中国水产科学研究院南海水产研究所、中国水产科学研究院长江水产研究所、中国水产科学研究院渔业机械研究所、江苏省高宝湖渔业管理委员会。

本标准主要起草人:樊恩源、王晓梅、李纯厚、李谷、刘兴国、邢迎春、何赛、刘宝祥、张晓慧、陈日明。

水生生物湿地类型划分

1 范围

本标准规定了水生生物湿地的术语和定义、分类及类型界定。

本标准适用于水生生物湿地保护利用规划、调查、监测和评价。低潮时水深超过 6 m 海域中的渔业水域类型,可参照执行。

2 规范性引用文件

下列文件对于本文件的应用是必不可少的。凡是注日期的引用文件,仅注日期的版本适用于本文件。凡是不注日期的引用文件,其最新版本(包括所有的修改单)适用于本文件。

GB/T 24708 湿地分类

3 术语和定义

GB/T 24708 界定的以及下列术语和定义适用于本文件。为了便于使用,以下重复列出了 GB/T 24708 中的某些术语和定义。

3.1

湿地 wetland

天然的或人工的,永久的或间歇性的沼泽地、泥炭地、水域地带,带有静止或流动、淡水或半咸水及咸水水体,包括低潮时水深不超过 6 m 的海域。

[GB/T 24708—2009,定义 2.1]

3.2

水生生物湿地 wetland for aquatic organism conservation

以水生生物保护、养护和生态利用为目的,具有生物多样性保护和渔业利用价值的湿地。

4 分类

4.1 分类原则

水生生物湿地类型划分遵循以下原则:

a) 符合水生生物分布和栖息特点;

b) 兼顾特定水域渔业管理历史和现状。

4.2 方法

综合考虑水生生物湿地的管理目标和主要功能,将水生生物湿地划分为以下两级:

a) 1级:按照保护管理目标划分,分为自然保护类、增殖修复类和生态利用类;

b) 2级:自然保护类按照水生生物保护对象划分,增殖修复类按照技术措施划分,生态利用类按照水生生物利用方式划分。

4.3 类型

见表1。

表 1 水生生物湿地类型表

1级	2级
自然保护类	水生野生动植物自然保护区
	水产种质资源保护区
	其他水生生物重要栖息地
增殖修复类	水生生物增殖区
	水生生物修复区
生态利用类	淡水养殖区
	海水养殖区
	休闲渔业区

5 类型界定

5.1 自然保护类

5.1.1 水生野生动植物自然保护区

以保护珍稀濒危等水生野生动植物资源及其生存环境为主要管理目标的湿地,包括国家级和地方级各类自然保护区。

5.1.2 水产种质资源保护区

以保护具有较高经济价值和遗传育种价值水产种质资源及其生存环境为主要管理目标的湿地。

5.1.3 其他水生生物重要栖息地

其他以保护水生生物资源及其生存环境为主要管理目标的湿地。

5.2 增殖修复类

5.2.1 水生生物增殖区

以增殖水生生物资源为主要目标的湿地。

5.2.2 水生生物修复区

以恢复水生生态系统功能为主要目标的湿地。

5.3 生态利用类

5.3.1 淡水养殖区

在内陆天然水域或者人工修建的池塘、水库等水域,开展水产养殖的湿地。

5.3.2 海水养殖区

在浅海、河口、滩涂等天然水域或者人工修建的海水池塘等水域,开展水产养殖的湿地。

5.3.3 休闲渔业区

以发挥渔业与渔村休闲旅游、文化教育、生产经营、饮食服务等休闲服务功能为主的天然水域或者人工修建的湿地。

ICS 65.150
B 52

中华人民共和国水产行业标准

SC/T 9602—2018

灌江纳苗技术规程

Technical specification for stocking larva and juvenile of fish into lake from river

2018-05-07 发布   2018-09-01 实施

中华人民共和国农业农村部 发布

前　言

本标准按照 GB/T 1.1—2009 给出的规则起草。

请注意本文件的某些内容可能涉及专利。本文件的发布机构不承担识别这些专利的责任。

本标准由农业农村部渔业渔政管理局提出。

本标准由全国水产标准化技术委员会渔业资源分技术委员会(SAC/TC 156/SC 10)归口。

本标准起草单位:中国水产科学研究院长江水产研究所。

本标准主要起草人:陈大庆、刘绍平、方耀林、汪登强、段辛斌、高雷、周瑞琼、罗晓松。

灌江纳苗技术规程

1 范围

本标准规定了灌江纳苗的环境条件、闸门功能要求及操作要点。

本标准适用于长江中下游阻隔湖泊的灌江纳苗,其他流域可参照执行。

2 规范性引用文件

下列文件对于本文件的应用是必不可少的。凡是注日期的引用文件,仅注日期的版本适用于本文件。凡是不注日期的引用文件,其最新版本(包括所有的修改单)适用于本文件。

GB/T 8588　渔业资源基本术语

GB 11607　渔业水质标准

SC/T 9407　河流漂流性鱼卵、仔鱼采样技术规范

3 术语和定义

GB/T 8588界定的以及下列术语和定义适用于本文件。

3.1

苗汛　larval flood

江水中鱼苗大量出现而集中的时期。

3.2

灌江纳苗　stocking larva and juvenile of fish into lake from river

在鱼苗汛期,适时开闸,让鱼苗或幼鱼顺水或逆水进入湖中的活动。

3.3

顺灌　stocking follow current

在鱼苗汛期,利用外江水位高于湖泊水位的水位差,开闸让江水灌进湖泊,鱼类及其他水生动物苗种随江水入湖的过程。

3.4

倒灌　stocking against current

外江水位低于湖水水位时,开闸向江河排水,利用鱼类等水生动物逆水游泳的习性,诱其顶水入湖的过程。

3.5

阻隔湖泊　flood controlled lake

被闸坝阻断了江、湖之间自然水流交换的湖泊。

4 环境条件

4.1 水文条件

4.1.1 外江与湖泊间应有一定的水位差。

4.1.2 避开本区域主汛期、高洪水位期、内涝期和高含沙水流期。

4.2 防洪、排涝和抗旱条件

不影响灌江湖泊正常的防洪、排涝和抗旱要求。

4.3 水质条件

水质应符合 GB 11607 的规定。

4.4 通江条件

通过控制闸坝启闭,能部分恢复阻隔湖泊与外江的水流交换。

5 闸门功能要求

灌江纳苗应首先考虑利用现有工程设施,水闸也可改造为上下分别过水的闸门。

6 操作要点

6.1 苗汛监测

结合涨水情况监测苗汛,确定当地灌江纳苗最佳时间(参见附录 A)。

6.2 顺灌

6.2.1 应在阻隔湖泊留出足够灌江纳苗的湖泊容量。

6.2.3 应在苗汛高峰期启闭闸门。长江流域中下游地区宜在 5 月~10 月进行,6 月~7 月最佳。

6.2.4 开闸前,与防汛部门联合进行安全检查,确定闸门处于安全运行状态,防止决堤等意外情况发生。

6.2.5 灌江纳苗的前期,应适当加大流量,中后期宜控制合理流量,以进闸鱼苗的平均密度(尾/m³)接近外江鱼苗密度(尾/m³)、鱼苗不损伤为宜。

6.2.6 根据湖区水面面积、水位及苗汛情况,引外江水量,确定开闸时间及关闸时间,制定相应的闸口调度模型。

6.3 倒灌

6.3.1 应在阻隔湖泊储备足够的水量满足实施倒灌需求。

6.3.2 适当控制水流流速,诱鱼逆水入湖。

6.4 效果评估

鱼卵仔鱼入湖效果评估参照 SC/T 9407 的规定执行。

附　录　A
（资料性附录）
长江中游监利段长江涨水过程与苗汛的关系

长江中游监利段长江涨水过程与苗汛的关系见图 A.1 和图 A.2。

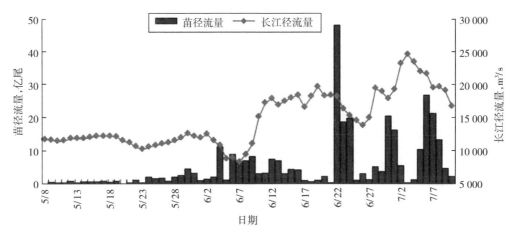

图 A.1　2015 年长江中游监利段长江涨水过程与苗汛的关系

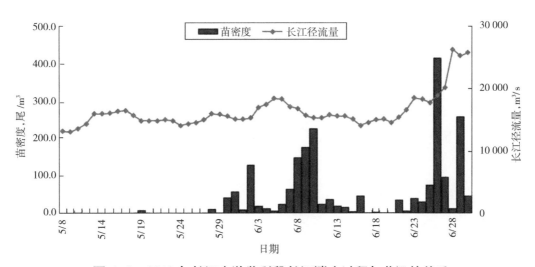

图 A.2　2016 年长江中游监利段长江涨水过程与苗汛的关系

ICS 65.150
B 51

中华人民共和国水产行业标准

SC/T 9603—2018

白鲸饲养规范

Rearing specification of beluga

2018-05-07 发布

2018-09-01 实施

中华人民共和国农业农村部 发布

前　言

本标准按照 GB/T 1.1—2009 给出的规则起草。

请注意本文件的某些内容可能涉及专利。本文件的发布机构不承担识别这些专利的责任。

本标准由农业农村部渔业渔政管理局提出。

本标准由全国水产标准化技术委员会渔业资源分技术委员会(SAC/TC 156/SC 10)归口。

本标准起草单位:中国野生动物保护协会水生野生动物保护分会、建荣皇家海洋科普世界(沈阳)有限公司、辽宁省海洋水产科学研究院、山海关欢乐海洋公园、成都极地海洋实业有限公司管理分公司、大连老虎滩海洋公园、深圳小梅沙海洋世界、海南亚特兰蒂斯海洋公园、杭州极地海洋世界投资集团股份有限公司、中国科学院水生生物研究所。

本标准主要起草人:陈汝俊、王志祥、韩家波、李志勇、张长皓、孙尼、董炎、赵雷、任义迅、范淑娟、刘全胜、张先锋。

白 鲸 饲 养 规 范

1 范围

本标准给出了白鲸（*Delphinapterus leucas*）的来源、饲养环境、养殖管理、繁育、动物健康、环境丰容及动物福利和档案的要求。

本标准适用于白鲸的饲养和繁育。

2 规范性引用文件

下列文件对于本文件的应用是必不可少的。凡是注日期的引用文件，仅注日期的版本适用于本文件。凡是不注日期的引用文件，其最新版本（包括所有的修改单）适用于本文件。

GB 2733　鲜、冻动物性水产品

SC/T 6073　水生哺乳动物饲养设施要求

SC/T 9409　水生哺乳动物谱系记录规范

SC/T 9411　水生哺乳动物饲养水质

SC/T 9607　水生哺乳动物医疗记录规范

3 来源

3.1 通过贸易渠道从国内获得的白鲸应来源于具有《中华人民共和国水生野生动物经营利用许可证》和《中华人民共和国水生野生动物驯养繁殖许可证》的机构。

3.2 通过合法贸易渠道从国外引进的白鲸。

3.3 自繁自育的白鲸。

4 饲养环境

4.1 水质

应符合 SC/T 9411 的相关规定。

4.2 设施

应符合 SC/T 6073 的相关规定。

5 养殖管理

5.1 饵料

5.1.1 饵料分为新鲜饵料和冷冻饵料，应满足 GB 2733 的质量要求和储存要求。

5.1.2 宜为大西洋鲱（*Clupea harengus*）和胡瓜鱼（*Osmerus mordax*），其次宜为中国沿海捕获物（参见附录 A）。

5.2 投喂

5.2.1 冷冻饵料喂食前应充分解冻，用清水或 1% 的淡盐水清洗干净后方可喂食。

5.2.2 白鲸饵料以能量密度 800 kJ/100 g 计，1 龄～2 龄个体宜每天按体重的 5%～8% 喂食，3 龄以上个体宜每天按体重的 3%～5% 喂食，各类饵料鱼的能量密度参见附录 A。

5.2.3 饵料能量密度差异较大时，按总能量适当调整喂食量。

5.2.4 以冷冻饵料为主要食物源时应注意维生素的补充，维生素及微量元素密度参见附录 B。

5.3 卫生管理

5.3.1 应对馆舍的空气、地面、栏栅等进行定期清洁与消毒。

5.3.2 陆上干燥休息区应每天进行清洁与消毒。

5.3.3 保洁工作时应首先使用物理保洁方法,利用清洁、擦洗等方式去除污染物。

5.3.4 污染较重时可使用清洁剂、消毒剂等做进一步的处理。清洁剂、消毒剂应选择具有高效、无毒、无味、无刺激、无残留、无二次污染等特点的环保型产品。

5.3.5 对馆舍进行消毒时,应将动物移出。

5.3.6 填写卫生管理记录,卫生管理记录表参见附录C。

6 繁育

6.1 发情期护理

6.1.1 白鲸性成熟的年龄为6龄~8龄。发情期一般在每年的2月~5月,由于饲养场馆气温问题,发情期会有一定差异。

6.1.2 处于发情期的白鲸,应保证日常的能量和营养摄入。

6.1.3 建立发情期档案,记录交配情况、社群关系等内容。

6.2 孕期护理

6.2.1 白鲸的孕期约为14.5个月。

6.2.2 白鲸孕期要及时调整营养供给,适当补充能量、微量元素等,确保母体及胎儿健康。

6.2.3 定期体检、称重、血检性激素指标、超声检查、观察胎动及生殖口变化。

6.2.4 白鲸怀孕后期宜单独饲养于适合的繁殖场(池)进行饲养管理。

6.3 产期护理

6.3.1 繁殖场(池)宜建在安静、外界干扰少的地方,具备良好的水体条件、通风条件、光照设施、监控和录像设备。

6.3.2 繁殖场(池)设施应满足SC/T 6073中对饲养池的要求。

6.4 哺乳期护理

6.4.1 白鲸哺乳期间24 h监控白鲸母子活动,以便及时应对突发事件。

6.4.2 哺乳期内宜以幼白鲸的正常生长速率(0.25 kg/d~0.50 kg/d)作为判定其健康状态的指标之一。

6.4.3 人工饲养环境下白鲸哺乳期一般为12个月~15个月,断奶时可选择自然断奶或人工断奶,可视实际情况灵活选择。

6.4.4 断奶前1个月宜作为断奶过渡期。过渡期使用小活鱼引诱白鲸进食,或辅以填喂小块鱼(如鲱鱼块、鲐鲅鱼块,平均体长<25 cm)。

7 动物健康

7.1 健康指标

7.1.1 动物健康状况可从体温、体重、生长速率、血检指标进行判断。

7.1.2 白鲸的正常体温(直肠)为34.8℃~36.3℃。

7.1.3 各项血常规、血生化指标参见附录D。

7.2 疾病预防

7.2.1 新引进的动物必须经过至少一个月的隔离检疫,确定没有异常后才可以与其他动物共同饲养。

7.2.2 应建立由兽医参与制订的完善的体检计划、驱虫计划、常见病医疗处置流程。

7.2.3 制订应对季节变化、环境突变、社群不稳定、传染性疫情等特殊情况的应急方案。

7.2.4 日常观察项目应包括但不限于食欲、精神状态、呼吸频率、排泄物、游姿及游速、社群关系。

7.2.5 实验室检查不少于每 2 月 1 次,检查项目应包括但不限于血常规、血生化、呼出物、粪便的细胞学检查。

8 环境丰容及动物福利

8.1 饲养环境

应满足动物包括栖息、玩耍、游泳、繁殖等行为的要求,相关设施应符合 SC/T 6073 的规定。

8.2 福利

应满足以下要求:

a) 饵料充足;

b) 伤病时能够得到及时诊治;

c) 能与同类在一起,能够自由表达正常的习性;

d) 不受虐待,不被施加压力。

9 档案

9.1 按 SC/T 9409 的相关要求建立谱系。

9.2 按 SC/T 9607 的要求建立独立医疗档案。

附 录 A

(资料性附录)

各类渔获物能量密度

表 A.1 给出了饲养白鲸过程中可能涉及的饵料鱼能量密度。

表 A.1 各类渔获物能量密度

来　源	种　类	能量密度 kJ/100 g			
		春季	夏季	秋季	冬季
中国沿海	焦氏舌鳎(Cynoglossus joyneri)	559.2	452.1	471.8	481.7
	黄鮟鱇(Lophius litulon)	307.4	298.6	301.6	296.2
	矛尾鰕虎鱼(Chaeturichthys stigmatias)	362.6	366.3	419.4	377.8
	小黄鱼(Pseudosciaena polyactis)	430.1	614.7	656.8	758.4
	许氏平鲉(Sebastes schlegeli)	365.4	574.3	426.8	495.7
	大泷六线鱼(Hexagrammos otakii)	566.1	554.1	489.4	513.4
	长蛸(Octopus variabilis)	383.8	362.3	371.0	436.1
	日本枪乌贼(Loligo japonica)	458.3	377.0	402.3	391.1
	带鱼 Trichiurus lepturus	531.0	465.0	562.0	485.0
进口	胡瓜鱼(Osmerus mordax)	858.9			
	大西洋鲱(Clupea harengus)	775.4			

附　录　B

（资料性附录）

维生素及微量元素添加剂量参考范围

表 B.1 给出了饲养白鲸营养添加涉及的维生素和微量元素需求量。

表 B.1　维生素及微量元素添加剂量参考范围

维生素及微量元素	单　位	每千克饵料添加剂量
维生素 A	IU	3 500～3 700
维生素 D	IU	100～300
维生素 E	mg	50～100
维生素 C	mg	50～100
维生素 B_1	mg	15～50
维生素 B_2（核黄素）	mg	2～6
维生素 B_6	mg	4～6
维生素 B_5（泛酸）	mg	3.5～6.0
维生素 B_9	mg	0.14～0.23
生物素（维生素 H）	μg	10
烟酸（烟酰胺）维生素 B_3	mg	7
维生素 B_{12}	μg	2.6
维生素 K_1	mg	0.01
富马酸亚铁/葡萄糖酸铁/铁	mg	6～7
钙（Ca）	mg	50

SC/T 9603—2018

附　录　C
（资料性附录）
饲养白鲸馆舍卫生记录表

表C.1给出了饲养白鲸馆舍卫生记录表。

表C.1　饲养白鲸馆舍卫生记录表

池　体				日　期		
时　间	区　域	卫生状况	清洁/消毒处置	清洁/消毒剂	负责人	备　注

354

附　录　D
（资料性附录）
白鲸血检指标范围

表 D.1～表 D.2 给出了白鲸血检指标的参考范围。

表 D.1　白鲸血常规参考范围

项　　目	平均值	单　　位	参考范围
红细胞 RBC	2.89	$10^{12}/L$	2.57～3.93
血红蛋白 HB	173	g/L	151～193
红细胞压积 HCT	50.8	%	44.8～57.8
平均红细胞体积 MCV	171.6	fL	134.0～195.5
平均血红蛋白量 MCH	58.3	pg	46.2～67.1
平均血红蛋白浓度 MCHC	344	g/L	321～362
血小板 PLT	166	$10^{9}/L$	141～194
白细胞 WBC	7.8	$10^{9}/L$	5.5～10.4
中性粒细胞百分比 NEUT	53.37	%	39.50～68.90
淋巴细胞百分比 LYM	36.51	%	23.50～46.80
嗜酸性粒细胞百分比 EOS	3.60	%	0～10.30
嗜碱性粒细胞百分比 BASO	0.05	%	0～0.70
单核细胞 MON	0.05	%	0～1.00

表 D.2　白鲸血生化参考范围

项　　目	平均值	单　　位	参考范围
谷丙转氨酶 ALT	5	U/L	1～11
谷草转氨酶 AST	48	U/L	35～91
总蛋白 TP	73.5	g/L	63.1～84.8
白蛋白 ALB	44.1	g/L	29.1～47.4
球蛋白 GLB	29.4	g/L	20.8～47.2
白蛋白/球蛋白 A/G	1.47	—	1.10～2.13
γ-谷氨酰基转移酶 GGT	14	U/L	10～24
碱性磷酸酶 ALP	320	U/L	183～561
总胆红素 TBIL	1.23	$\mu mol/L$	0.04～5.31
直接胆红素 DBIL	0.4	$\mu mol/L$	0～1.5
间接胆红素 IBIL	0.7	$\mu mol/L$	0～5.2
总胆汁酸 TBA	1.6	$\mu mol/L$	0.6～9.1
乳酸脱氢酶 LDH	237	U/L	157～619
α-羟丁酸脱氢酶 α-HBDH	173	U/L	113～440
肌酸激酶 CK	144	U/L	64～202
尿素氮 BUN	18.29	mmol/L	15.48～21.65
肌酐 CR	123	$\mu mol/L$	79～196
尿酸 UR	3	$\mu mol/L$	0～18
钾 K	3.51	mmol/L	3.02～4.63

表 D.2（续）

项 目	平均值	单 位	参考范围
钠 Na	155	mmol/L	149～160
氯 Cl	117	mmol/L	110~123
钙 Ca	2.50	mmol/L	2.26～3.40
磷 P	1.75	mmol/L	0.84～2.15
镁 Mg	0.89	mmol/L	0.55～1.23
葡萄糖 GLU	5.18	mmol/L	3.75～6.91
甘油三酯 TG	1.90	mmol/L	1.12～3.61
胆固醇 CHO	5.23	mmol/L	3.49～7.18

ICS 65.150
B 51

中华人民共和国水产行业标准

SC/T 9604—2018

海龟饲养规范

Rearing specification of sea turtles

2018-05-07 发布

2018-09-01 实施

中华人民共和国农业农村部 发布

SC/T 9604—2018

前　言

本标准按照 GB/T 1.1—2009 给出的规则起草。

请注意本文件的某些内容可能涉及专利。本文件的发布机构不承担识别这些专利的责任。

本标准由农业农村部渔业渔政管理局提出。

本标准由全国水产标准化技术委员会渔业资源分技术委员会(SAC/TC 156/SC 10)归口。

本标准主要起草单位：中国野生动物保护协会水生野生动物保护分会、广州海洋生物科普有限公司、广州市正佳海洋世界生物馆有限公司、广东省海洋与渔业局、广东惠东海龟国家级自然保护区管理局、上海海洋水族馆、北京海洋馆、通用海洋生态工程(北京)有限公司、天津极地海洋世界、洛阳龙门海洋馆有限责任公司、宁波海洋馆。

本标准主要起草人：丁军、古河祥、李智泉、李承唐、杨蓉、罗振鸿、丁宏伟、宋智修、周晓华、王志祥、叶明彬、夏中荣、周斌、顾明花、朱红、李灏、覃辉、梁海燕、覃杰。

海龟饲养规范

1 范围

本标准规定了海龟的来源、饲养环境、养殖管理、运输和记录要求。
本标准适用于海龟的饲养和繁育。

2 规范性引用文件

下列文件对于本文件的应用是必不可少的。凡是注日期的引用文件,仅注日期的版本适用于本文件。凡是不注日期的引用文件,其最新版本(包括所有的修改单)适用于本文件。
SC/T 6073 水生哺乳动物饲养设施要求
SC/T 6074 水族馆术语
SC/T 9411 水族馆水生哺乳动物饲养水质

3 术语和定义

SC/T 6074 界定的以及下列术语和定义适用于本文件。

3.1

食量 quantity of food/food ration
单只海龟所摄取食物的重量。

3.2

产卵场 spawning site
海龟上岸产卵、孵化的沙滩。

3.3

背甲曲线长 curved carapace length,CCL
颈盾凹陷中点至臀盾后缘顶点之间的曲线长度(长度见图1)。

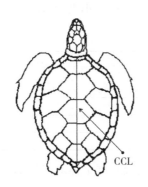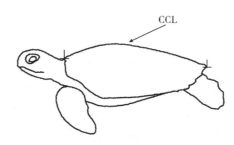

图 1 海龟背甲曲线长度示意图

3.4

背甲曲线宽 curved carapace width,CCW
两侧缘盾间的最大曲线宽度(通常在第六对缘盾外侧,宽度见图2)。

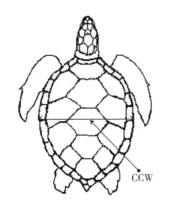
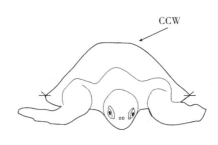

图 2　海龟背甲宽度曲线示意图

4　来源

4.1　通过贸易渠道获得的海龟应来源于具有《中华人民共和国水生野生动物经营利用许可证》和《中华人民共和国水生野生动物驯养繁殖许可证》的机构。

4.2　通过野外救助获得的海龟,其救助活动应在政府相关管理部门的监督指导下进行。

4.3　通过合法贸易渠道从国外引进的海龟。

5　饲养环境

5.1　基本要求

5.1.1　池体应采用无毒、无腐蚀性的材料,内表面应光滑。

5.1.2　池内不应有橡胶、塑料及易分裂成小块状的装饰物,装饰物应附着牢固。

5.2　布局要求

5.2.1　露天池体宜半覆盖或设海龟躲藏点。

5.2.2　室内池体宜设海龟躲藏点。

5.3　饲养池

5.3.1　海龟养殖所需的最小水池空间应满足两个因素,即最小面积和最小水深,应符合表1的要求。

表 1　海龟饲养池最小尺寸

背甲曲线长(CCL) cm	养殖池最小面积 cm²	养殖池最小水深 cm
＜6	10×CCW×CCL	30
6～65	14×CCW×CCL	90
＞65	18×CCW×CCL	120

5.3.2　混养不同尺寸海龟的饲养池,池子深度应满足最大背甲曲线长度个体对水深的要求。池子最小面积按式(1)计算。

$$S = 14 \times CCW \times CCL \times n \quad\cdots\cdots\cdots\cdots\cdots\cdots\cdots\cdots\cdots\cdots\cdots\cdots\cdots \quad (1)$$

式中:

S　——养殖池最小面积;

CCW　——混养的最大海龟背甲曲线宽,单位为厘米(cm);

CCL　——混养的最大海龟背甲曲线长,单位为厘米(cm);

n　——混养海龟数量,单位为只。

5.3.3 饲养池的尺寸应有一定的余量,满足海龟生长的空间,最小池子水平直线宽度不小于4倍最大背甲曲线宽度。

5.4 隔离池

5.4.1 饲养海龟必须设有医疗隔离池,应设于公众不能到达的地方。

5.4.2 每个隔离池应只放置一只海龟。

5.4.3 隔离池可以略小于饲养池,应能满足海龟日常隔离所需。

5.5 产卵场

5.5.1 饲养成体海龟的,如设产卵场,产卵场应与饲养池相连。

5.5.2 海龟产卵场由人工沙滩组成,沙层深度应不小于120 cm,沙子大小应均匀,粒径应不大于2 mm。

5.5.3 产卵场空间温度应控制在24℃～32℃,湿度在85%左右。

5.5.4 产卵场沙层卵窝温度应控制在28℃～30℃,湿度75%左右。

5.5.5 产卵场与饲养池连接处坡度应不大于10°。

5.5.6 产卵场宽度应不小于5 m,面积应不小于50 m²。

5.6 附属设备设施

5.6.1 维生系统

在人工环境下饲养海龟应具有与饲养水体相匹配的维生系统,包括动力循环系统、过滤系统、杀菌系统、温度控制系统、供电设施、设备控制系统以及供水、储水设施等,应符合SC/T 6073对维生系统的要求。

5.6.2 通风

室内饲养环境应配备良好的通风及气温控制设施。

5.6.3 光照

5.6.3.1 自然采光的饲养池,应设置遮阳处,遮阳处面积不小于池表面积的30%。

5.6.3.2 采用人工照明的饲养池,应模拟海龟生活的自然光照环境。

6 养殖管理

6.1 混养要求

避免与会对其生存产生危害的生物混合饲养。

6.2 水质要求

6.2.1 海龟饲养水质常规检验项目及限值应符合表2的要求。

表2 常规检验项目及限值

项　目	限值
水温	25℃～30℃
盐度	20～35
酸碱度(pH)	7.5～8.5
总大肠杆菌,MPN/100 mL 或 CFU/100 mL	＜1 000

6.2.2 其余水质检验项目应符合SC/T 9411的相关要求。

6.2.3 水质检验应至少每周进行一次并记录,具体内容参见附录A中的表A.1。

6.3 饲养要求

6.3.1 常用饵料有叶菜类、海藻、鱼、虾、蟹和鱿鱼等。

6.3.2 根据海龟种类及食性要求应采用多样化饵料饲养。

6.3.3 定期补充适量的维生素。

6.3.4 每日投饵量为体重的1%～5%。

6.4 疾病防治

6.4.1 幼体海龟应至少每季度进行一次体检并记录,成年海龟应至少每年进行一次体检并记录,参见表A.2。

6.4.2 应观察海龟具体发病的症状,并进行针对性诊治,海龟常见的疾病参见附录B。

6.4.3 新引进的海龟、生病或者状态不佳的海龟要进行单独隔离。

7 运输

7.1 海龟应放置在有通风孔的封闭容器内运输,容器应光滑无毛刺。

7.2 应保证海龟足够的抬头换气空间,不可将其浸没在水中运输。

7.3 每个容器应只放置一只海龟。

7.4 海龟运输容器的环境温度应保持在21℃～25℃,运输过程应保证海龟体表的湿润。

8 记录要求

8.1 海龟饲养过程中应对海龟基本信息、饲养水质指标、海龟体检和管养进行记录,具体内容参见表A.1～表A.3。

8.2 新进行人工饲养的海龟需要进行基本的信息记录,具体记录方法参见表A.3。

8.3 日常管养记录应包括海龟的精神状态、活动状态、投喂的饲料种类、喂食量和摄食情况等内容。

8.4 记录需要有记录人及复审人签名确认并存档。

附　录　A

（资料性附录）

饲养海龟记录表格

表 A.1～表 A.3 给出了饲养海龟水质检验记录表格、海龟体检表、海龟基本信息记录。

表 A.1　饲养海龟水质检验记录表格

检验项目	单　位	饲养地点	备　注
水温 T	℃		
氧化还原电位 ORP	mV		
酸碱度 pH			
比重或盐度			
铜 Cu^{2+}	mg/L		
溶解氧 Do	mg/L		
亚硝酸盐 NO_2^-	mg/L		
钙 Ca^{2+}	mg/L		
浊度	NTU		
氨氮 NH_3 / NH_4^+	mg/L		
总大肠杆菌	MPN/100 mL 或 CFU/100 mL		

检测日期：

记录人：　　　　　　　　　　　　　　　　　　　　　　　　　　　　　复核人：

表 A.2　海龟体检表

生物名称			总体评价	
编号/标记		饲养池编号	上次体检时间及状况	
体重 kg		体长 cm	背甲曲线长 cm	
背甲曲线宽 cm		腹甲曲线长 cm	腹甲曲线宽 cm	
近期特殊操作	饲养池换水/近期水质有较大浮动/引入新生物及其时间/其他			
生物行为描述				
常规目检	体形：	头颈部：	口腔：	
	眼睛：	鼻腔：	四肢：	
	背甲：	腹甲：	生殖器：	
	肛门：	粪便：		
	其他：			
具备条件的场馆可增加的一些实验室检查项目	粪便细菌培养：			
	血液常规检查：			
	B超、X光等：			
总结及建议				
体检日期：				
记录人：　　　　　　　　　　　　　　　　　　　　　　　　复核人：				

表 A.3 海龟基本信息

所处单位			
编号/标记		获得途径	人工繁育☐ 野外捕获☐
中文名		来源地	
拉丁名		性别	
年龄		体重	
饲养场所		其他	
检测日期： 记录人：			复核人：

附　录　B

（资料性附录）

海龟常见疾病

表 B.1 给出了海龟常见疾病。

表 B.1　海龟常见疾病

消化类	营养缺乏症、肠炎等
寄生虫类	寄生水蛭、寄生蔓足类、寄生蠕虫等
细菌类	肺气水肿病、细菌性皮肤溃疡病等
病毒类	纤维状多发性乳头瘤病等

ICS 65.150
B 51

中华人民共和国水产行业标准

SC/T 9605—2018

海狮饲养规范

Rearing specification of sea lions

2018-05-07 发布   2018-09-01 实施

中华人民共和国农业农村部 发布

SC/T 9605—2018

前　言

本标准按照 GB/T 1.1—2009 给出的规则起草。

请注意本文件的某些内容可能涉及专利。本文件的发布机构不承担识别这些专利的责任。

本标准由农业农村部渔业渔政管理局提出。

本标准由全国水产标准化技术委员会渔业资源分技术委员会(SAC/TC 156/SC 10)归口。

本标准主要起草单位:中国野生动物保护协会水生野生动物保护分会、杭州长乔投资集团股份有限公司、青岛极地海洋世界有限公司、泉城极地海洋世界、山海关乐岛海洋世界、建荣皇家海洋科普世界(沈阳)有限公司、大连老虎滩海洋公园有限公司、郑州海洋科普有限公司。

本标准主要起草人:刘全胜、周晓华、王志祥、刘振国、曹爱玲、李昕、陈琦、陈汝俊、李志勇、宋一、梅泉华、王宗人、范淑娟、钱刚、张长皓。

海狮饲养规范

1 范围

本标准规定了海狮的来源、饲养环境、养殖管理、繁育、动物健康、环境丰容及动物福利和建档的要求。

本标准适用南美海狮（*Otaria byronia*）、加州海狮（*Zalophus californianus*）、北海狮（*Eumetopias jubatus*）、毛皮海狮属（*Arctocephalus* spp.）的饲养和繁育，其他种类的海狮饲养参照执行。

2 规范性引用文件

下列文件对于本文件的应用是必不可少的。凡是注日期的引用文件，仅注日期的版本适用于本文件。凡是不注日期的引用文件，其最新版本（包括所有的修改单）适用于本文件。

GB 2733　食品安全国家标准　鲜、冻动物性水产品

SC/T 6073　水生哺乳动物饲养设施要求

SC/T 9409　水生哺乳动物谱系记录规范

SC/T 9411　水生哺乳动物饲养水质

SC/T 9607　水生哺乳动物医疗记录规范

3 来源

3.1　通过贸易渠道从国内获得的海狮应来源于具有《中华人民共和国水生野生动物经营利用许可证》和《中华人民共和国水生野生动物驯养繁殖许可证》的机构。

3.2　通过合法贸易渠道从国外引进的海狮。

3.3　自繁自育的海狮。

4 饲养环境

4.1 水质

饲养水质应符合 SC/T 9411 的相关规定。

4.2 设施

饲养设施应符合 SC/T 6073 的相关规定。

5 养殖管理

5.1 饵料

5.1.1　饵料分为新鲜饵料和冷冻饵料，应满足 GB 2733 的要求。

5.1.2　宜为大西洋鲱鱼（*Clupea harengus*）、胡瓜鱼（*Osmerus mordax*），其次宜为中国沿海捕获物。

5.2 投喂

5.2.1　冷冻饵料喂食前充分解冻，用清水或1%的淡盐水清洗干净后方可喂食。

5.2.2　以饵料能量密度 800 kJ/100 g 计，1龄～2龄个体宜每天按体重的5%～10%喂食，3龄以上个体宜每天按体重的2%～6%喂食。各类饵料鱼能量密度参见附录 A。

5.2.3　饵料能量密度差异较大时，按总能量适当调整喂食量。

5.2.4　以冷冻饵料为主要食物源时应注意维生素的补充，维生素及微量元素密度参见附录 B。

5.3 卫生管理

5.3.1 应对馆舍的空气、地面、栏栅等进行定期清洁与消毒。

5.3.2 陆上干燥休息区应每天进行清洁与消毒。

5.3.3 保洁工作时应首先使用物理保洁方法,利用清洁、擦洗等方式去除污染物。

5.3.4 污染较重时可使用清洁剂、消毒剂等做进一步的处理。清洁剂、消毒剂应选择具有高效、无毒、无味、无刺激、无残留、无二次污染等特点的环保型产品。

5.3.5 对馆舍进行消毒时,应将动物移出。

5.3.6 填写卫生管理记录,卫生管理记录表参见附录C。

6 繁育

6.1 繁育场所

6.1.1 繁殖场(池)宜建在安静的地方,具备良好的水体条件、陆上干燥区条件、通风条件、光照设施、监控和录像设备。

6.1.2 繁殖场(池)设施应满足 SC/T 6073 中对饲养池的要求。

6.2 发情期护理

6.2.1 海狮性成熟的年龄在 3 龄～8 龄。发情期一般在每年的 5 月～8 月,由于饲养场馆气温问题,发情期会有一定差异。

6.2.2 母海狮在产后 2 周～4 周就会发情,交配多发生在产后 15 d～30 d 内。

6.2.3 建立发情期档案,记录交配情况、社群关系等内容。

6.3 孕期护理

6.3.1 海狮的孕期约为 11.5 个月。

6.3.2 海狮孕期及时调整营养供给,适当补充能量、微量元素等,确保母体及胎儿健康。

6.3.3 定期体检、称重、血检性激素指标、超声检查、观察胎动及生殖口变化。

6.3.4 海狮怀孕后期宜单独饲养于适合的繁殖场(池)进行饲养管理。

6.4 哺乳期护理

6.4.1 海狮哺乳期间 24 h 监控海狮母子活动,以便及时应对突发事件。

6.4.2 人工饲养环境下海狮哺乳期一般为 6 个月～9 个月,断奶时可选择自然断奶或人工断奶,具体可视实际情况灵活选择。

6.4.3 断奶前 1 个月宜作为断奶过渡期。过渡期使用小活鱼引诱海狮进食,或辅以填喂小块鱼(平均体长＜6cm,如鲱鱼块、鲅鱼块)。

7 动物健康

7.1 健康指标

7.1.1 动物健康状况可从体温、体重、生长速率、血检指标进行判断。

7.1.2 海狮的正常体温(直肠)、呼吸频率指标参见附录D。

7.1.3 各项血常规、血生化指标参见附录E。

7.2 疾病防治

7.2.1 新引进的动物必须经过至少 1 个月的隔离检疫,确定没有异常后才可以与其他动物共同饲养。

7.2.2 应建立由兽医参与制订的完善的体检计划、驱虫计划、常见病医疗处置流程。

7.2.3 制订应对季节变化、环境突变、社群不稳定、传染性疫情等特殊情况的应急方案。

7.2.4 日常观察项目应包括但不限于食欲、精神状态、呼吸频率、排泄物、游姿及游速、社群关系。

7.2.5 实验室检查不少于每年1次,项目应包括但不限于血常规、血生化、呼出物、粪便的细胞学检查。

8 环境丰容及动物福利

8.1 饲养环境

应满足动物包括栖息、玩耍、游泳、繁殖等行为的要求,相关设施符合 SC/T 6073 的规定。

8.2 福利

应满足以下要求:

a) 饵料充足;

b) 伤病时能够得到及时诊治;

c) 能与同类在一起,能够自由表达正常的习性;

d) 不受虐待,不被施加压力。

9 建档

9.1 按 SC/T 9409 的相关要求建立谱系。

9.2 按 SC/T 9607 的要求建立独立医疗档案。

附 录 A

（资料性附录）

各类饵料鱼能量密度

表 A.1 给出了饲养海狮过程中可能涉及的饵料鱼能量密度。

表 A.1 各类饵料鱼能量密度

来 源	种 类	能量密度 kJ/100 g			
		春季	夏季	秋季	冬季
中国近海海域	焦氏舌鳎 *Cynoglossus joyneri*	559.2	452.1	471.8	481.7
	黄鮟鱇 *Lophius litulon*	307.4	298.6	301.6	296.2
	矛尾鰕虎鱼 *Chaeturichthys stigmatias*	362.6	366.3	419.4	377.8
	小黄鱼 *Pseudosciaena polyactis*	430.1	614.7	656.8	758.4
	许氏平鲉 *Sebastes schlegeli*	365.4	574.3	426.8	495.7
	大泷六线鱼 *Hexagrammos otakii*	566.1	554.1	489.4	513.4
	长蛸 *Octopus variabilis*	383.8	362.3	371.0	436.1
	日本枪乌贼 *Loligo japonica*	458.3	377.0	402.3	391.1
	带鱼 *Trichiurus lepturus*	531.0	465.0	562.0	485.0
进口	胡瓜鱼 *Osmerus mordax*	858.9			
	大西洋鲱 *Clupea harengus*	775.4			

附 录 B

（资料性附录）

维生素及微量元素添加剂量参考范围

表 B.1 给出了饲养海狮营养添加涉及的维生素和微量元素需求量。

表 B.1　维生素及微量元素添加剂量参考范围

维生素及微量元素	单　位	每千克饵料添加剂量
维生素 A	IU	3 500～3 700
维生素 D	IU	100～300
维生素 E	mg	50～100
维生素 C	mg	50～100
维生素 B_1	mg	15～50
维生素 B_2（核黄素）	mg	2～6
维生素 B_6	mg	4～6
维生素 B_5（泛酸）	mg	3.5～6.0
叶酸 B_9	mg	0.14～0.23
生物素（维生素 H）	μg	10
烟酸（烟酰胺）维生素 B_3	mg	7
维生素 B_{12}	μg	2.6
维生素 K_1	mg	0.01
富马酸亚铁/葡萄糖酸铁/铁	mg	6～7
钙（Ca）	mg	50

附 录 C

（资料性附录）

饲养海狮馆舍卫生记录表

表 C.1 给出了饲养海狮馆舍卫生记录表。

表 C.1 饲养海狮馆舍卫生记录表

池 体				日 期		
时 间	区 域	卫生状况	清洁/消毒处置	清洁/消毒剂	负责人	备 注

附 录 D

（资料性附录）

海狮直肠温度、呼吸频率指标参考范围

表D.1给出了海狮直肠温度、呼吸频率指标的参考范围。

表 D.1 海狮直肠温度、呼吸频率指标参考范围

动物名称	直肠温度 ℃	呼吸频率 次/min
加州海狮	37.0℃～37.5℃	3～6
南美海狮	36.5℃～37.5℃	3～6
北海狮	36.2℃～37.5℃	3～6
毛皮海狮	36.2℃～37.7℃	3～6

附 录 E

（资料性附录）

海狮血常规和生化检查参考值

表 E.1 给出了海狮血常规和生化检查参考值。

表 E.1 海狮血常规和生化检查参考值

名　称	单　位	南海狮	北海狮	毛皮海狮	加州海狮
白细胞 WBC	$10^9/L$	4.8～10.2	5.4～15.0	5.7～9.0	3.4～11.4
中性粒细胞 NEUT	%	45～76	40～72	42～75	42～75
淋巴细胞 LYM	%	20～49	15～45	20～50	15～45
单核细胞 MON	%	1～9	1～9	1～9	1～8
嗜酸性粒细胞 EOS	%	6～15	6～15	8～15	6～16
嗜碱性粒细胞 BASO	%	0～1	0～1	0～1	0～1
红细胞总数 RBC	$10^{12}/L$	3.60～5.40	3.10～5.30	4.86～5.88	3.70～5.30
血红蛋白 HB	g/L	14.0～23.5	10.6～19.5	170.0～190.0	13.0～22.0
红细胞压积 PCV	L/L	0.44～0.52	0.45～0.55	0.48～0.58	0.44～0.55
血小板 PLT	$10^9/L$	155～360	160～366	160～250	158～355
总蛋白 TP	g/L	60～87	56～69	70～85	61～85
白蛋白 ALB	g/L	27～33	35～45	27～35	27～36
球蛋白 GLB	g/L	30～60	17～26	28～60	31～56
总胆红素 TBIL	μmol/L	1.71～8.55	1.71～6.84	3.50～5.50	1.71～6.84
直接胆红素 DBIL	μmol/L	1.8～5.5	1.8～4.3	2.0～4.0	1.8～4.5
间接胆红素 IBIL	μmol/L	1.0～4.5	0.9～4.0	1.6～3.6	0.9～4.2
谷丙转氨酶 ALT	U/L	15～75	16～68	20～32	19～71
谷草转氨酶 AST	U/L	13～57	13～51	20～50	12～66
γ-谷氨酰转移酶 γ-GGT	U/L	22～127	32～83	50～70	20～123
碱性磷酸酶 ALP	U/L	22～189	87～206	30～215	34～175
尿素氮 BUN(UREA)	mmol/L	8.0～25.0	5.7～20.7	8.0～12.0	10.0～27.0
肌酐 CR	μmol/L	35～220	35～71	80～110	97～230
钾 K	mmol/L	3.10～5.10	3.80～5.20	4.62～4.74	3.70～5.00
钠 Na	mmol/L	145～155	141～151	151～155	149～156
氯 Cl	mmol/L	104～110	102～109	109～113	105～113
钙 Ca	mmol/L	2.20～2.95	2.55～3.03	2.40～2.55	2.20～2.88
镁 Mg	mmol/L	0.65～1.02	0.75～1.08	0.95～1.05	0.65～1.15
无机磷 P	mmol/L	1.58～2.87	1.71～2.93	1.58～1.94	1.58～2.87
乳酸脱氢酶 LDH	U/L	350～1 032	363～1 350	450～600	333～1 054
肌酸激酶 CK	U/L	77～3 205	77～2 890	78～170	77～2 351
甘油三酯 TG	mmol/L	0.25～0.70	0.20～0.80	0.40～0.69	0.20～0.70
总胆固醇 CHO	mmol/L	3.9～9.8	3.8～7.0	4.0～6.0	4.3～13.1

ICS 65.150
B 51

中华人民共和国水产行业标准

SC/T 9606—2018

斑海豹饲养规范

Rearing specification of spotted seal

2018-05-07 发布
2018-09-01 实施

中华人民共和国农业农村部 发布

前　言

本标准按照 GB/T 1.1—2009 给出的规则起草。

请注意本文件的某些内容可能涉及专利。本文件的发布机构不承担识别这些专利的责任。

本标准由农业农村部渔业渔政管理局提出。

本标准由全国水产标准化技术委员会渔业资源分技术委员会(SAC/TC 156/SC 10)归口。

本标准主要起草单位:中国野生动物保护协会水生野生动物保护分会、辽宁省海洋水产科学研究院、大连圣亚旅游控股股份有限公司、中国科学院水生生物研究所、成都极地海洋实业有限公司管理分公司、建荣皇家海洋科普世界(沈阳)有限公司、武汉海洋世界水族观赏有限公司。

本标准主要起草人:韩家波、张培君、杨勇、张先锋、刘仁俊、张长皓、陈汝俊、王志祥、宋新然、田甲申。

斑海豹饲养规范

1 范围

本标准规定了斑海豹（*Phoca largha*）的来源、饲养环境、养殖管理、繁育、动物健康、环境丰容及动物福利和建档的要求。

本标准适用于斑海豹的饲养和繁育，其他海豹饲养可参照执行。

2 规范性引用文件

下列文件对于本文件的应用是必不可少的。凡是注日期的引用文件，仅注日期的版本适用于本文件。凡是不注日期的引用文件，其最新版本（包括所有的修改单）适用于本文件。

GB 2733　食品安全国家标准　鲜、冻动物性水产品

SC/T 6073　水生哺乳动物饲养设施要求

SC/T 9409　水生哺乳动物谱系记录规范

SC/T 9411　水生哺乳动物饲养水质

3 来源

斑海豹的来源应通过以下渠道获得：

a)　通过贸易渠道从国内获得的斑海豹应来源于具有《中华人民共和国水生野生动物经营利用许可证》和《中华人民共和国驯养繁殖许可证》的机构；

b)　通过合法贸易渠道从国外引进的斑海豹；

c)　在政府相关管理部门的监督指导下通过野外救助获得的斑海豹；

d)　自繁自育的斑海豹。

4 饲养环境

4.1 水质

应符合 SC/T 9411 的相关规定。

4.2 设施

应符合 SC/T 6073 的相关规定。

5 养殖管理

5.1 饲料

5.1.1 饲料分为新鲜饲料和冷冻饲料，应满足 GB 2733 的质量要求和储存要求。

5.1.2 宜为胡瓜鱼（*Osmerus mordax*）、大西洋鲱（*Clupea harengus*），其次宜为中国沿海捕获渔获物。

5.2 投喂

5.2.1 冷冻饲料喂食前应充分解冻，用清水或 1% 的淡盐水清洗干净后方可喂食。

5.2.2 斑海豹饲料以能量密度 800 kJ/100 g 计，1 龄～2 龄个体宜每天按体重的 5%～8% 喂食，3 龄以上个体宜每天按体重的 3%～5% 喂食，各类饲料鱼的能量密度参见附录 A。饲料能量密度差异较大时，按总能量适当调整喂食量。

5.2.3 以冷冻饲料为主要食物源时应注意维生素的补充，维生素及微量元素密度参见附录 B。

5.3 卫生管理

5.3.1 应对馆舍的空气、地面、栏栅等进行定期清洁与消毒,陆上干燥区应每天进行清洁与消毒。

5.3.2 保洁工作时应首先使用物理保洁方法,利用清洁、擦洗等方式去除污染物。污染较重时可使用清洁剂、消毒剂等做进一步的处理。清洁剂、消毒剂应选择具有高效、无毒、无味、无刺激、无残留、无二次污染等特点的环保型产品。

5.3.3 对馆舍进行消毒时,应将动物移出。

5.3.4 填写卫生管理记录,卫生管理记录表参见附录 C。

6 繁育

6.1 繁育场所

宜设在安静、通风良好和光照条件充足的地方,并配备监控和录像设备。

6.2 发情期护理

6.2.1 斑海豹的性成熟年龄,雄性为 3 龄～4 龄,雌性为 3 龄～5 龄,发情期一般在每年的 2 月～3 月,各场馆条件存在差异时发情期也会存在一定差异。

6.2.2 交配期,斑海豹的雌雄比控制在 2∶1 为宜。

6.2.3 处于发情期的斑海豹,应保证日常的能量和营养摄入。

6.3 妊娠期护理

6.3.1 雌兽生产前 1 个月～2 个月需转移到繁殖场进行饲养管理。

6.3.2 注意观察斑海豹乳头和生殖器官的变化。

6.3.3 视情况可对斑海豹进行抚摸、侧卧、翻身、翘尾等医疗训练。

6.4 哺乳期护理

6.4.1 哺乳期间 24 h 监控斑海豹活动,以应对突发事件。

6.4.2 哺乳期内宜以幼海豹的正常生长速率(约为 1.058 kg/d)作为判定其健康状态的指标之一。

6.5 断奶期护理

6.5.1 断奶以自然断奶为宜。

6.5.2 如哺乳满 15 d,幼斑海豹体重达 22 kg 以上,且换毛 2 d 以后仍无法完成自然断奶,可采用人工断奶。

6.5.3 断奶前 2 d～3 d 宜填喂鱼浆或小型鱼(平均体长＜15 cm,如胡瓜鱼)作为过渡。

6.5.4 断奶后幼海豹宜人工填喂并辅以活鱼诱食。

7 动物健康

7.1 健康指标

斑海豹的健康状况可从体温、生长速率、血检指标进行判断。

斑海豹正常体温(直肠)范围为 35.3℃～37.4℃。

体长与年龄、体质量与体长的关系可依据式(1)和式(2)进行粗略推算。

$$L = 170e^{-0.423\exp(-0.132\,t)} \quad\quad\quad (1)$$

式中:

L——体长,单位为厘米(cm);

t——年龄,单位为年。

$$m = 44.02L^{0.258} \quad\quad\quad (2)$$

式中：

L——体长，单位为厘米（cm）；

m——体质量，单位为千克（kg）。

各项血常规、血生化指标参见附录 D。

7.2 疾病预防

7.2.1 新引进的动物须进行隔离检疫，隔离期为 1 个月。

7.2.2 制订针对斑海豹完善的体检计划、驱虫计划、常见病医疗处置流程。

7.2.3 制订应对季节变化、环境突变、社群不稳定、传染性疫情等特殊情况的应急方案。

7.2.4 日常观察项目应包括但不限于食欲、精神状态、呼吸频率、排泄物、游姿及游速、社群关系。

7.2.5 实验室检查不少于每年 1 次，项目应包括但不限于血常规、血生化、呼出物、粪便的细胞学检查。

8 环境丰容及动物福利

8.1 饲养环境

应满足动物包括休息、玩耍、游泳、繁殖等行为的要求。

8.2 福利

应满足以下要求：

a) 有充足的饲料；

b) 伤病时能够得到及时诊治；

c) 能与同类在一起，能够自由表达正常的习性；

d) 不受虐待，不被施加压力。

9 建档

按 SC/T 9409 的相关要求建立谱系。

附　录　A
（资料性附录）
各类渔获物能量密度

表 A.1 给出了饲养斑海豹过程中可能涉及的食物鱼能量密度。

表 A.1　各类渔获物能量密度

来　源	种　类	能量密度 kJ/100 g			
		春季	夏季	秋季	冬季
渤海海域	焦氏舌鳎(*Cynoglossus joyneri*)	559.2	452.1	471.8	481.7
	黄鮟鱇(*Lophius litulon*)	307.4	298.6	301.6	296.2
	矛尾鰕虎鱼(*Chaeturichthys stigmatias*)	362.6	366.3	419.4	377.8
	小黄鱼(*Pseudosciaena polyactis*)	430.1	614.7	656.8	758.4
	许氏平鲉(*Sebastes schlegeli*)	365.4	574.3	426.8	495.7
	大泷六线鱼(*Hexagrammos otakii*)	566.1	554.1	489.4	513.4
	长蛸(*Octopus variabilis*)	383.8	362.3	371.0	436.1
	日本枪乌贼(*Loligo japonica*)	458.3	377.0	402.3	391.1
进口	胡瓜鱼(*Osmerus mordax*)	858.9			
	大西洋鲱(*Clupea harengus*)	775.4			

附 录 B

（资料性附录）

维生素及微量元素添加剂量参考范围

表 B.1 给出了饲养斑海豹营养添加涉及的维生素和微量元素需求量。

表 B.1 维生素及微量元素添加剂量参考范围

维生素及微量元素	单位	每千克饲料添加剂量
维生素 A	IU	3 500～3 700
维生素 D	IU	100～300
维生素 E	mg	50～100
维生素 C	mg	50～100
维生素 B_1	mg	15～50
维生素 B_2（核黄素）	mg	2～6
维生素 B_6	mg	4～6
维生素 B_5（泛酸）	mg	3.5～6.0
叶酸 B_9	mg	0.14～0.23
生物素（维生素 H）	μg	10
烟酸（烟酰胺）维生素 B_3	mg	7
维生素 B_{12}	μg	2.6
维生素 K_1	mg	0.01
富马酸亚铁/葡萄糖酸铁/铁	mg	6～7
钙（Ca）	mg	50

附　录　C
（资料性附录）
饲养斑海豹馆舍卫生记录表

表 C.1 给出了饲养斑海豹馆舍卫生记录表。

表 C.1　饲养斑海豹馆舍卫生记录表

池　体				日　期		
时　间	区　域	卫生状况	清洁/消毒处置	清洁/消毒剂	负责人	备　注

附 录 D
（资料性附录）
斑海豹血检指标参考范围

表 D.1～表 D.2 给出了斑海豹血液指标的参考范围。

表 D.1 斑海豹血常规参考范围

项目	单位	参考范围	项目	单位	参考范围
红细胞（成）	$10^{12}/L$	3.83～5.23	平均血红蛋白浓度	g/L	359.51～408.94
红细胞（未）	$10^{12}/L$	4.44～5.63	血小板	$10^9/L$	204.17～707.95
血红蛋白（雌）	g/L	169.69～243.33	白细胞（雌）	$10^9/L$	5.89～14.34
血红蛋白（雄）	g/L	139.84～228.36	白细胞（雄）	$10^9/L$	6.21～15.97
红细胞压积（雌）	%	45.12～61.15	白细胞（成）	$10^9/L$	5.78～14.78
红细胞压积（雄）	%	38.69～56.66	白细胞（未）	$10^9/L$	6.77～18.69
平均红细胞体积（雌）	fL	99.68～128.9	血小板分布宽度（成）	fL	9.73～16.21
平均红细胞体积（雄）	fL	93.63～117.93	血小板分布宽度（未）	fL	8.81～14.89
平均红细胞体积（成）	fL	93.17～127.63	血小板平均体积	fL	7.83～13.63
平均红细胞体积（未）	fL	85.07～121.19	中性粒细胞百分比	%	33.00～74.00
平均血红蛋白量（雌）	pg	37.60～50.51	淋巴细胞百分比	%	15.00～57.00
平均血红蛋白量（雄）	pg	34.40～48.17	嗜酸性粒细胞百分比	%	0.00～6.00
平均血红蛋白量（成）	pg	35.10～49.67	嗜碱性粒细胞百分比	%	0.00～3.00
平均血红蛋白量（未）	pg	31.40～48.17			

注 1："成"代表成年个体（≥4 龄），"未"代表未成年个体（<4 龄），"雌""雄"表示性别。
注 2：分类（成、未、雌、雄）列出数值的项目表示类别间具有统计学意义（$p<0.05$），未分类列出。

表 D.2 斑海豹血生化参考范围

项目	单位	参考范围	项目	单位	参考范围
谷丙转氨酶	U/L	6.36～68.79	直接胆红素（雄）	μmol/L	0.00～1.21
谷草转氨酶（成）	U/L	24.26～139.47	间接胆红素（雌）	μmol/L	0.00～2.88
谷草转氨酶（未）	U/L	8.67～232.99	间接胆红素（雄）	μmol/L	0.00～1.67
总蛋白（雌）	g/L	64.43～90.86	总胆汁酸	μmol/L	2.75～38.02
总蛋白（雄）	g/L	70.60～93.20	乳酸脱氢酶（成）	U/L	310.46～931.11
总蛋白（成）	g/L	65.66～92.46	乳酸脱氢酶（未）	U/L	135.07～1 328.84
总蛋白（未）	g/L	64.14～88.19	肌酐（未）	μmol/L	46.74～108.34
白蛋白（成）	g/L	27.60～36.10	尿酸（成）	μmol/L	8.98～130.68
白蛋白（未）	g/L	31.24～39.31	尿酸（未）	μmol/L	37.2～115.63
球蛋白（雌）	g/L	34.28～56.31	K（成）	mmol/L	3.21～5.24
球蛋白（雄）	g/L	38.29～64.71	K（未）	mmol/L	3.48～6.17
球蛋白（成）	g/L	33.7～61.28	Na（成）	mmol/L	145.77～158.76
球蛋白（未）	g/L	30.62～50.15	Na（未）	mmol/L	141.56～168.86
白蛋白/球蛋白（成）	—	0.45～0.89	Cl	mmol/L	100.90～114.30
白蛋白/球蛋白（未）	—	0.68～1.11	Ca（雌）	mmol/L	2.01～2.77

表 D.2（续）

项目	单位	参考范围	项目	单位	参考范围
γ-谷氨酰转移酶(雌)	U/L	4.95～13.28	Ca(雄)	mmol/L	2.02～2.47
γ-谷氨酰转移酶(雄)	U/L	5.65～16.68	Ca(成)	mmol/L	2.04～2.62
碱性磷酸酶(雌)	U/L	25.00～382.63	Ca(未)	mmol/L	2.25～2.68
碱性磷酸酶(雄)	U/L	20.00～157.13	P(成)	mmol/L	0.97～2.36
碱性磷酸酶(成)	U/L	17.87～204.54	P(未)	mmol/L	1.41～2.53
碱性磷酸酶(未)	U/L	26.30～776.25	葡萄糖(成)	mmol/L	6.86～11.37
总胆红素(雌)	μmol/L	0.02～4.07	葡萄糖(未)	mmol/L	7.05～12.86
总胆红素(雄)	μmol/L	0.00～3.37	胆固醇(成)	mmol/L	5.92～9.78
直接胆红素(雌)	μmol/L	0.09～1.49	胆固醇(未)	mmol/L	5.14～10.49
注1："成"代表成年个体(≥4龄)，"未"代表未成年个体(<4龄)，"雌""雄"表示性别。					
注2：分类(成、未、雌、雄)列出数值的项目表示类别间具有统计学意义($p<0.05$)，未分类列出。					

ICS 65.150
B 51

中华人民共和国水产行业标准

SC/T 9607—2018

水生哺乳动物医疗记录规范

Medical record specification for captive aquatic mammals

2018-05-07 发布

2018-09-01 实施

中华人民共和国农业农村部 发布

SC/T 9607—2018

前　言

本标准按照 GB/T 1.1—2009 给出的规则起草。

请注意本文件的某些内容可能涉及专利。本文件的发布机构不承担识别这些专利的责任。

本标准由农业农村部渔业渔政管理局提出。

本标准由全国水产标准化技术委员会渔业资源分技术委员会(SAC/TC 156/SC 10)归口。

本标准负责起草单位：中国野生动物保护协会水生野生动物保护分会、成都海昌极地海洋世界、北京海洋馆、青岛海昌极地海洋世界、天津海昌极地海洋世界、山海关欢乐海洋公园、大连老虎滩海洋公园。

本标准主要起草人：刘振国、王志祥、张长皓、孙艳明、李昕、罗清、李志勇、周晓华、林伟。

水生哺乳动物医疗记录规范

1 范围

本标准规定了水生哺乳动物医疗记录的内容、方式和要求及保管。

本标准适用于水族馆饲养的各类水生哺乳动物的医疗记录;其他机构可参照执行。

2 规范性引用文件

下列文件对于本文件的应用是必不可少的。凡是注日期的引用文件,仅注日期的版本适用于本文件。凡是不注日期的引用文件,其最新版本(包括所有的修改单)适用于本文件。

GB/T 24422 信息与文献 档案纸 耐久性和耐用性要求

DA/T 42 企业档案工作规范

SC/T 9409 水生哺乳动物谱系记录

3 内容、方式和要求

3.1 内容

水生哺乳类动物医疗记录内容应包含一般检查记录、血液检查记录、细胞学检查记录、微生物学检查记录、影像检查记录、治疗记录和尸检记录。

3.2 方式

医疗记录应同时记录纸质文档和电子文档,动物编号应符合 SC/T 9409 的要求。

3.3 要求

3.3.1 应在水生哺乳动物发生疾病和治疗过程中做医疗记录。

3.3.2 水生哺乳动物在度过育幼期后应定期采血检查,鲸类动物每季度应至少检查一次,鳍足类动物每年应至少检查一次。检查后应做血液检查记录,记录内容参见附录 A 中表 A.1～表 A.6。

3.3.3 水生哺乳动物在死亡后,应进行尸检并做尸检记录,具体内容参见表 A.7。

3.3.4 记录用纸应符合 GB/T 24422 的规定。

4 保管

4.1 记录档案应与水生哺乳动物谱系记录一同保管,并随动物豢养位置的变更而进行转移。

4.2 记录档案保管期限应为永久保存,保管条件应符合 DA/T 42 的规定。

附 录 A

（资料性附录）

水生哺乳动物一般检查记录表格

表 A.1～表 A.7 给出了水生哺乳动物医疗记录的具体内容。

表 A.1 水生哺乳动物一般检查记录

记录人：			复核人：
动物编号：			物 种：
体 重：		检查时间：	
群体方面	同伴伴游	□有 □无	
	注意力集中	□是 □否	
	离群	□是 □否	
	受到侵扰	□是 □否	
	攻击性	□是 □否	
	经常发声	□是 □否	
	交配行为	□有 □无	
	其他		
姿态	浮力	□增 □减	
	失衡	□是 □否	
	陆地活动表现	□正常□异常	
	其他		
眼睛	闭合	□是 □否	
	出血充血	□有 □无	
	角膜混浊	□是 □否	
	外伤	□有 □无	
	分泌物	□是 □否	
	其他		
口腔	牙齿	□正常□异常	
	黏膜	□正常□异常	
	气味	□正常□异常	
	出血	□是 □否	
	牙龈	□正常□异常	
	其他		
粪便	性状	□正常□异常	
	气味	□正常□异常	
	虫体（卵）	□是 □否	
	其他		
尿液	颜色	□正常□异常	
	其他		
进食	食欲	□正常□异常	
	呕吐	□是 □否	
	其他		
体温	升高	□是 □否	
	下降	□是 □否	
呼吸	频率（测定时间为 5 min）	□正常□异常	
	呼吸音	□正常□异常	
	气味	□正常□异常	
注：检查结论填写异常情况的信息记录。			

表 A.2 水生哺乳动物血液检查记录

记 录 人:		复核人:		
动物编号:		物　种:		
检查项目	单　位	参考范围	（检查日期1）	（检查日期2）……
红细胞 RBC	$10^{12}/L$			
血红蛋白 HB	g/L			
红细胞压积 HCT	%			
平均红细胞体积 MCV	fL			
平均血红蛋白容量 MCH	pg			
平均血红蛋白浓度 MCHC	g/L			
血小板数 PLT	$10^9/L$			
血沉 ESR	mm/h			
白细胞 WBC	$10^9/L$			
中性粒细胞 NEUT	%			
淋巴细胞 LYM	%			
单核细胞 MON	%			
嗜酸性粒细胞 EOS	%			
嗜碱性粒细胞 BASO	%			
总蛋白 TP	g/L			
白蛋白 ALB	g/L			
球蛋白 GLB	g/L			
葡萄糖 GLU	mmol/L			
尿素氮 BUN	mmol/L			
肌酐 CR	μmol/L			
总胆红素 TBIL	μmol/L			
胆固醇 CHO	mmol/L			
甘油三酯 TG	mmol/L			
碱性磷酸酶 ALP	U/L			
谷丙转氨酶 ALT	U/L			
谷草转氨酶 AST	U/L			
肌酸激酶 CK	U/L			
γ-谷氨酰转移酶 GGT	IU/L			
乳酸脱氢酶 LDH	IU/L			
尿酸 UA	μmol/L			
钙 Ca	mmol/L			
磷 P	mmol/L			
钠 Na	mmol/L			
钾 K	mmol/L			
氯 Cl	mmol/L			
血清铁 Fe	μmol/L			
纤维蛋白原 FIB	g/L			
其他				
注:血液生化指标值和血液学指标原始化验单以扫描文件保存。				

表 A.3 水生哺乳动物细胞学检查记录

记 录 人：		复 核 人：
动物编号：		日　　期：
物　　种：		
检查项目		检查结论
呼吸道分泌物样本	气味 Odor	
	上皮细胞 Ep. cell	
	白细胞 WBC/HPF	
	细菌 Bacteria	
	真菌 Fungus	
	寄生虫 Parasite	
	原虫 Protozoa	
	其他 Other	
胃液样本	颜色 Color	
	气味 Odor	
	性状 Quale	
	酸碱度 pH	
	红细胞 RBC/HPF	
	白细胞 WBC/HPF	
	上皮细胞 Ep. cell	
	脂肪滴 Fat drop	
	真菌 Fungus	
	寄生虫 Parasite	
	其他 Other	
粪便样本	颜色 Color	
	气味 Odor	
	性状 Quale	
	潜血 Occult blood	
	红细胞 RBC/HPF	
	白细胞 WBC/HPF	
	上皮细胞 Ep. cell	
	肌纤维 Muscle fibre	
	脂肪滴 Fat drop	
	细菌 Bacteria	
其他		

表 A.4 水生哺乳动物微生物学检查记录

记 录 人：			复核人：	
动物编号：			敏感性	
样品	取样日期	培养结果	敏感药物	耐药和中介耐药

表 A.5 水生哺乳动物影像学检查记录

记 录 人			复核人			
动物编号			检查时间		动物编号	
检查方式	□内窥镜□超声波 □X 光 □其他_____		检查部位			
检查影像						
检查提示						
备 注						
注:检查影像处可附照片或扫描图。						

表 A.6 水生哺乳动物治疗记录

动物编号		物 种		性 别	雌/雄
日 期					
临床表现 和诊断					
处 方	Rp:				
疗效评价					
兽医签字					

表 A.7 水生哺乳动物尸检记录

记 录 人		复核人	
动物编号		日 期	
物 种		死亡时间	
入馆日期		死亡地点	
剖检时间		体重	
年 龄		体长	
性 别		解剖地点及处置	
临床病史			
剖检记录			
外观检查(被毛,皮肤,黏膜,色斑,疤痕,浅表病变,外生殖器,乳腺等)	□正常 □异常		
天然孔(眼,耳,嘴,鼻,肛门和生殖孔)	□正常 □异常		
切口(皮下脂肪,肌肉,浅表淋巴结)	□正常 □异常		
体腔(胸腔和腹腔脏器位置、大小、颜色;积液的颜色和清晰度、液体容量)	□正常 □异常		

表 A.7（续）

消化器官(口腔,牙齿,舌,食道,胃,小肠,大肠,直肠,肝脏,胰腺,肠系膜淋巴结)	□正常 □异常	
呼吸器官(鼻/呼吸孔,鼻窦,咽,喉,气管,支气管,肺)	□正常 □异常	
心血管(心包,心肌,瓣膜,心室房,膈,冠状动脉,主动脉,下腔静脉)	□正常 □异常	
泌尿(肾脏,输尿管,膀胱,尿道)	□正常 □异常	
生殖器(睾丸,附睾,精索,前列腺,阴茎/卵巢,输卵管,子宫,宫颈,阴道,外阴等)	□正常 □异常	
分泌腺(甲状腺,甲状旁腺,肾上腺,垂体)	□正常 □异常	
骨骼与关节(髋,肩,脊椎,头骨,肋骨,骨髓)	□正常 □异常	
免疫器官(脾,骨髓,淋巴结)	□正常 □异常	
内分泌器官(甲状腺,甲状旁腺,肾上腺,垂体)	□正常 □异常	
中枢神经(脑,脑膜,脊髓)	□正常 □异常	
感觉器官(眼球,内耳等)	□正常 □异常	
送检样本及病理结果		
剖检结论		
备注		
注:尸检照片应与记录一并保存,病理结果可使用照片或扫描图。		

ICS 65.150
B 51

中华人民共和国水产行业标准

SC/T 9608—2018

鲸类运输操作规程

Procedure for cetacean transportation

2018-05-07 发布

2018-09-01 实施

中华人民共和国农业农村部 发布

SC/T 9608—2018

前 言

本标准按照 GB/T 1.1—2009 给出的规则起草。

请注意本文件的某些内容可能涉及专利。本文件的发布机构不承担识别这些专利的责任。

本标准由农业农村部渔业渔政管理局提出。

本标准由全国水产标准化技术委员会渔业资源分技术委员会(SAC/TC 156/SC 10)归口。

本标准主要起草单位:中国野生动物保护协会水生野生动物保护分会、武汉海洋世界水族观赏有限公司、天津极地旅游有限公司、北京海洋馆、武汉海昌极地旅游有限公司、大连海昌极地旅游有限公司、洛阳龙门海洋责任有限公司、建荣皇家海洋科普世界(沈阳)有限公司。

本标准主要起草人:刘仁俊、邹林、王志祥、王哲琛、宋智修、林杰、孙尼、黄琳、丁宏伟、张军英、陈汝俊、赵雷。

鲸类运输操作规程

1 范围

本标准规定了活体鲸类动物的运输方式、运输组织、运输前的准备和主要操作、监测和护理的要求。
本标准适用于活体鲸类动物的运输,其他活体水生哺乳动物可参照执行。

2 运输方式

2.1 陆运

选择运输车辆时应保证运输对象有充足的空间。

2.2 空运

运输箱的规格要符合空运要求,笼箱底要有接粪尿的托盘,不能有渗漏现象。

2.3 海运

轮船运输时,宜选用位置适当的开放式船舱或甲板安置专用运输箱,固定好并有挡风雨、防日晒设施。

3 运输组织

3.1 人员配置

运输动物必须配备专业兽医和驯养师。

3.2 运输方案

运输前要了解运输沿途的路况和运输期间的气候状况,做好运输计划及应急预案,行驶要控制时速,停车时要避开村镇繁华地区。

4 运输前的准备和主要操作

4.1 运输用品和设备的准备

4.1.1 运输车

车厢应可以安置带水的鲸类动物专用运输箱、相关设备,并具备至少2位护理人员的活动空间。

4.1.2 专用担架

根据动物的体长和体宽,用细帆布做底,再设一层毛巾毯做成专用运输担架,并在动物鳍肢部位留有鳍肢伸出的孔,以防运输时鳍肢被折断,在动物的肛门部位留有排污口,鲸类动物运输担架示意图参见附录A中的图A.1。

4.1.3 毛毯或棉质盖布及海绵垫

材料的选择应保证无异味、对皮肤无伤害。毛毯和棉质盖布不易过厚,海绵垫厚度应在10 cm～15 cm范围内,海绵垫示意图参见图A.2。

4.1.4 专用运输箱

用木板或金属框架或FRP玻璃钢等做成运输箱,内用防水材料做衬垫,做成水箱,水箱宜留有排水孔。根据所运输动物体型确定水箱尺寸,动物身体周围至少有20 cm的空间,并在箱面专设用以存放担架的专用设施。担架固定建议使用链条悬挂或固定在箱体两端,鲸类动物运输箱示意图参见附录A中的图A.3。

4.1.5 急救箱

急救箱应包含听诊器、凡士林、紫药水、消毒棉、纱布、绷带及具有消毒、止血的气雾剂及其他急救药物。

4.2 运输器具的清洁和消毒

4.2.1 运输使用的笼、箱以及运输车辆使用前、后应分别使用清水冲洗干净。

4.2.2 根据器具的不同性质,在使用前、后采取合适的消毒方法,对器具进行全面的消毒,并用清水冲洗干净,常用消毒液的配制方法参见附录B。

4.2.3 将清洗后的器具搬至通风良好的区域风干,避免太阳直射。

5 监测和护理

5.1 运输前

5.1.1 设备

5.1.1.1 对拟使用的设备进行安全检查,重点检查运输箱关键部位的强度和排水阀门的闭合程度及吊车等较大型设备的工作情况。

5.1.1.2 大型设备应由专业人员进行检查,关键的吊装设备应有备份。

5.1.2 动物

5.1.2.1 运输前 24 h 停止喂食。

5.1.2.2 运输前 30 min 将动物移出水面放在担架上,担架应悬挂在装水的运输箱中。

5.1.2.3 在动物的皮肤散热区,包括尾鳍、鳍肢、眼睛四周、额隆等区域涂抹凡士林,并用湿布把全身除呼吸孔外全部覆盖,保持皮肤湿润。

5.2 运输中

5.2.1 设专人负责动物的护理并根据路途距离安排人员轮换。

5.2.2 多车辆运输应配备移动电话或对讲机等高效可靠的通信工具。

5.2.3 采用洒水等方法保持盖布湿润,避免运输箱中的水或喷淋水进入动物的呼吸孔。

5.2.4 至少每间隔 1 h 测量一次体温,每小时监听 10 min~15 min 动物的心跳状况和呼吸频率,记录表格参见附录C。

5.2.5 水温应控制在 16℃~20℃。

5.2.6 运输途中应对动物进行简单的抚摸和按摩,减轻其心理压力,促进动物血液循环。

5.3 运输后

5.3.1 把动物放在与水池相连的滑台上,为动物进行适当的按摩或由驯养人员在水中助游。操作时要确保动物的呼吸孔始终处于水面以上,直到动物能自行游泳为止。

5.3.2 动物安全入池正常游动后,1 h~2 h 内可以投喂少量饵料,以动物习惯饵料为主。

5.3.3 在动物进入检疫隔离区后,应对检疫时间内的动物进行连续观察,并详细记录动物的日常饲养情况。

附　录　A

（资料性附录）

运输工具示意图

图 A.1～图 A.3 给出了鲸类动物运输工具示意图。

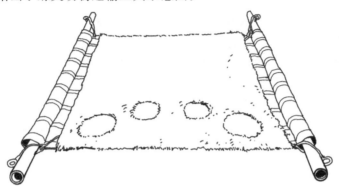

图 A.1　鲸类动物运输担架示意图

图 A.2　海绵垫示意图

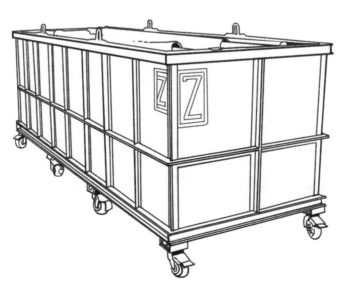

图 A.3　鲸类动物运输箱

附　录　B

（资料性附录）

常用消毒液的配制

表 B.1 给出了常用消毒液的配制方法。

表 B.1　常用消毒液的配制

常用消毒药品	配　制	浓　度	适用范围
酒精	水溶液	70%～75%	皮肤、医疗器械
高锰酸钾	水溶液	0.1%	环境、用具
双链季铵消毒剂	水溶液	依据说明书使用	环境、用具
次氯酸钠	水溶液	2%	环境、用具

附　录　C
（资料性附录）
运输途中鲸类动物行为记录表

表C.1给出了运输途中鲸类动物的行为记录表。

表C.1　运输途中鲸类动物行为记录表

动物名称		动物种类	
年龄,龄		性　别	
体长,m		体重,kg	
来源地（出生地）		目的地	
起运日期		起运时间	
到达日期		到达时间	
运输方式			
运输人员		兽医人员	
记录内容			
项　目	内　容		时　间
动物行为			
精神状态			
体温,℃			
呼吸频率			
水温,℃			
室温,℃			
是否换水及换水量			
药物使用记录			
其他			

附录

中华人民共和国农业部公告
第 2656 号

《农产品分类与代码》等 68 项标准业经专家审定通过,现批准发布为中华人民共和国农业行业标准,自 2018 年 6 月 1 日起实施。

特此公告。

附件:《农产品分类与代码》等 68 项农业行业标准目录

农业部
2018 年 3 月 15 日

附件：

《农产品分类与代码》等 68 项农业行业标准目录

序号	标准号	标准名称	代替标准号
1	NY/T 3177—2018	农产品分类与代码	
2	NY/T 3178—2018	水稻良种繁育基地建设标准	
3	NY/T 3179—2018	甘蔗脱毒种苗检测技术规范	
4	NY/T 3180—2018	土壤墒情监测数据采集规范	
5	NY/T 3181—2018	缓释类肥料肥效田间评价技术规程	
6	NY/T 1979—2018	肥料和土壤调理剂　标签及标明值判定要求	NY 1979—2010
7	NY/T 1980—2018	肥料和土壤调理剂　急性经口毒性试验及评价要求	NY 1980—2010
8	NY/T 3182—2018	鹅肥肝生产技术规范	
9	NY/T 3183—2018	圩猪	
10	NY/T 3184—2018	肝用鹅生产性能测定技术规程	
11	NY/T 3185—2018	家兔人工授精技术规程	
12	NY/T 3186—2018	羊冷冻精液生产技术规程	
13	NY/T 3187—2018	草种子检验规程　活力的人工加速老化测定	
14	NY/T 3188—2018	鸭浆膜炎诊断技术	
15	NY/T 571—2018	马腺疫诊断技术	NY/T 571—2002
16	NY/T 1185—2018	马流行性感冒诊断技术	NY/T 1185—2006
17	NY/T 3189—2018	猪饲养场兽医卫生规范	
18	NY/T 1466—2018	动物棘球蚴病诊断技术	NY/T 1466—2007
19	NY/T 3190—2018	猪副伤寒诊断技术	
20	NY/T 3191—2018	奶牛酮病诊断及群体风险监测技术	
21	NY/T 3192—2018	木薯变性燃料乙醇生产技术规程	
22	NY/T 3193—2018	香蕉等级规格	
23	NY/T 3194—2018	剑麻　叶片	
24	NY/T 3195—2018	热带作物种质资源抗病虫鉴定技术规程　橡胶树棒孢霉落叶病	
25	NY/T 3196—2018	热带作物病虫害检测鉴定技术规程　芒果畸形病	
26	NY/T 3197—2018	热带作物种质资源抗病虫鉴定技术规程　橡胶树炭疽病	
27	NY/T 3198—2018	热带作物种质资源抗病虫性鉴定技术规程　芒果细菌性黑斑病	
28	NY/T 3199—2018	热带作物主要病虫害防治技术规程　木菠萝	
29	NY/T 3200—2018	香蕉种苗繁育技术规程	
30	NY/T 3201—2018	辣木生产技术规程	
31	NY/T 3202—2018	标准化剑麻园建设规范	
32	NY/T 2667.8—2018	热带作物品种审定规范　第 8 部分：菠萝	
33	NY/T 2668.8—2018	热带作物品种试验技术规程　第 8 部分：菠萝	
34	NY/T 2667.9—2018	热带作物品种审定规范　第 9 部分：枇杷	
35	NY/T 2668.9—2018	热带作物品种试验技术规程　第 9 部分：枇杷	
36	NY/T 2667.10—2018	热带作物品种审定规范　第 10 部分：番木瓜	
37	NY/T 2668.10—2018	热带作物品种试验技术规程　第 10 部分：番木瓜	

附　录

（续）

序号	标准号	标准名称	代替标准号
38	NY/T 462—2018	天然橡胶初加工机械　燃油炉　质量评价技术规范	NY/T 462—2001
39	NY/T 262—2018	天然橡胶初加工机械　绉片机	NY/T 262—2003
40	NY/T 3203—2018	天然橡胶初加工机械　乳胶离心沉降器　质量评价技术规范	
41	NY/T 3204—2018	农产品质量安全追溯操作规程　水产品	
42	NY/T 3205—2018	农业机械化管理统计数据审核	
43	NY/T 3206—2018	温室工程　催芽室性能测试方法	
44	NY/T 1550—2018	风送式喷雾机　质量评价技术规范	NY/T 1550—2007
45	NY/T 3207—2018	农业轮式拖拉机技术水平评价方法	
46	NY/T 3208—2018	旋耕机　修理质量	
47	NY/T 3209—2018	铡草机　安全操作规程	
48	NY/T 990—2018	马铃薯种植机械　作业质量	NY/T 990—2006
49	NY/T 3210—2018	农业通风机　性能测试方法	
50	NY/T 3211—2018	农业通风机　节能选用规范	
51	NY/T 346—2018	拖拉机和联合收割机驾驶证	NY 346—2007 NY 1371—2007
52	NY/T 347—2018	拖拉机和联合收割机行驶证	NY 347.1～ 347.2—2005
53	NY/T 3212—2018	拖拉机和联合收割机登记证书	
54	NY/T 3213—2018	植保无人飞机　质量评价技术规范	
55	NY/T 1408.4—2018	农业机械化水平评价　第4部分：农产品初加工	
56	NY/T 3214—2018	统收式棉花收获机　作业质量	
57	NY/T 1412—2018	甜菜收获机械　作业质量	NY/T 1412—2007
58	NY/T 1451—2018	温室通风设计规范	NY/T 1451—2007
59	NY/T 1772—2018	拖拉机驾驶培训机构通用要求	NY/T 1772—2009
60	NY/T 3215—2018	拖拉机和联合收割机检验合格标志	
61	NY/T 3216—2018	发芽糙米	
62	NY/T 3217—2018	发酵菜籽粕加工技术规程	
63	NY/T 3218—2018	食用小麦麸皮	
64	NY/T 3219—2018	机采机制茶叶加工技术规程　长炒青	
65	NY/T 3220—2018	食用菌包装及贮运技术规范	
66	NY/T 3221—2018	橙汁胞等级规格	
67	NY/T 3222—2018	工夫红茶加工技术规范	
68	NY/T 3223—2018	日光温室设计规范	

中华人民共和国农业农村部公告
第 23 号

一、《畜禽屠宰术语》等 57 项标准业经专家审定通过,现批准发布为中华人民共和国农业行业标准,自 2018 年 9 月 1 日起实施。

二、自本公告发布之日起废止《饲料级混合油》(NY/T 913—2004)农业行业标准。

特此公告。

附件:《畜禽屠宰术语》等 57 项农业行业标准目录

农业农村部

2018 年 5 月 7 日

附　录

附件：

《畜禽屠宰术语》等57项农业行业标准目录

序号	标准号	标准名称	代替标准号
1	NY/T 3224—2018	畜禽屠宰术语	
2	NY/T 3225—2018	畜禽屠宰冷库管理规范	
3	NY/T 3226—2018	生猪宰前管理规范	
4	NY/T 3227—2018	屠宰企业畜禽及其产品抽样操作规范	
5	NY/T 3228—2018	畜禽屠宰企业信息系统建设与管理规范	
6	NY/T 3229—2018	苏禽绿壳蛋鸡	
7	NY/T 3230—2018	京海黄鸡	
8	NY/T 3231—2018	苏邮1号蛋鸭	
9	NY/T 3232—2018	太湖鹅	
10	NY/T 3233—2018	鸭坦布苏病毒病诊断技术	
11	NY/T 560—2018	小鹅瘟诊断技术	NY/T 560—2002
12	NY/T 3234—2018	牛支原体PCR检测方法	
13	NY/T 3235—2018	羊传染性脓疱诊断技术	
14	NY/T 3236—2018	活动物跨省调运风险分析指南	
15	NY/T 3237—2018	猪繁殖与呼吸综合征间接ELISA抗体检测方法	
16	NY/T 3238—2018	热带作物种质资源　术语	
17	NY/T 454—2018	澳洲坚果　种苗	NY/T 454—2001
18	NY/T 3239—2018	沼气工程远程监测技术规范	
19	NY/T 288—2018	绿色食品　茶叶	NY/T 288—2012
20	NY/T 436—2018	绿色食品　蜜饯	NY/T 436—2009
21	NY/T 471—2018	绿色食品　饲料及饲料添加剂使用准则	NY/T 471—2010、NY/T 2112—2011
22	NY/T 749—2018	绿色食品　食用菌	NY/T 749—2012
23	NY/T 1041—2018	绿色食品　干果	NY/T 1041—2010
24	NY/T 1050—2018	绿色食品　龟鳖类	NY/T 1050—2006
25	NY/T 1053—2018	绿色食品　味精	NY/T 1053—2006
26	NY/T 1327—2018	绿色食品　鱼糜制品	NY/ 1327—2007
27	NY/T 1328—2018	绿色食品　鱼罐头	NY/T 1328—2007
28	NY/T 1406—2018	绿色食品　速冻蔬菜	NY/T 1406—2007
29	NY/T 1407—2018	绿色食品　速冻预包装面米食品	NY/T 1407—2007
30	NY/T 1712—2018	绿色食品　干制水产品	NY/T 1712—2009
31	NY/T 1713—2018	绿色食品　茶饮料	NY/T 1713—2009
32	NY/T 2104—2018	绿色食品　配制酒	NY/T 2104—2011
33	NY/T 3240—2018	动物防疫应急物资储备库建设标准	
34	SC/T 1136—2018	蒙古鲌	
35	SC/T 2083—2018	鼠尾藻	
36	SC/T 2084—2018	金乌贼	

（续）

序号	标准号	标准名称	代替标准号
37	SC/T 2086—2018	圆斑星鲽　亲鱼和苗种	
38	SC/T 2088—2018	扇贝工厂化繁育技术规范	
39	SC/T 4039—2018	合成纤维渔网线试验方法	
40	SC/T 4043—2018	渔用聚酯经编网通用技术要求	
41	SC/T 8030—2018	渔船气胀救生筏筏架	
42	SC/T 8144—2018	渔船鱼舱玻璃纤维增强塑料内胆制作技术要求	
43	SC/T 8154—2018	玻璃纤维增强塑料渔船真空导入成型工艺技术要求	
44	SC/T 8155—2018	玻璃纤维增强塑料渔船船体脱模技术要求	
45	SC/T 8156—2018	玻璃钢渔船水密舱壁制作技术要求	
46	SC/T 8161—2018	渔业船舶铝合金上层建筑施工技术要求	
47	SC/T 8165—2018	渔船LED水上集鱼灯装置技术要求	
48	SC/T 8166—2018	大型渔船冷盐水冻结舱钢质内胆制作技术要求	
49	SC/T 8169—2018	渔船救生筏安装技术要求	
50	SC/T 9601—2018	水生生物湿地类型划分	
51	SC/T 9602—2018	灌江纳苗技术规程	
52	SC/T 9603—2018	白鲸饲养规范	
53	SC/T 9604—2018	海龟饲养规范	
54	SC/T 9605—2018	海狮饲养规范	
55	SC/T 9606—2018	斑海豹饲养规范	
56	SC/T 9607—2018	水生哺乳动物医疗记录规范	
57	SC/T 9608—2018	鲸类运输操作规程	

国家卫生健康委员会
农 业 农 村 部
国家市场监督管理总局
公　告
2018 年第 6 号

根据《中华人民共和国食品安全法》规定,经食品安全国家标准审评委员会审查通过,现发布《食品安全国家标准　食品中百草枯等 43 种农药最大残留限量》(GB 2763.1—2018)等 9 项食品安全国家标准。其编号和名称如下:

GB 2763.1—2018 食品安全国家标准　食品中百草枯等 43 种农药最大残留限量

GB 23200.108—2018 食品安全国家标准　植物源性食品中草铵膦残留量的测定　液相色谱-质谱联用法

GB 23200.109—2018 食品安全国家标准　植物源性食品中二氯吡啶酸残留量的测定　液相色谱-质谱联用法

GB 23200.110—2018 食品安全国家标准　植物源性食品中氯吡脲残留量的测定　液相色谱-质谱联用法

GB 23200.111—2018 食品安全国家标准　植物源性食品中唑嘧磺草胺残留量的测定　液相色谱-质谱联用法

GB 23200.112—2018 食品安全国家标准　植物源性食品中 9 种氨基甲酸酯类农药及其代谢物残留量的测定　液相色谱-柱后衍生法

GB 23200.113—2018 食品安全国家标准　植物源性食品中 208 种农药及其代谢物残留量的测定　气相色谱-质谱联用法

GB 23200.114—2018 食品安全国家标准　植物源性食品中灭瘟素残留量的测定　液相色谱-质谱联用法

GB 23200.115—2018 食品安全国家标准　鸡蛋中氟虫腈及其代谢物残留量的测定　液相色谱-质谱联用法

以上标准自发布之日起 6 个月正式实施。

国家卫生健康委员会
农业农村部
国家市场监督管理总局
2018 年 6 月 21 日

中华人民共和国农业农村部公告
第 50 号

《肥料登记田间试验通则》等 89 项标准业经专家审定通过,现批准发布为中华人民共和国农业行业标准,自 2018 年 12 月 1 日起实施。

特此公告。

附件:《肥料登记田间试验通则》等 89 项农业行业标准目录

农业农村部

2018 年 7 月 27 日

附件：

《肥料登记田间试验通则》等 89 项农业行业标准目录

序号	标准号	标准名称	代替标准号
1	NY/T 3241—2018	肥料登记田间试验通则	
2	NY/T 3242—2018	土壤水溶性钙和水溶性镁的测定	
3	NY/T 3243—2018	棉花膜下滴灌水肥一体化技术规程	
4	NY/T 3244—2018	设施蔬菜灌溉施肥技术通则	
5	NY/T 3245—2018	水稻叠盘出苗育秧技术规程	
6	NY/T 3246—2018	北部冬麦区小麦栽培技术规程	
7	NY/T 3247—2018	长江中下游冬麦区小麦栽培技术规程	
8	NY/T 3248—2018	西南冬麦区小麦栽培技术规程	
9	NY/T 3249—2018	东北春麦区小麦栽培技术规程	
10	NY/T 3250—2018	高油酸花生	
11	NY/T 3251—2018	西北内陆棉区中长绒棉栽培技术规程	
12	NY/T 3252.1—2018	工业大麻种子　第1部分:品种	
13	NY/T 3252.2—2018	工业大麻种子　第2部分:种子质量	
14	NY/T 3252.3—2018	工业大麻种子　第3部分:常规种繁育技术规程	
15	NY/T 1609—2018	水稻条纹叶枯病测报技术规范	NY/T 1609—2008
16	NY/T 3253—2018	农作物害虫性诱监测技术规范(夜蛾类)	
17	NY/T 3254—2018	菜豆象监测规范	
18	NY/T 3255—2018	小麦全蚀病监测与防控技术规范	
19	NY/T 3256—2018	棉花抗烟粉虱性鉴定技术规程	
20	NY/T 3257—2018	水稻稻瘟病抗性室内离体叶片鉴定技术规程	
21	NY/T 3258—2018	油菜品种菌核病抗性离体鉴定技术规程	
22	NY/T 3259—2018	黄河流域棉田盲椿象综合防治技术规程	
23	NY/T 3260—2018	黄淮海夏玉米病虫草害综合防控技术规程	
24	NY/T 3261—2018	二点委夜蛾综合防控技术规程	
25	NY/T 3262—2018	番茄褪绿病毒病综合防控技术规程	
26	NY/T 3263.1—2018	主要农作物蜜蜂授粉及病虫害绿色防控技术规程　第1部分:温室果蔬(草莓、番茄)	
27	NY/T 3264—2018	农用微生物菌剂中芽胞杆菌的测定	
28	NY/T 2062.5—2018	天敌昆虫防治靶标生物田间药效试验准则　第5部分:烟蚜茧蜂防治保护地桃蚜	
29	NY/T 2062.6—2018	天敌昆虫防治靶标生物田间药效试验准则　第6部分:大草蛉防治保护地桃蚜	
30	NY/T 2063.5—2018	天敌昆虫室内饲养方法准则　第5部分:烟蚜茧蜂室内饲养方法	
31	NY/T 2063.6—2018	天敌昆虫室内饲养方法准则　第6部分:大草蛉室内饲养方法	
32	NY/T 3265.1—2018	丽蚜小蜂使用规范　第1部分:防控蔬菜温室粉虱	
33	NY/T 3266—2018	境外引进农业植物种苗隔离检疫场所管理规范	

（续）

序号	标准号	标准名称	代替标准号
34	NY/T 3267—2018	马铃薯甲虫防控技术规程	
35	NY/T 3268—2018	柑橘溃疡病防控技术规程	
36	NY/T 701—2018	苎菜	NY/T 701—2003
37	NY/T 3269—2018	脱水蔬菜　甘蓝类	
38	NY/T 3270—2018	黄秋葵等级规格	
39	NY/T 3271—2018	甘蔗等级规格	
40	NY/T 3272—2018	棉纤维物理性能试验方法　AFIS单纤维测试仪法	
41	NY/T 3273—2018	难处理农药水生生物毒性试验指南	
42	NY/T 3274—2018	化学农药　穗状狐尾藻毒性试验准则	
43	NY/T 3275.1—2018	化学农药　天敌昆虫慢性接触毒性试验准则　第1部分：七星瓢虫	
44	NY/T 3275.2—2018	化学农药　天敌昆虫慢性接触毒性试验准则　第2部分：赤眼蜂	
45	NY/T 3276—2018	化学农药　水体田间消散试验准则	
46	NY/T 3277—2018	水中88种农药及代谢物残留量的测定　液相色谱-串联质谱法和气相色谱-串联质谱法	
47	NY/T 3278.1—2018	微生物农药　环境增殖试验准则　第1部分：土壤	
48	NY/T 3278.2—2018	微生物农药　环境增殖试验准则　第2部分：水	
49	NY/T 3278.3—2018	微生物农药　环境增殖试验准则　第3部分：植物叶面	
50	NY/T 1464.68—2018	农药田间药效试验准则　第68部分：杀虫剂防治杨梅果蝇	
51	NY/T 1464.69—2018	农药田间药效试验准则　第69部分：杀虫剂防治樱桃梨小食心虫	
52	NY/T 1464.70—2018	农药田间药效试验准则　第70部分：杀菌剂防治茭白胡麻叶斑病	
53	NY/T 1464.71—2018	农药田间药效试验准则　第71部分：杀菌剂防治杨梅褐斑病	
54	NY/T 1464.72—2018	农药田间药效试验准则　第72部分：杀菌剂防治猕猴桃溃疡病	
55	NY/T 1464.73—2018	农药田间药效试验准则　第73部分：杀菌剂防治烟草病毒病	
56	NY/T 1464.74—2018	农药田间药效试验准则　第74部分：除草剂防治葱田杂草	
57	NY/T 1464.75—2018	农药田间药效试验准则　第75部分：植物生长调节剂保鲜鲜切花	
58	NY/T 1464.76—2018	农药田间药效试验准则　第76部分：植物生长调节剂促进花生生长	
59	NY/T 3279.1—2018	病毒微生物农药　苜蓿银纹夜蛾核型多角体病毒　第1部分：苜蓿银纹夜蛾核型多角体病毒母药	
60	NY/T 3279.2—2018	病毒微生物农药　苜蓿银纹夜蛾核型多角体病毒　第2部分：苜蓿银纹夜蛾核型多角体病毒悬浮剂	

附　录

（续）

序号	标准号	标准名称	代替标准号
61	NY/T 3280.1—2018	病毒微生物农药　棉铃虫核型多角体病毒　第1部分:棉铃虫核型多角体病毒母药	
62	NY/T 3280.2—2018	病毒微生物农药　棉铃虫核型多角体病毒　第2部分:棉铃虫核型多角体病毒水分散粒剂	
63	NY/T 3280.3—2018	病毒微生物农药　棉铃虫核型多角体病毒　第3部分:棉铃虫核型多角体病毒悬浮剂	
64	NY/T 3281.1—2018	病毒微生物农药　小菜蛾颗粒体病毒　第1部分:小菜蛾颗粒体病毒悬浮剂	
65	NY/T 3282.1—2018	真菌微生物农药　金龟子绿僵菌　第1部分:金龟子绿僵菌母药	
66	NY/T 3282.2—2018	真菌微生物农药　金龟子绿僵菌　第2部分:金龟子绿僵菌油悬浮剂	
67	NY/T 3282.3—2018	真菌微生物农药　金龟子绿僵菌　第3部分:金龟子绿僵菌可湿性粉剂	
68	NY/T 3283—2018	化学农药相同原药认定规范	
69	NY/T 3284—2018	农药固体制剂傅里叶变换衰减全反射红外光谱采集操作规程	
70	NY/T 788—2018	农作物中农药残留试验准则	NY/T 788—2004
71	NY/T 3285—2018	播娘蒿对乙酰乳酸合成酶抑制剂类除草剂靶标抗性检测技术规程	
72	NY/T 3286—2018	荠菜对乙酰乳酸合成酶抑制剂类除草剂靶标抗性检测技术规程	
73	NY/T 3287—2018	日本看麦娘对乙酰辅酶A羧化酶抑制剂类除草剂靶标抗性检测技术规程	
74	NY/T 3288—2018	茵草对乙酰辅酶A羧化酶抑制剂类除草剂靶标抗性检测技术规程	
75	NY/T 3289—2018	加工用梨	
76	NY/T 3290—2018	水果、蔬菜及其制品中酚酸含量的测定　液质联用法	
77	NY/T 3291—2018	食用菌菌渣发酵技术规程	
78	NY/T 3292—2018	蔬菜中甲醛含量的测定　高效液相色谱法	
79	NY/T 3293—2018	黄曲霉生防菌活性鉴定技术规程	
80	NY/T 3294—2018	食用植物油料油脂中风味挥发物质的测定　气相色谱质谱法	
81	NY/T 3295—2018	油菜籽中芥酸、硫代葡萄糖苷的测定　近红外光谱法	
82	NY/T 3296—2018	油菜籽中硫代葡萄糖苷的测定　液相色谱—串联质谱法	
83	NY/T 3297—2018	油菜籽中总酚、生育酚的测定　近红外光谱法	
84	NY/T 3298—2018	植物油料中粗蛋白质的测定　近红外光谱法	
85	NY/T 3299—2018	植物油料中油酸、亚油酸的测定　近红外光谱法	
86	NY/T 3300—2018	植物源性油料油脂中甘油三酯的测定　液相色谱-串联质谱法	
87	NY/T 3301—2018	农作物主要病虫自然危害损失率测算准则	
88	NY/T 3302—2018	小麦主要病虫害全生育期综合防治技术规程	
89	NY/T 3303—2018	葡萄无病毒苗木繁育技术规程	

中华人民共和国农业农村部公告
第 111 号

　　根据《中华人民共和国农业转基因生物安全管理条例》规定,《转基因植物及其产品成分检测　基因组 DNA 标准物质制备技术规范》等 17 项标准业经专家审定通过,现批准发布为中华人民共和国国家标准,自 2019 年 6 月 1 日起实施。
　　特此公告。

　　附件:《转基因植物及其产品成分检测　基因组 DNA 标准物质制备技术规范》等 17 项国家标准目录

农业农村部

2018 年 12 月 19 日

附　录

附件：

《转基因植物及其产品成分检测　基因组 DNA 标准物质
制备技术规范》等 17 项国家标准目录

序号	标准号	标准名称	代替标准号
1	农业农村部公告第 111 号—1—2018	转基因植物及其产品成分检测　基因组 DNA 标准物质制备技术规范	
2	农业农村部公告第 111 号—2—2018	转基因植物及其产品成分检测　基因组 DNA 标准物质定值技术规范	
3	农业农村部公告第 111 号—3—2018	转基因植物及其产品成分检测　抗虫耐除草剂棉花 GHB119 及其衍生品种定性 PCR 方法	
4	农业农村部公告第 111 号—4—2018	转基因植物及其产品成分检测　抗虫耐除草剂棉花 T304-40 及其衍生品种定性 PCR 方法	
5	农业农村部公告第 111 号—5—2018	转基因植物及其产品成分检测　抗虫水稻 T2A-1 及其衍生品种定性 PCR 方法	
6	农业农村部公告第 111 号—6—2018	转基因植物及其产品成分检测　抗病番木瓜 55-1 及其衍生品种定性 PCR 方法	
7	农业农村部公告第 111 号—7—2018	转基因植物及其产品成分检测　抗虫玉米 Bt506 及其衍生品种定性 PCR 方法	
8	农业农村部公告第 111 号—8—2018	转基因植物及其产品成分检测　耐除草剂玉米 C0010.1.1 及其衍生品种定性 PCR 方法	
9	农业农村部公告第 111 号—9—2018	转基因植物及其产品成分检测　抗虫大豆 DAS-81419-2 及其衍生品种定性 PCR 方法	
10	农业农村部公告第 111 号—10—2018	转基因植物及其产品成分检测　耐除草剂大豆 SYHT0H2 及其衍生品种定性 PCR 方法	
11	农业农村部公告第 111 号—11—2018	转基因植物及其产品成分检测　耐除草剂大豆 DAS-444Ø6-6 及其衍生品种定性 PCR 方法	
12	农业农村部公告第 111 号—12—2018	转基因动物及其产品成分检测　合成的 ω-3 脂肪酸去饱和酶基因(sFat-1)定性 PCR 方法	
13	农业农村部公告第 111 号—13—2018	转基因植物环境安全检测　外源杀虫蛋白对非靶标生物影响　第 1 部分:日本通草蛉幼虫	
14	农业农村部公告第 111 号—14—2018	转基因植物环境安全检测　外源杀虫蛋白对非靶标生物影响　第 2 部分:日本通草蛉成虫	
15	农业农村部公告第 111 号—15—2018	转基因植物环境安全检测　外源杀虫蛋白对非靶标生物影响　第 3 部分:龟纹瓢虫幼虫	
16	农业农村部公告第 111 号—16—2018	转基因植物环境安全检测　外源杀虫蛋白对非靶标生物影响　第 4 部分:龟纹瓢虫成虫	
17	农业农村部公告第 111 号—17—2018	转基因生物良好实验室操作规范　第 2 部分:环境安全检测	

中华人民共和国农业农村部公告
第 112 号

《农产品检测样品管理技术规范》等 79 项标准业经专家审定通过,现批准发布为中华人民共和国农业行业标准,自 2019 年 6 月 1 日起实施。

特此公告。

附件:《农产品检测样品管理技术规范》等 79 项农业行业标准目录

农业农村部

2018 年 12 月 19 日

附　录

附件：

《农产品检测样品管理技术规范》等79项农业行业标准目录

序号	标准号	标准名称	代替标准号
1	NY/T 3304—2018	农产品检测样品管理技术规范	
2	NY/T 3305—2018	草原生态牧场管理技术规范	
3	NY/T 3306—2018	草原有毒棘豆防控技术规程	
4	NY/T 3307—2018	动物毛纤维源性成分鉴定　实时荧光定性 PCR 法	
5	NY/T 3308—2018	动物皮张源性成分鉴定　实时荧光定性 PCR 法	
6	NY/T 3309—2018	肉类源性成分鉴定　实时荧光定性 PCR 法	
7	NY/T 3310—2018	苏丹草和高丹草品种真实性鉴别　SSR 标记法	
8	NY/T 3311—2018	莱芜黑山羊	
9	NY/T 3312—2018	宜昌白山羊	
10	NY/T 3313—2018	生乳中 β-内酰胺酶的测定	
11	NY/T 3314—2018	生乳中黄曲霉毒素 M_1 控制技术规范	
12	NY/T 1234—2018	牛冷冻精液生产技术规程	NY/T 1234—2006
13	NY/T 3315—2018	饲料原料　骨源磷酸氢钙	
14	NY/T 3316—2018	饲料原料　酿酒酵母提取物	
15	NY/T 3317—2018	饲料原料　甜菜粕颗粒	
16	NY/T 3318—2018	饲料中钙、钠、磷、镁、钾、铁、锌、铜、锰、钴和钼的测定　原子发射光谱法	
17	NY/T 3319—2018	植物性饲料原料中镉的测定　直接进样原子荧光法	
18	NY/T 3320—2018	饲料中苏丹红等8种脂溶性色素的测定　液相色谱-串联质谱法	
19	NY/T 3321—2018	饲料中 L-肉碱的测定	
20	NY/T 3322—2018	饲料中柠檬黄等7种水溶性色素的测定　高效液相色谱法	
21	NY/T 688—2018	橡胶树品种类型	NY/T 688—2003
22	NY/T 607—2018	橡胶树育种技术规程	NY/T 607—2002
23	NY/T 1686—2018	橡胶树育苗技术规程	NY/T 1686—2009
24	NY/T 3323—2018	橡胶树损伤鉴定	
25	NY/T 1811—2018	天然生胶　凝胶制备的技术分级橡胶生产技术规程	NY/T 1811—2009
26	NY/T 3324—2018	剑麻制品　包装、标识、储存和运输	
27	NY/T 3325—2018	菠萝叶纤维麻条	
28	NY/T 3326—2018	菠萝叶纤维精干麻	
29	NY/T 258—2018	剑麻加工机械　理麻机	NY/T 258—2007
30	NY/T 3327—2018	莲雾　种苗	
31	NY/T 3328—2018	辣木种苗生产技术规程	
32	NY/T 3329—2018	咖啡种苗生产技术规程	
33	NY/T 2667.11—2018	热带作物品种审定规范　第11部分:胡椒	
34	NY/T 2667.12—2018	热带作物品种审定规范　第12部分:椰子	
35	NY/T 2668.11—2018	热带作物品种试验技术规程　第11部分:胡椒	
36	NY/T 2668.12—2018	热带作物品种试验技术规程　第12部分:椰子	

（续）

序号	标准号	标准名称	代替标准号
37	NY/T 3330—2018	辣木鲜叶储藏保鲜技术规程	
38	NY/T 3331—2018	热带作物品种资源抗病虫鉴定技术规程　咖啡锈病	
39	NY/T 484—2018	毛叶枣	NT/T 484—2002
40	NY/T 1521—2018	澳洲坚果　带壳果	NY/T 1521—2007
41	NY/T 691—2018	番木瓜	NY/T 691—2003
42	NY/T 3332—2018	热带作物种质资源抗病性鉴定技术规程　荔枝霜疫霉病	
43	NY/T 3333—2018	芒果采收及采后处理技术规程	
44	NY/T 3334—2018	农业机械　自动导航辅助驾驶系统　质量评价技术规范	
45	NY/T 3335—2018	棉花收获机　安全操作规程	
46	NY/T 3336—2018	饲料粉碎机　安全操作规程	
47	NY/T 1645—2018	谷物联合收割机适用性评价方法	NY/T 1645—2008
48	NY/T 3337—2018	生物质气化集中供气站建设标准	NYJ/09—2005
49	NY/T 3338—2018	杏干产品等级规格	
50	NY/T 3339—2018	甘薯储运技术规程	
51	NY/T 3340—2018	叶用芥菜腌制加工技术规程	
52	NY/T 3341—2018	油菜籽脱皮低温压榨制油生产技术规程	
53	NY/T 629—2018	蜂胶及其制品	NY/T 629—2002
54	NY/T 3342—2018	花生中白藜芦醇及白藜芦醇苷异构体含量的测定　超高效液相色谱法	
55	NY/T 3343—2018	耕地污染治理效果评价准则	
56	SC/T 2078—2018	褐菖鲉	
57	SC/T 2082—2018	坛紫菜	
58	SC/T 2087—2018	泥蚶　亲贝和苗种	
59	SC/T 2089—2018	大黄鱼繁育技术规范	
60	SC/T 3035—2018	水产品包装、标识通则	
61	SC/T 3051—2018	盐渍海蜇加工技术规程	
62	SC/T 3052—2018	干制坛紫菜加工技术规程	
63	SC/T 3207—2018	干贝	SC/T 3207—2000
64	SC/T 3221—2018	蛤蜊干	
65	SC/T 3310—2018	海参粉	
66	SC/T 3311—2018	即食海蜇	
67	SC/T 3403—2018	甲壳素、壳聚糖	SC/T 3403—2004
68	SC/T 3405—2018	海藻中褐藻酸盐、甘露醇含量的测定	
69	SC/T 3406—2018	褐藻渣粉	
70	SC/T 4041—2018	高密度聚乙烯框架深水网箱通用技术要求	
71	SC/T 4042—2018	渔用聚丙烯纤维通用技术要求	
72	SC/T 4044—2018	海水普通网箱通用技术要求	
73	SC/T 4045—2018	水产养殖网箱浮筒通用技术要求	
74	SC/T 5706—2018	金鱼分级　草金鱼	
75	SC/T 5707—2018	金鱼分级　和金	
76	SC/T 6010—2018	叶轮式增氧机通用技术条件	SC/T 6010—2001
77	SC/T 6076—2018	渔船应急无线电示位标技术要求	
78	SC/T 7002.8—2018	渔船用电子设备环境试验条件和方法　正弦振动	SC/T 7002.8—1992
79	SC/T 7002.10—2018	渔船用电子设备环境试验条件和方法　外壳防护	SC/T 7002.10—1992

图书在版编目（CIP）数据

中国农业行业标准汇编.2020.水产分册/农业标
准出版分社编.—北京：中国农业出版社，2020.1
（中国农业标准经典收藏系列）
ISBN 978-7-109-26135-8

Ⅰ.①中…　Ⅱ.①农…　Ⅲ.①农业－行业标准－汇编
－中国②水产养殖－行业标准－汇编－中国　Ⅳ.
①S-65

中国版本图书馆 CIP 数据核字（2019）第 241601 号

中国农业行业标准汇编（2020）　水产分册
ZHONGGUO NONGYE HANGYE BIAOZHUN HUIBIAN（2020）
SHUICHAN FENCE

中国农业出版社出版
地址：北京市朝阳区麦子店街 18 号楼
邮编：100125
责任编辑：刘　伟　杨晓改
版式设计：张　宇　责任校对：沙凯霖
印刷：北京印刷一厂印刷
版次：2020 年 1 月第 1 版
印次：2020 年 1 月北京第 1 次印刷
发行：新华书店北京发行所
开本：880mm×1230mm　1/16
印张：26.75
字数：820 千字
定价：270.00 元